"十四五"时期
国家重点出版物出版专项规划项目

国家出版基金项目
NATIONAL PUBLICATION FOUNDATION

航天先进技术
研究与应用系列

王子才 总主编

U0211762

反射阵列天线技术与应用

Reflectarray Antenna Design and Applications

王楠楠 邱景辉 特尼格尔 等 著

哈尔滨工业大学出版社
HARBIN INSTITUTE OF TECHNOLOGY PRESS

内 容 简 介

本书围绕反射阵列天线的基本原理、分析方法与实用设计方法、分类及应用展开讨论,详细介绍了宽带、多频、多极化、波束扫描反射阵列天线的设计原理、单元结构、典型设计案例等,并探讨了具备近场聚焦和涡旋波束功能的反射阵列天线设计方法。同时,本书讨论了适用于反射阵列的各种馈源天线的设计原理与设计方法,并介绍了反射阵列在卫星通信、移动通信等实际工程中的应用。本书反映了作者及其团队在反射阵列天线研究领域十余年的研究成果,同时也介绍了近年来国内外在反射阵列天线研究领域的发展概况。

本书对于从事反射阵列天线和馈源天线研究的人员是一本极具实用价值的工具书,可作为高等学校电磁场与无线技术、通信工程、电子信息工程等专业本科生和研究生的教学参考书,也可作为电子信息工程等领域的工程技术人员和大专院校师生的参考用书。

图书在版编目(CIP)数据

反射阵列天线技术与应用/王楠楠等著. —哈尔滨:
哈尔滨工业大学出版社,2024.9
 (航天先进技术研究与应用系列)
 ISBN 978 - 7 - 5767 - 1192 - 9

Ⅰ.①反… Ⅱ.①王… Ⅲ.①阵列天线 Ⅳ.
①TN82

中国国家版本馆 CIP 数据核字(2024)第 067691 号

反射阵列天线技术与应用
FANSHE ZHENLIE TIANXIAN JISHU YU YINGYONG

策划编辑	孙连嵩　许雅莹
责任编辑	王晓丹　杨　硕　李长波
出版发行	哈尔滨工业大学出版社
社　　址	哈尔滨市南岗区复华四道街 10 号　邮编 150006
传　　真	0451－86414749
网　　址	http://hitpress.hit.edu.cn
印　　刷	哈尔滨博奇印刷有限公司
开　　本	720 mm×1 000 mm　1/16　印张 17.75　字数 353 千字
版　　次	2024 年 9 月第 1 版　2024 年 9 月第 1 次印刷
书　　号	ISBN 978 - 7 - 5767 - 1192 - 9
定　　价	108.00 元

(如因印装质量问题影响阅读,我社负责调换)

前　言

随着无线通信技术的快速发展,高增益天线在远距离通信中的作用日益增强。常见的高增益天线主要包括相控阵天线和抛物反射面天线,但是这两种方法都存在一些缺陷。相控阵天线馈电网络结构复杂、设计难度大、加工成本高;抛物反射面天线虽然设计简单,但是其体积大、笨重、材料与制造成本高。上述缺陷导致这两种设计方法的应用受到一定的限制。反射阵列天线兼具二者优点,具有质量轻、易加工、成本低、无须复杂馈电网络等优点,近年来在无线通信、卫星通信等领域得到了快速发展,并为雷达、电力传输、医学成像等领域的应用提供了可能。

反射阵列天线一般由馈源和反射阵列单元两部分组成。根据电磁场同相叠加的原理,当馈源发出的电磁波照射至反射阵列表面时,将产生反射现象。由于馈源到达阵面上各个单元时存在路程差,且各单元到达与天线主辐射方向相垂直的等相位面存在路径差,因此必然导致从馈源天线辐射的电磁波到达各个单元并反射后到达等相位面时产生相位差异。而不同尺寸、不同形式或不同旋转角度的反射阵列单元能够提供不同的相位补偿,可以通过调节反射阵列单元的相位,得到向某一特定方向辐射的高增益波束。同时,通过控制反射阵列单元相位,还可以实现波束调控。

本书从国内外反射阵列天线的发展概况入手,首先介绍了反射阵列天线的基本工作原理,包括反射阵列模型、相位补偿原理、性能指标和单元形式等。其次,详细介绍了反射阵列天线的分析方法和实用设计方法,并围绕宽带、多频、多极化、波束扫描、近场聚焦、涡旋波束等功能的反射阵列天线进行了详细分析和典型案例设计。最后,详细讨论了反射阵列天线馈源天线的设计方法,并给出了多频多极化馈源天线的设计实例,以供读者参考。书中部分彩图以二维码的形式随文编排,如有需要可扫码阅读。

本书的撰写是基于作者及其团队十余年来在反射阵列天线领域的研究成果。王楠楠撰写第 1~3 章、第 5~7 章、第 8 章 8.1~8.2 节,邱景辉撰写第 10 章,刘北佳撰写第 8 章 8.3~8.4 节,特尼格尔撰写第 9 章 9.1~9.4 节,王鹏程撰写第 4 章、第 9 章 9.5~9.6 节、附录和名词索引。全书由王楠楠统稿。本书参考了房牧、赵炳旭、汪立青、高鹏、王雪莹、梁若宇等人的学位论文和相关文章,在此表示衷心感谢。同时,徐国伟、王碧芬、王丞也、余璐、梁若宇、马永健、陈伟杰、张一智等人在书稿的撰写和整理过程中付出了辛勤的劳动,在此一并表示感谢。

哈尔滨工业大学王勇教授和祁嘉然教授对全书进行了认真、细致的审查,并对著作的修改提出了中肯的建议,作者从他们提出的宝贵建议中获益良多,在此向他们表示衷心的感谢。

反射阵列天线技术近年来发展迅速,且作者水平有限、时间仓促,本书难免存在疏漏与不足之处,希望读者批评指正。

作 者
2024 年 5 月

目 录

第 1 章

绪　论

通信技术的快速发展使得人们可以随时随地、不限距离地与其他人通信。在通信系统中,天线是不可或缺的。天线将载有信息的电信号发送到自由空间中,另一端的天线接收电信号并从中恢复出信息,从而实现异地的通信联络。随着现代通信系统的快速发展,传统天线的应用范围与性能成为通信系统性能提升的一大瓶颈,所以设计开发性能与结构俱佳的新型多功能天线已经成为必然趋势[1]。时至今日,第五代移动通信已经进入商业化,同时,我国已组建了 6G 推进组,正在开展工作,加快 6G 研发。在 5G 和 6G 通信系统中,要求传输数据量大,数据传输速率快,对天线系统的带宽、极化与复用等方面的要求大大提高,所以需要设计一种高增益天线,以满足数据传输需求。

通常,实现高增益主要有两种方法。一是采用平面相控阵天线,通过馈电系统控制阵列中每个阵列单元的幅值和相位,实现对每个阵列单元辐射的电磁波的相位补偿,使所有电磁波在远场同相叠加,达到提高增益的目的。二是采用抛物面天线等反射面天线或者透镜天线,在特定方向上得到特定波束宽度的方向图。

但是这两种方法都存在一些缺陷。对于平面相控阵天线,其馈电网络结构复杂,设计难度高,加工成本高。对于反射面天线和透镜天线,虽然设计简单,但是其体积大,占用空间多,笨重且材料与制造成本高。由于缺陷存在,这两种设计方法的应用受到一定的限制,为了解决这一问题,兼具二者优点的反射阵列天线逐渐受到青睐,成为时下的热门研究方向,并得到了快速发展。这种反射阵列天线集合了抛物面天线和平面相控阵天线的优点,具有横截面窄、增益高、效率高、无须设计馈电网络等优点[2]。

1.1 反射阵列天线的发展概况

反射阵列天线的概念最早是在 20 世纪 60 年代初由 Berry、Malech 和 Kennedy 等人提出的[3]。如图 1.1 所示，该反射阵列天线采用终端短路的开口矩形波导作为天线单元，来自馈源的电磁波照射并耦合进矩形波导的开路端，沿波导传输线传输至另一侧的短路端，再由短路端反射回来形成二次辐射，从开路端辐射出去。通过控制每个波导单元的长度实现对单元反射相位的调节，最终获得所需的远场辐射特性，从而开启了反射阵列天线的探索进程。在早期的应用中，天线大多数工作于相对较低的频率，导致大型波导反射阵列天线非常笨重，无法在实际应用中发挥作用。此外，该天线阵列的效率没有得到进一步研究和优化，因此这种天线直到 10 余年后才获得广泛的研究。

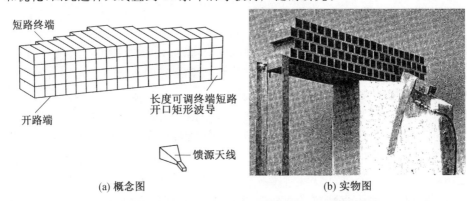

(a) 概念图   (b) 实物图

图 1.1 采用终端短路的开口矩形波导作为天线单元的早期反射阵列

20 世纪 70 年代中期，Phelan 提出了"平面螺旋相位"反射阵列的概念，如图 1.2 所示，通过在四臂螺旋天线或者偶极子天线上加载二极管来设计反射阵列的单元，实现了一款圆极化反射阵列天线。通过对圆极化反射阵列单元进行角度旋转，单元反射相位随之成比例变化，从而实现对单元的相位补偿。通过切换二极管来激活不同的螺旋臂，可以实现大角度的波束电扫描[4]。然而该种类型的反射阵列螺旋腔体较厚且二极管偏置电路部分庞大，因此阵列天线依然过于庞大和笨重。由于单元尺寸及单元间距很大，因此反射阵列的口径效率也不高。

随着印刷微带天线技术的成熟，1978 年 Malagisi 第一次将印刷微带天线技术与反射阵列设计相结合，提出了微带反射阵列[5]，基本结构如图 1.3 所示。微带反射阵列具有低剖面、质量轻的特点，以及工艺简单、成本低的优势，因此成为学术界的热门研究方向。然而，当时由于印刷微带天线的材料损耗较大，因此微

图 1.2 中心加载二极管开关的四臂螺旋圆极化反射阵列单元[4]

带反射阵列天线辐射效率较低。在此之后的 10 年之内,微带形式的反射阵列天线并没有突破性的实质性进展。随着基板材料的性能提升,印刷微带天线技术取得了很大的突破。到了 20 世纪 90 年代,为实现尺寸小、质量轻的目标,各种形式的微带反射阵列天线被广泛开发[6],反射阵列得到快速的发展和广泛的应用,如用于点对点通信的多波束天线、用于雷达应用的波束扫描天线,以及空间功率合成的反射阵列系统等。特别是在过去的 15 年里,随着制造技术和计算资源的进步,学术界和工业界对天线研究领域的反射阵列天线的研究兴趣越发浓厚,如图 1.4 所示。在 IEEE Xplore 上用关键词"reflectarray"进行的文献搜索显示,IEEE 在这一领域已经发表了 2 400 多篇文章,且近 15 年文章数量显著增加。

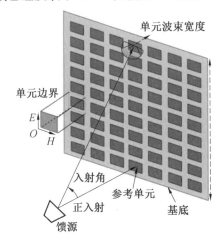

图 1.3 偏馈矩形贴片式微带反射阵列的基本结构

随着通信频段的逐渐升高,对天线的小型化也提出了要求,反射阵列天线因其具有性能强、效率高、成本可控等特点,重新走入人们视野。从反射阵列天线发明至今,天线的设计分析方法已经日渐成熟,并向圆极化、多波束和波束赋形、多频、宽带、可重构等方向发展。

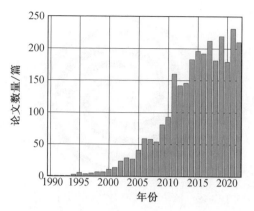

图 1.4　在 IEEE 发表的反射阵列天线的文章数
（数据于 2022 年 1 月 1 日取自于 IEEE Xplore）

1.圆极化反射阵列天线

圆极化反射阵列在某些特定场景如卫星通信、成像等领域有独特优势[7-9]。1998 年，J. Huang 与 R. J. Pogorzelski 设计了一款工作于 Ka 波段的圆极化反射阵列天线（图 1.5），天线选用相位延迟线形式的微带贴片单元，首次提出通过旋转角度实现单元的相位补偿，并且给出了严格的数学理论的分析。在 31～35 GHz范围内，天线口面利用效率大于 55％，天线增益大于 38 dB[10]。这种旋转单元的方式被后来的研究人员所广泛采纳，具有非常重要的意义。

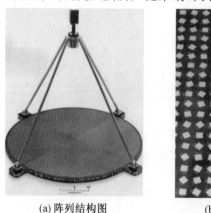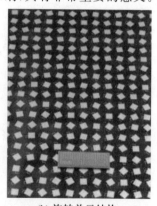

(a) 阵列结构图　　　　　　　(b) 旋转单元结构

图 1.5　J. Huang 等设计的圆极化反射阵列天线[10]

除了采用圆极化馈源与圆极化单元的结合方式之外，S. M. A. M. H. Abadi 等人采用了极化转换的理念，使用线极化单元与线极化馈源，使天线反射的电磁波为圆极化的形式，如图 1.6 所示[11]。

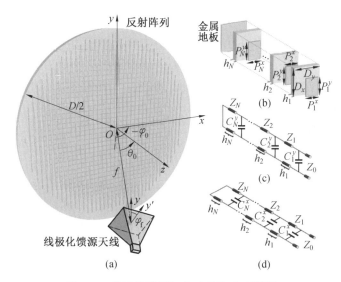

图 1.6　线极化转圆极化反射阵列天线[11]

2. 波束赋形与多波束技术

反射阵列天线的优势之一在于波束的可控性,可通过不同的单元排列方式实现不同的效果[12-13],1999 年,D. M. Pozar 与 S. D. Targonski 等人设计了一款工作在 Ku 波段的线极化波束赋形反射阵列天线,如图 1.7 所示,天线阵面为椭圆形,单元为矩形贴片。此天线可应用于卫星通信领域,通过相位合成的方式,可应用于对欧洲大陆的整体式覆盖,实现系统在通信时对不同区域的赋形增益要求[14]。

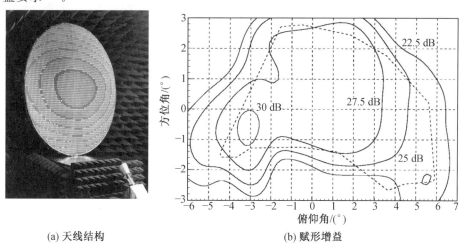

图 1.7　D. M. Pozar 等人设计的反射阵列天线[14]

多波束技术在电子对抗、卫星通信等领域都有非常重要的应用。2012年，P. Nayeri等人采用单个馈源对阵面进行照射，对阵面使用交替投影算法进行调整优化，降低了天线副瓣电平，从而对多波束天线进行性能提升[15]（图1.8）。

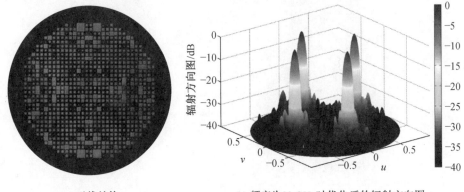

(a) 天线结构　　　　　　　　(b) 频率为32 GHz时优化后的辐射方向图

图 1.8　使用交替投影算法设计的四波束反射阵列天线[15]

3. 宽带反射阵列

对于反射阵列天线，其中一个明显的问题在于反射阵列天线增益带宽较窄，为解决此问题，Li Yuezhou等人在2012年设计了由固定尺寸圆环和可变长度的开路延迟线构成的单层微带单元，使单元带宽增加，最终设计的反射阵列天线的3 dB增益带宽可达到17.3%[16]，天线结构如图1.9所示。

(a) 单元结构　　　　　　　　　　(b) 阵列整体结构

图 1.9　X波段宽带反射阵列天线[16]

采用多层叠加单元是提高反射阵列天线带宽的主要方法之一。如图1.10所示，C. Tienda团队设计了工作于Ku波段双层微带贴片反射阵列天线，增益降低2.5 dB的带宽达到20%，在工作带宽内交叉极化电平大于30 dB[17]。

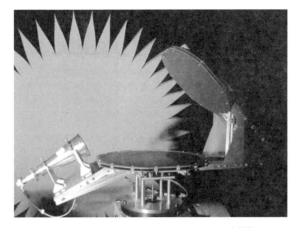

图 1.10　双层微带贴片反射阵列天线[17]

4. 多频反射阵列天线

多频反射阵列天线的实现方式大致可分为两种,一种采用多层结构,高频单元和低频单元分置于上下两层。如图 1.11 所示,文献[18]设计了一种新型双频微带反射阵列。该反射阵列上层为 Ka 波段阵面、下层为 X 波段阵面,阵列单元由圆与圆环组合的单层结构构成。在此基础上,分别选择圆环贴片型和方环缝隙型频率选择表面作为上下两层阵面的接地板,以获得较好的双频辐射特性,同时可有效地降低两个阵面之间的相互影响。

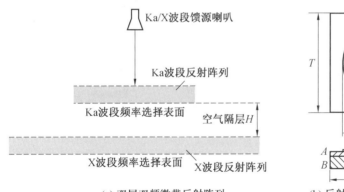

(a) 双层双频微带反射阵列

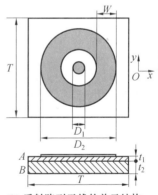

(b) 反射阵列天线的单元结构

图 1.11　高低频单元分置两层的双频微带反射阵列示意图[18]

另一种多频的实现方式采用单层多谐振单元。通过采用独特的多谐振单元结构,可以在不同频段保证理想的反射相位。如图 1.12 所示,文献[19]采用开缝圆环与开槽正方形结合嵌套的单元结构,实现了 K/Ka 波段双频高性能工作。如图 1.13 所示,文献[20]设计了一种基于双偶极子单元和双频频率选择表面(FSS)的反射阵列天线,实现了 X/Ku 双频段工作。

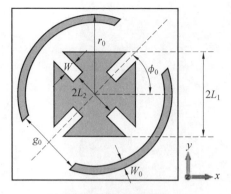

(a) 双频反射阵列单元模型

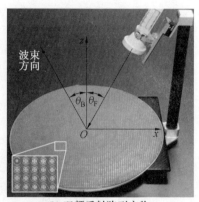

(b) 双频反射阵列实物

图 1.12　K/Ka 波段双频反射阵列模型及天线[19]

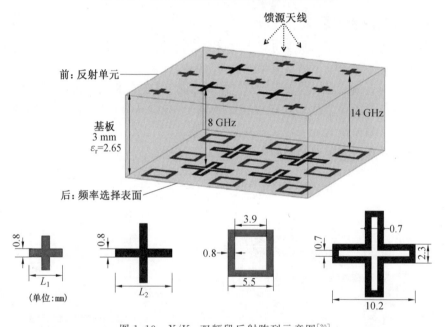

图 1.13　X/Ku 双频段反射阵列示意图[20]

5. 波束扫描反射阵列天线

波束扫描反射阵列天线[21]是天线研究中的一个重要领域。波束扫描天线与反射阵列相结合，将波束扫描功能与反射阵列的高增益笔形波束融合在一起，在毫米波成像、卫星通信、5G/6G 通信等众多热门领域都发挥着重要的作用。波束扫描反射阵列的实现方式主要分为机械扫描与电扫描两种类型。

（1）移动馈源方式。

如图 1.14 所示，P. Nayeri、Yang Fan 等人采用双焦技术设计了一种通过机械扫描移动馈源的方式实现波束扫描的反射阵列天线[22]。天线口面通过粒子群算法进行优化,实现了±30°的扫描宽度,并保证了增益稳定与低副瓣特性。

图 1.14　机械扫描式波束扫描反射阵列天线[22]

如图 1.15 所示,Wu Gengbo、Qu Shiwei 团队采用多波束相位匹配算法,充分利用了反射阵列单元的角度敏感特性,提高了反射阵列的波束扫描性能,通过理论推导与算法优化,实现了较大扫描角度的波束扫描[23]。

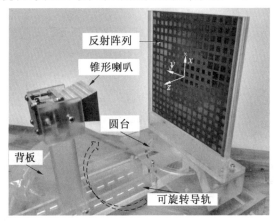

图 1.15　采用相位匹配法设计的波束扫描反射阵列天线

（2）采用馈源阵列方式。

采用馈源阵列对阵面进行照射,通过切换不同的馈源,实现不同的波束指向,同样可实现波束扫描功能。如图 1.16 所示,文献[24]采用开关切换 3 个馈源,通过对馈源相位中心进行优化,实现了波束在不同指向时增益与副瓣电平的稳定。

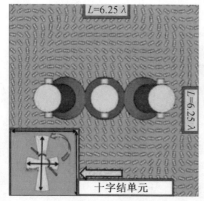
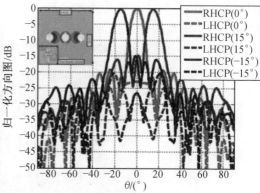

图 1.16　采用 3 个馈源的波束扫描反射阵列天线[24]

（3）加载微机电驱动方式。

圆极化反射阵列可通过单元的旋转来实现反射相位的控制。如图 1.17 所示，文献[25]提出了实现波束扫描反射阵列的新颖方式，在每个单元之下加入一个电机驱动装置，通过硬件控制驱动电机，根据波束指向的不同，确定每个单元的反射相位，之后将单元进行不同角度的旋转，则可实现波束扫描功能。

图 1.17　采用机械旋转元件的可重构反射阵列天线[25]

（4）加载微系统（MEMS）开关。

MEMS 开关技术可以加载在单元中控制单元反射相位，在电扫描波束扫描反射阵列天线中具有广泛的应用[26]。2012 年，C. Guclu、J. Perruisseau-Carrier 等人设计了一套应用于 K/Ka 双频段的圆极化波束扫描反射阵列天线[27]，如图 1.18 所示，天线单元为开口式圆环设计，每个单元上都有 6 个等距离的 MEMS 开关，通过对每个 MEMS 开关的控制，等效为单元不同的旋转角度。

实现对反射相位的控制,从而实现波束扫描功能。

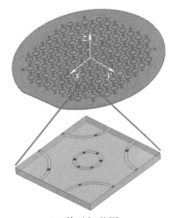

(a) 天线结构图　　　　　　　　　(b) 单元细节图

图 1.18　加载 MEMS 开关的旋转单元式波束扫描反射阵列天线[27]

(5) 加载二极管。

二极管是半导体器件,可通过改变偏置电压提供可变结电容。与相控元件集成,可以通过控制反射阵列单元的反射相位进而通过现场可编程门阵列(FPGA)电路控制满足阵列的高速动态波束扫描功能[28]。如图 1.19 所示,Yang Huanhuan 团队使用贴片结构加载 PIN 二极管为单元设计了一套应用于 Ku 波段的反射阵列天线,通过对馈源位置和口面相位的优化,实现了在±50°波束扫描范围内的良好性能[29]。

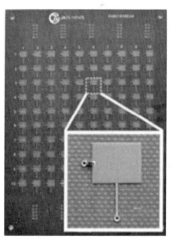

图 1.19　加载 PIN 二极管的波束扫描反射阵列天线[29]

(6) 采用功能性材料。

可变介电常数的新材料也被应用于波束扫描反射阵列天线中[30],如图 1.20

所示。2015 年,G. Perez－Palomino 等人设计了一种基于液晶材料单元的波束扫描反射阵列天线。该天线可在 96～104 GHz 频率范围内实现 55°的扫描范围[31]。

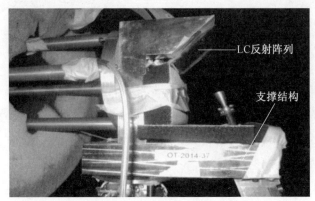

图 1.20　基于液晶材料的波束扫描反射阵列天线[31]

6.太赫兹反射阵列天线

随着太赫兹技术的发展和广泛应用,国内外专家学者开始对应用于太赫兹频段的反射阵列天线进行探究[32-33]。2013 年,E. Carrasco 团队通过对石墨烯在太赫兹频段中的电场效应特性研究,发现石墨烯在太赫兹频段有很好的组阵能力,通过全矢量方法对单元进行分析,构建了工作于 1.3 THz 频段的反射阵列天线,在带宽、栅瓣、交叉极化方面获取了良好性能[34](图 1.21)。

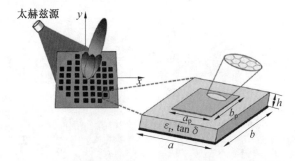

图 1.21　太赫兹频段石墨烯反射阵列天线结构图[34]

因太赫兹频段天线尺寸小,加工精度要求高,所以 3D 打印技术成为太赫兹反射阵列领域的研究热点之一。2018 年,Wu Mengda 与 Li Bin 团队采用 3D 打印技术制作了介质型反射阵列单元(图 1.22),设计了工作在 220 GHz 的反射阵列天线并进行测试,验证了其良好性能[35]。

图 1.22 采用 3D 打印技术制作的太赫兹反射阵列天线[35]

1.2 反射阵列天线分类

根据反射阵列单元的不同，当前反射阵列主要可分为 4 种类型，包括微带反射阵列、介质反射阵列、全金属反射阵列和波导反射阵列，如图 1.23 所示。这四种类型的反射阵列在不同的应用场景中各自有着不同的优势。

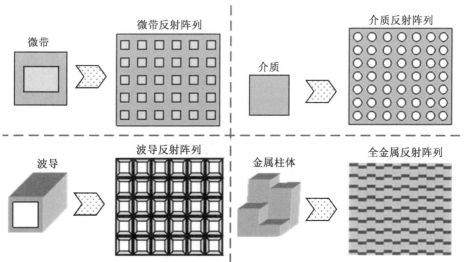

图 1.23 反射阵列的 4 种主要类型

1. 微带反射阵列

微带反射阵列是最常见和广泛使用的反射阵列，具有低剖面、低成本等优势，其阵列单元为金属微带结构、介质基板和金属地板组成的谐振结构。典型的微带反射阵列天线如图 1.24 所示[36]，微带反射阵列单元结构在反射阵列设计中具有极大的设计灵活性与多样性,但无法避免介质损耗问题,在毫米波/太赫兹波段损耗尤为严重。

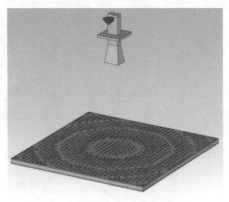

图 1.24　典型的微带反射阵列天线[36]

2. 介质反射阵列

介质反射阵列结构完全由介质构成,不含任何导电谐振结构。介质反射阵列最常见的类型是介质谐振器天线(dielectric resonator antenna,DRA)反射阵列[37],如图 1.25 所示。介质反射阵列还会使用一些其他结构,如文献[38]采用了带有不同直径空气圆柱的介质层,如图 1.26 所示,主要目的是消除谐振特性中的导体损耗以拓展带宽。

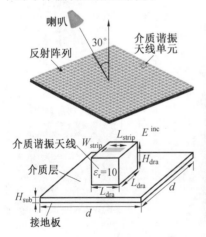

图 1.25　介质谐振器天线(DRA)反射阵列[37]

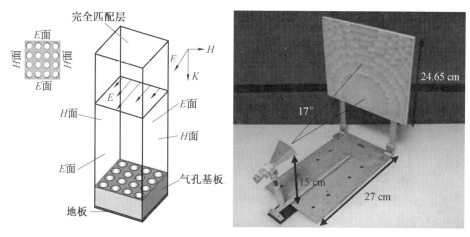

图 1.26　空气圆柱结构介质层反射阵列[38]

3. 全金属反射阵列

全金属反射阵列的最主要优势是去除了介质基板结构,从而避免了介质损耗,这使得全金属反射阵列特别适合用于毫米波频段。图 1.27 给出全金属反射阵列的两种主要类型:一种是不同高度的金属柱型单元组成的阵列[39],通过每个金属柱体单元的高度调整实现相位补偿;另一种通过独特的缝槽结构免除了介质基板的使用[40]。

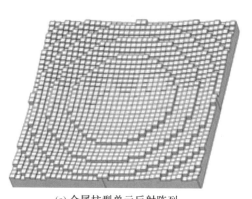

(a) 金属柱型单元反射阵列

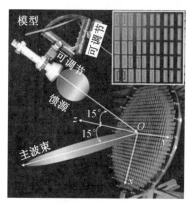

(b) 缝槽结构全金属反射阵列

图 1.27　全金属反射阵列

4. 波导反射阵列

如前面所述,波导反射阵列是历史上最早出现的反射阵列,通过深度不等的波导单元实现相位补偿。由于波导单元也是纯金属结构,因此波导反射阵列同样可以归类于全金属反射阵列。图 1.28 和图 1.29 分别给出了文献[41]和文献[42]中的两种波导反射阵列设计,各自采用了矩形波导单元和圆波导单元。

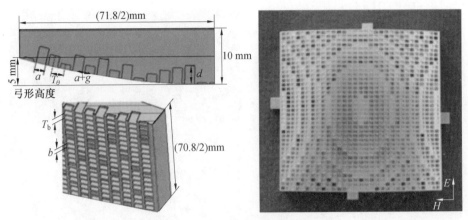

图 1.28 矩形波导反射阵列[41]

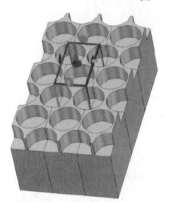

图 1.29 圆波导反射阵列[42]

1.3 本书结构

本书从国内外反射阵列天线的发展概况入手,首先介绍了反射阵列天线的基本工作原理,包括反射阵列模型、相位补偿原理、性能指标和单元形式等。其次,详细介绍了反射阵列天线的分析方法和实用设计方法,并围绕宽带、多频、多极化、波束扫描、近场聚焦、涡旋波束等功能的反射阵列天线进行了详细分析和典型案例设计。最后,详细讨论了反射阵列天线馈源天线的设计方法,给出了多频多极化馈源天线的设计实例,并介绍了反射阵列天线在实际工程中的应用。本书结构框图如图 1.30 所示。

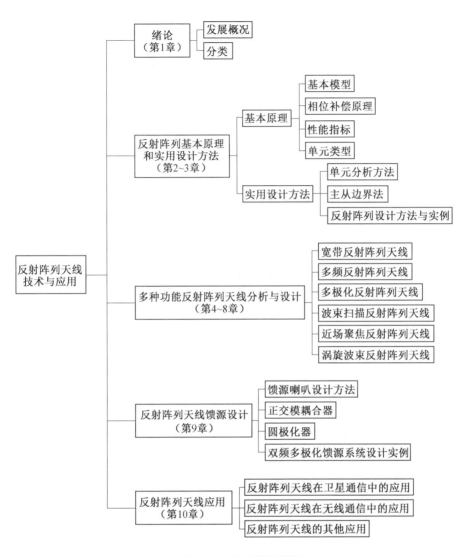

图 1.30　本书结构框图

本章参考文献

[1] HAN S F, CHIN-LIN I, XU Z K，et al. Large-scale antenna systems with hybrid analog and digital beamforming for millimeter wave 5G[J]. IEEE Communications Magazine，2015，53(1)：186-194.

[2] NAYERI P，FAN Y S，ELSHERBENI A Z. Reflectarray antennas：

theory, designs, and applications[M]. Hoboken, NJ, USA: John Wiley & Sons, 2018.

[3] BERRY D, MALECH R, KENNEDY W. The reflectarray antenna[J]. IEEE Transactions on Antennas and Propagation, 1963, 11(6): 645-651.

[4] PHELAN H R. Spiraphase reflectarray for multitarget radar[J]. Microwave Journal, 1977, 20: 67-68.

[5] MALAGISI C S. Microstrip disc element reflect array[J]. Electronics and Aerospace Systems Convention, 1978(9): 186-192.

[6] JAVOR R D, WU X D, CHANG K. Offset-fed microstrip reflectarray antenna[J]. Electronics Letters, 1994, 30(17): 1363-1365.

[7] 徐刚, 施美友, 屈劲, 等. S波段宽带圆极化反射面天线口径合成阵列设计[J]. 电波科学学报, 2015, 30(4): 723-728.

[8] NASERI P, MATOS S A, COSTA J R, et al. Dual-band dual-linear to circular polarization converter in transmission mode application to K/Ka - band satellite communications[J]. IEEE Transactions on Antennas and Propagation, 2018, 66(12): 7128-7137.

[9] TORREALBA-MELENDEZ R, OLVERA-CERVANTES J L, CORONA-CHAVEZ A. Resolution improvement of an UWB microwave imaging radar system using circular polarization[C]//2014 International Conference on Electronics, Communications and Computers (CONIELECOMP). February 26-28, 2014. Cholula. , Mexico. IEEE, 2014: 189-193.

[10] HUANG J, POGORZELSKI R J. A Ka-band microstrip reflectarray with elements having variable rotation angles [J]. IEEE Transactions on Antennas and Propagation, 1998, 46(5): 650-656.

[11] ABADI S M A M H, GHAEMI K, BEHDAD N. Ultra-wideband, true-time-delay reflectarray antennas using ground-plane-backed, miniaturized-element frequency selective surfaces[J]. IEEE Transactions on Antennas and Propagation, 2015, 63(2): 534-542.

[12] 李保明, 王玉峰. 一种高增益多波束反射面天线设计[J]. 通信对抗, 2010 (4): 51-54.

[13] HUM S V, PERRUISSEAU-CARRIER J. Reconfigurable reflectarrays and array lenses for dynamic antenna beam control: A review[J]. IEEE Transactions on Antennas and Propagation, 2014, 62(1): 183-198.

[14] POZAR D M, TARGONSKI S D, POKULS R. A Shaped-beam microstrip patch reflectarray[J]. IEEE Transactions on Antennas and

Propagation，1999，47(7)：1167-1173.

［15］NAYERI P，YANG F，ELSHERBENI A Z. Design and experiment of asingle-feed quad-beam reflectarray antenna［J］. IEEE Transactions on Antennas and Propagation，2012，60(2)：1166-1171.

［16］LI Yuezhou，BIALKOWSKI M E，ABBOSH A M. Single layer reflectarray with circular rings and open-circuited stubs for wideband operation［J］. IEEE Transactions on Antennas and Propagation，2012，60 (9)：4183-4189.

［17］TIENDA C，ENCINAR J A，ARREBOLA M，et al. Design，manufacturing and test of a dual-reflectarray antenna with improved bandwidth and reduced cross-polarization［J］. IEEE Transactions on Antennas and Propagation，2013，61(3)：1180-1190.

［18］郑文泉，万国宾，甘启宇，等. 一种新型双频微带反射阵的设计［J］. 电波科学学报，2014，29(6)：1057-1062.

［19］DENG R Y，MAO Y L，XU S H，et al. A single-Layer dual-band circularly polarized reflectarray with high aperture efficiency［J］. IEEE Transactions on Antennas and Propagation，2015，63(7)：3317-3320.

［20］CHEN Y，CHEN L，WANG H，et al. Dual-band crossed-dipole reflectarray with dual-band frequency selective surface［J］. IEEE Antennas and Wireless Propagation Letters，2013，12：1157-1160.

［21］APAYDIN N，SERTEL K，VOLAKIS J L. Nonreciprocal and magnetically scanned leaky-wave antenna using coupled crlh lines［J］. IEEE Transactions on Antennas and Propagation，2014，62(6)：2954-2961.

［22］NAYERI P，YANG Fan，ELSHERBENI A Z. Bifocal design and aperture phase optimizations of reflectarray antennas for wide-angle beam scanning performance［J］. IEEE Transactions on Antennas and Propagation，2013，61(9)：4588-4597.

［23］WU Gengbo，QU Shiwei，YANG S W. Wide-angle beam-scanning reflectarray with mechanical steering［J］. IEEE Transactions on Antennas and Propagation，2018，66(1)：172-181.

［24］TAHSEEN M M，KISHK A A. Multi-feed beam scanning circularly polarized Ka-band reflectarray［C］//2016 17th International Symposium on Antenna Technology and Applied Electromagnetics (ANTEM). July 10-13,2016. Montreal，QC，Canada. IEEE，2016：1-2.

［25］ YANG X，XU S H，YANG F，et al. A broadband high-efficiency recon-figurable reflectarray antenna using mechanically rotational elements［J］. IEEE Transactions on Antennas and Propagation，2017，65（8）：3959-3966.

［26］ PERRUISSEAU-CARRIER J，SKRIVERVIK A K. Monolithic MEMS-based reflectarray cell digitally reconfigurable over a 360° phase range［J］. IEEE Antennas and Wireless Propagation Letters，2008，7：138-141.

［27］ GUCLU C，PERRUISSEAU-CARRIER J，CIVI O. Proof of concept of a dual-band circularly-polarized RF MEMS beam-switching reflectarray ［J］. IEEE Transactions on Antennas and Propagation，2012，60（11）：5451-5455.

［28］ LYONS B，ENTCHEV E，CROWLEY M. Reflect-array based mm-wave people screening system［C］. Proc. SPIE8900，Millimetre Wave and Terahertz Sensors and Technology Ⅵ，Dresden，Germany：SPIE，2013.

［29］ YANG Huanhuan，XU S H，MAO Y L，et al. A 1-bit 10 × 10 reconfigurable reflectarray antenna：design，optimization，and experiment ［J］. IEEE Transactions on Antennas and Propagation，2016，64（6）：1.

［30］ 万应禄. 基于液晶材料宽带平面反射阵波束扫描技术研究［D］. 成都：电子科技大学，2018.

［31］ PEREZ-PALOMINO G，BARBA M，ENCINAR J，et al. Design and demonstration of an electronically scanned reflectarray antenna at 100 GHz using multiresonant cells based on liquid crystals［J］. IEEE Transactions on Antennas and Propagation，2015，63（8）：3722-3727.

［32］ 秦顺友. 太赫兹反射面天线测试方法综述［J］. 无线电工程，2018，48（12）：1013-1020.

［33］ HASANI H，TAMAGNONE M，CAPDEVILA S，et al. Tri-band，polarization independent reflectarray at terahertz frequencies：design，fab-rication，and measurement［J］. IEEE Transactions on Terahertz Science and Technology，2016，6（2）：268-277.

［34］ CARRASCO E，PERRUISSEAU-CARRIER J. Reflectarray antenna at terahertz using graphene［J］. IEEE Antennas and Wireless Propagation Letters，2013，12：253-256.

［35］ WU Mengda，LI Bin，ZHOU Y，et al. Design and measurement of a 220 GHz wideband 3D printed dielectric reflectarray［J］. IEEE Antennas and Wireless Propagation Letters，2018，17（11）：2094-2098.

[36] SERUP D E, PEDERSEN G F, ZHANG S. Dual-band shared aperture reflectarray and patch antenna array for S- and Ka-bands[J]. IEEE Transactions on Antennas and Propagation, 2022, 70(3): 2340-2345.

[37] JAMALUDDIN M H, GILLARD R, SAULEAU R, et al. A dielectric resonator antenna (DRA) reflectarray[C]//2009 European Microwave Conference(EuMC) September 29-October 1, 2009. Rome, Italy. IEEE, 2009: 25-28.

[38] ABD-ELHADY M, HONG W, ZHANG Y. A Ka-band reflectarray implemented with a single-layer perforated dielectric substrate[J]. IEEE Antennas and Wireless Propagation Letters, 2012, 11: 600-603.

[39] LEE W, YI M, SO J, et al. Non-resonant conductor reflectarray element for linear reflection phase[J]. Electronics Letters, 2015, 51(9): 669-671.

[40] DENG R Y, XU S H, YANG F, et al. Design of a low-cost single-layer X/Ku dual-band metal-only reflectarray antenna[J]. IEEE Antennas and Wireless Propagation Letters, 2017, 16: 2016-2019.

[41] YI M, LEE W, SO J. Design of cylindrically conformed metal reflectarray antennas for millimetre-wave applications[J]. Electronics Letters, 2014, 50(20): 1409-1410.

[42] POLENGA S V, STANKOVSKY A V, KRYLOV R M, et al. Millimeter-wave waveguide reflectarray[C]//2015 International Siberian Conference on Control and Communications (SIBCON) May 21-23, 2015. Omsk, Russia. IEEE, 2015: 1-4.

第 2 章

反射阵列天线基本原理

2.1 反射阵列天线的工作原理与性能分析

2.1.1 反射阵列天线基本模型和相位补偿

反射阵列天线一般由两部分组成,分别为馈源和反射平面,或者有弧度的曲面。根据电磁场同相叠加的原理,通过对单元的排布,可实现高增益波束的形成。馈源一般情况下为喇叭天线,反射面由大量阵元组成[1],如图 2.1 所示。

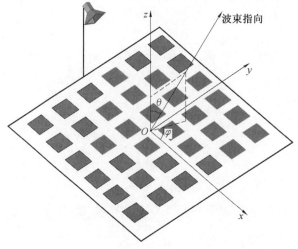

图 2.1 反射阵列原理图

当馈源发出的电磁波照射至阵列表面时,电磁波由于地板的存在将产生反射现象,由于馈源到达阵面上各个单元时存在路程差,因此必然会导致电磁波到各个单元的相位产生差异,而不同的阵元也会产生不同的相位差,当参照点为图2.1 中坐标原点时,有

$$\varphi(x_i, y_i) = -k_0 R_i + \varphi_R(x_i, y_i) \tag{2.1}$$

式中　　k_0——自由空间的波数;

　　　　(x_i, y_i)——阵面各单元的坐标;

　　　　$\varphi_R(x_i, y_i)$——阵面上单元的反射相位。

等式右边第一部分代表空间的相位延迟,这是由馈源与阵面上各个单元的空间距离造成的。R_i 可写为

$$R_i = \sqrt{(x_i - x_f)^2 + (y_i - y_f)^2 + (z_i - z_f)^2} \tag{2.2}$$

在反射阵列天线中,每一个单元的反射相位是独立的。当反射阵列天线的波束指向为 (θ_0, φ_0) 时,阵面每个单元位置的相位分布 $\varphi(x_i, y_i)$ 可写为

$$\varphi(x_i, y_i) = -k_0 \sin \theta_0 \cos \varphi_0 x_i - k_0 \sin \theta_0 \cos \varphi_0 y_i \tag{2.3}$$

通过式(2.1)与式(2.3)可知,单元需要的补偿相位 $\varphi_R(x_i, y_i)$ 可由下式进行表示:

$$\varphi_R(x_i, y_i) = -k_0 \sin \theta_0 \cos \varphi_0 x_i - k_0 \sin \theta_0 \cos \varphi_0 y_i + k_0 R_i \tag{2.4}$$

设反射阵列天线馈源的位置为 (x_f, y_f, z_f),反射阵列天线波束指向的单位向量为 $\boldsymbol{r}_d = (a_1, a_2, a_3)$,参考点选择坐标原点。通过电磁波同相叠加的原理,可以进一步推出当式(2.5)成立时,即可算出补偿相位,式(2.5)在实际仿真计算时更具有指导意义。并且由于多数反射阵列单元的相位补偿范围较大,满足式(2.5)的单元可能有许多个,所以只需计算出 $0 \sim 2\pi$ 范围之内的单元补偿量即可,可简化单元数据,并减小计算量。

$$\varphi_R(x_i, y_i) + (x_i, y_i, z_i) \cdot \boldsymbol{r}_d + \sqrt{x_f^2 + y_f^2 + z_f^2} - R_i = 2n\pi \tag{2.5}$$

通过以上分析可以得出结论,对于反射阵列来说,无论波束方向与馈源位置如何,均可通过单元的相位排布实现,在实际使用过程中,馈源一般采用偏馈的方式,而波束方向指向馈源的另一侧,这样可以避免馈源对阵面辐射的波束产生干扰的问题。

2.1.2　反射阵列天线性能指标

反射阵列天线的性能指标主要包括以下几方面。

1. 口面利用效率(aperture efficiency)

反射阵列的口面利用效率 η_a 为其有效口径面积 S_e 与实际物理面积 S_p 之比,即

$$\begin{cases} \eta_a = S_e/S_p \\ S_e = G\lambda^2/(4\pi) \end{cases} \tag{2.6}$$

在不考虑介质损耗与传播损耗等因素的条件下,可以理想地通过溢出效率 η_s 与锥削效率 η_t 的乘积定义口面利用效率,即

$$\eta_a = \eta_s \eta_t \tag{2.7}$$

溢出效率可以从字面意思上简单理解,馈源发射天线的电磁波当照射至反射面上时,会有一小部分能量未能有效地辐射到阵面上而导致能量的损失。而溢出效率就是阵面可利用的功率与馈源的发射功率的百分比。锥削功率的定义比较复杂,主要与幅度和相位相关。可以通过电磁场的理论与之前介绍的反射阵理论进行简单理解,当馈源发射的电磁波到达阵面上的每个单元时,激励在不同单元的电磁波的幅度不同,同时在进行单元的相位补偿排列时,总会存在误差,即所设计的单元因为种种因素无法完全满足相位补偿条件。所以在此种条件下,反射阵列天线的整体增益会有降低的结果。

设反射阵列阵面的面积为 S,通过天线理论可以知道,此时天线在理论上最大的增益为

$$G_t = \frac{4\pi}{\lambda^2} S \tag{2.8}$$

而实际仿真或者测量得到的增益会与理论值有一定差距,实际增益为

$$G_r = \frac{4\pi}{\lambda^2} S \eta_a \tag{2.9}$$

式中 λ—— 天线在工作频点的波长。

可以通过理论计算与测量计算口面利用效率,即

$$\eta_a = \frac{G_t}{G_r} = \frac{G_r}{4\pi S/\lambda^2} \tag{2.10}$$

2. 半功率波束宽度

半功率波束宽度与增益相关,对于反射阵列天线来说,天线增益较高,一般为 20 dB 以上,天线的辐射方向图为笔形波束。天线增益越高,半功率波束角(也称为 3 dB 波束角)就越窄,在成像技术的实际应用中,可提高系统分辨率。

3. 副瓣电平

副瓣电平对应于其他类型天线的定义。主瓣位置处于最大辐射方向处,并且与第一波瓣相邻。第一波瓣的最大值与主波瓣的最大值的 dB 值之间的差值是副瓣电平。一般在高增益反射阵列天线中,副瓣电平一般要求低于 − 14 dB。

4. 带宽

带宽是微带反射阵列天线的重要性能指标之一。以下为带宽的计算公式:

$$\begin{cases} \mathrm{BW_{3\,dB}} = \dfrac{(f_{3\,\mathrm{dB}\pm} - f_{3\,\mathrm{dB}\mp})}{f_0} \times 100\% \\[3mm] \mathrm{BW_{1\,dB}} = \dfrac{(f_{1\,\mathrm{dB}\pm} - f_{1\,\mathrm{dB}\mp})}{f_0} \times 100\% \end{cases} \tag{2.11}$$

在反射阵列天线中,除阻抗带宽外,更多关注增益带宽,如 1 dB 增益带宽和 3 dB 增益带宽,即增益下降 1 dB 或者 3 dB 时天线的频率范围。

在圆极化反射阵列天线中,则需特殊地将增益带宽与 3 dB 轴比带宽取交集,得出满足条件的频率范围。

而对于馈源天线来讲,常用的 -10 dB 带宽不能满足馈源的高性能要求,实际工程中馈源要求,在目标频带,S_{11} 要低于 -15 dB。

5. 馈源方向图要求

线极化反射阵列馈源要求天线 E 面与 H 面方向图在 -10 dB 波束宽度内保持一致,这样的好处是可保证馈源在照射反射面时相位分布相对一致,并可保证口面利用系数高。

对于圆极化馈源来说,馈源天线没有 E 面与 H 面的概念,替代它们的是俯仰面与水平面,同样要保证 -10 dB 波束宽度内,方向图一致性高。

6. 轴比

对于实际电磁波来说,不存在单纯意义上的线极化波与圆极化波。任意极化形式的电磁波的电场矢量从尾端看过去都是椭圆形曲线。将椭圆的长轴长度与短轴长度的比值称为轴比(AR)[2]。对于圆极化形式的天线,需满足在带宽内最大辐射方向上的 AR 小于 3 dB。对于馈源天线,轴比要求较高,一般要求馈源天线在带宽内轴比低于 1.5 dB。

7. 反射阵列的栅瓣控制

在天线阵列理论中,单元的周期对天线辐射方向图的副瓣电平影响不容忽视。线阵如图 2.2 所示,阵因子 $S(u)$ 是在 $-\infty < u < +\infty$ 的周期函数,其周期为 2π,所以阵因子的最大值将按照周期的形式出现,当 $u = 2m\pi(m=0, \pm1, \pm2, \cdots)$ 时出现最大值。所以可知:当 $m=0$ 时,$u=0$,此时对应主瓣。m 为其他值时为天线栅瓣。当天线阵出现较高的副瓣时,天线能量将会从主瓣分散开来,导致天线增益下降,在判别目标等实际工作中可能会出现误判等。

当 $S(u)$ 第二次呈现出最大值时,$u = kd(\cos\beta - \cos\beta_m) = \pm2\pi$,不出现栅瓣的条件为:要求 $|u|_{\max} < 2\pi$,即

$$d < \frac{\lambda_0}{|\cos\beta - \cos\beta_m|_{\max}} \tag{2.12}$$

因为 $\beta = 0 \sim \pi$,$|\cos\beta - \cos\beta_m|_{\max} = 1 + |\cos\beta_m|$,所以可得出

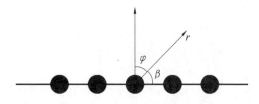

图 2.2   单元天线组成的线阵

$$d < \frac{\lambda}{1 + |\cos \beta_m|} \tag{2.13}$$

式中 β_m——阵轴与射线 r 之间的夹角,从图 2.2 可知,$\beta_m = \pi/2 - \varphi_m$,所以式

(2.13)可表述为

$$\frac{d}{\lambda_0} \leqslant \frac{1}{1 + \sin \theta} \tag{2.14}$$

式中 λ_0——自由空间波长;

$\quad\quad d$——单元间距;

$\quad\quad \theta$——主瓣倾斜角。

对于反射阵列而言,设计参数不仅包括主瓣倾斜角度,还需要考虑馈源激励相对于反射阵列单元的入射角。在将式(2.5)应用于反射阵列的栅瓣控制时,则需要将 θ 替换为主瓣倾斜角度和馈源照射入射角中的最大值。需要注意的是,对于不同的反射阵列单元,入射角一般也是不同的,位于反射阵列边缘的单元一般需要更小的单元间距来避免栅瓣的形成。例如,对于一个焦径比为 0.5、波束垂直于阵列所在平面的正馈反射阵列,位于中心的反射阵列单元需要小于 $0.95\lambda_0$ 的间距,而位于边缘的单元则会呈现 45° 的馈源入射,导致需要至少小于 $0.6\lambda_0$ 的单元间距。

考虑到反射阵列的设计制作的便捷性,一般不会采用渐变的单元间距,而是保持单元间距的一致性。如果采用 $0.95\lambda_0$ 的单元间距,则一定会产生分布式栅瓣。分布式栅瓣是由入射角随着单元位置从阵列中心到边缘的变化造成的,对应不同入射角的单元将可能形成不同程度的栅瓣特性并彼此叠加。从物理上观察方向图的分布式栅瓣可能并不容易,但是分布式栅瓣的存在必然会造成辐射能量的浪费。为了最大程度地抑制正馈反射阵列的分布式栅瓣,单元间距需要由阵列边缘的入射角来限制。同理,采用较大的焦径比时,阵列边缘位置处的单元入射角不会过大,所以同样有助于栅瓣的控制。而对于偏馈式反射阵列,在阵列远离馈源的一侧将会形成更大的入射角,对于阵元间距的要求则更为苛刻,一般来说需要小于 $0.5\lambda_0$。

在设计双频反射阵列时,式(2.12)中的波长 λ_0 对于两个频率的取值是不同的。所采用的反射阵列单元形式中,双频谐振单元尺寸和间距可以独立取值,例如双层反射阵列结构,可以分别根据双频不同的波长来确定不产生栅瓣的双频单元最大间距。如果所采用的单元形式呈现相同的双频单元尺寸,则应以高频波长来确定反射阵最大单元间距以保证双频的栅瓣控制。

2.2　反射阵列单元类型及其工作原理

为满足反射阵列的相位补偿,单元的反射相位变化范围要达到 $360°$,否则将可能导致阵面某些位置不能找到合适的单元进行安置,从而影响反射阵列整体性能。反射阵列单元按照材质类型可大致分为微带型、全金属型、介质型单元 3 种。这 3 种单元各有优缺点,微带单元加工较为方便,且质量较轻,在高频时加工精度能够保证,成本较低。全金属型多采用波导形式,可较为简单地实现双频带工作,最具特征的优点为损耗小,结构稳定,但在高频时加工精度难以保证,以至于误差可能较大。介质型单元一般用于较高频段的毫米波与太赫兹频段,但工艺要求高,成本较大。下面对常用的微带型单元、全金属型单元、波导型单元和介质型单元进行介绍。

2.2.1　微带型单元

1. 变尺寸型微带单元

变尺寸型微带单元是微带单元中较为简单的一种,缩放微带单元镀层的尺寸,使微带贴片的谐振频率发生改变,从而来实现对反射波的相位的调节。以方形贴片为例,如图 2.3 所示。

(a) 正视图　　　　　　　　　　　　　　(b) 侧视图

图 2.3　变尺寸单元结构图

一般在设计中,要求介质板小于目标频段波长的 $1/10$,因为当介质基板越厚时,单元在调节尺寸时反射相位的变化范围越小,而当介质基板变薄以后,则可实现较大范围的相位变化。但在仿真分析中可以发现,采用单层贴片单元,当尺寸变化时,在某一变化范围内,单元反射相位会随着尺寸的改变变化较大,微小的尺寸变化可能会导致相位的突变,从而提高加工难度,这对反射阵列天线的整体带宽造成了很大影响。为解决此问题,一般采用数层介质板叠加的方式,如图 2.4 所示。使用多层介质板材,在实现相位整体补偿能力的同时又可实现相位随尺寸变化的线性度的提高。

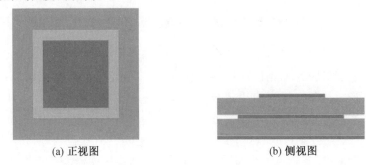

(a) 正视图　　　　　　　　　　　(b) 侧视图

图 2.4　变尺寸多层堆积单元结构图

2. 相位延迟线型微带单元

相位延迟线型微带单元的结构为贴片尾端加入开路的微带线,与变尺寸单元不同之处在于,每个单元的贴片尺寸相同,而单元的反射相位的控制是通过调节开路线的长度完成的,如图 2.5 所示。当馈源照射的电磁波进入单元时,会通过微带线进行反射,而微带线的长度不同,反射的相位也存在差异,且电磁波通过相位延迟线再反射回来产生了 2 倍的路程差,所以一般来讲延迟线长度增加 1 倍,反射相位会增加 2 倍,从而在较小的尺寸变化范围内实现较大范围的相位补偿能力。而相位延迟线型单元也有自己的条件限制,工作时需满足的条件是单元本身要工作在谐振频率,且单元与相位延迟线尽可能阻抗匹配,若阻抗不匹配,电磁波不会通过相位延迟线再反射回来,会造成在连接部直接反射,使相位延迟线发挥不了作用。

图 2.5　相位延迟线型微带单元示意图

3. 耦合槽缝式微带单元

耦合槽缝式微带单元上层的微带贴片为相同尺寸,多数采用多层堆积的结构,以图 2.6 为例,从上到下依次为:微带贴片、介质板 1、开槽金属板、介质板 2、相位延迟线。在传输线理论中,此结构相当于空间传输线,当电磁波照射到贴片时,通过此传输线进入单元并通过底部终端开路的延迟线反射回来。其原理与相位延迟线原理相类似。但此种单元的延迟线与贴片不在同一表面,可实现较大范围的相位变化,同时空间上有较大的利用位置,可实现双频与圆极化等多重功能。

(a) 正视图

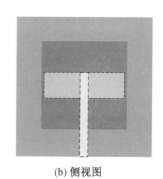

(b) 侧视图

图 2.6 耦合槽缝式微带单元示意图

4. 旋转型微带单元

旋转型微带单元为圆极化反射阵列天线所特有的单元结构,如图 2.7 所示,当 $|\theta_x - \theta_y| = \pi$ 时,即水平极化与垂直极化相位差为 180° 时,将单元整体旋转,旋转角度为 θ,则单元产生的反射相位为 2θ,此结论经过严格推导得出,但只适用

图 2.7 旋转型微带单元示意图

于圆极化馈源照射时。此种单元的贴片结构一致,只通过旋转角度来改变相位,且单元相位变化的线性度高,可实现较宽的带宽。并且旋转角度单元在进行具体仿真工作时较为简便,不必通过扫描即可得到单元的反射相位结果,从而被广泛应用于圆极化反射阵列当中。

2.2.2　全金属型单元

由反射阵列的波束调控原理可知,在馈源相对位置固定时,为了改变反射波束指向,不同位置处的反射阵列单元需提供相应的相位补偿。在不改变阵元结构的条件下,最直接的实现方式为改变馈源相位中心至阵列中各单元的距离。常见的全金属型单元如图 2.8 所示,通过上下可伸缩移动的金属阵元来实现电磁波空间传输距离的改变。该金属阵元整体呈方形结构,主要包含金属底板和可调谐反射模块两部分,其中可调谐反射模块由反射柱和连接杆组成。当馈源和阵元位置固定时,通过连接杆在方孔中的上下滑动即可独立调节任意单元反射模块的整体高度,进而可改变每个阵元接收电磁波的传输路径,达到调相的目的。

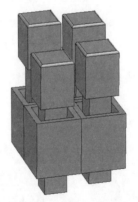

图 2.8　伸缩式全金属反射阵列单元示意图

2.2.3　波导型单元

根据波导理论可以知道,波导相当于一个高通滤波器,矩形波导的截止波长为 $\lambda_c = 2a$,其中 a 为矩形波导的宽边长度,当电磁波波长大于 λ_c 时,电磁波将直接从波导口反射,无法进入波导内部。而当电磁波波长小于 λ_c 时,电磁波可进入波导内部,若波导底部封口,则将继续从底部反射回来,从波导口向外辐射。

波导型全金属单元则根据此原理设计,如图 2.9 所示。当低频电磁波从馈源发出照射到波导口时,电磁波将发生反射,此反射相位与波导整体外形的高度有关,而当高频电磁波照射至波导口时,电磁波将进入波导内部,此时单元反射相位可通过波导内部的深度进行调节,从而实现双频工作。

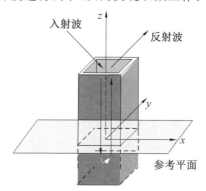

图 2.9　波导型全金属单元示意图

2.2.4　介质型单元

介质型反射阵列单元多用于高频与太赫兹领域,此种单元材料为同一介电常数,一般通过调节单元高度来改变单元的反射相位,如图 2.10 所示。当高度不同时,会产生不同的反射相位。在高频段,天线采用整体加工的形式,一般多为 3D 打印工艺。而对于介质谐振器天线,多运用介电常数较大的介质,这在高频时对工艺要求极为苛刻,并且高介电常数在高频时损耗较大。所以介质型单元更适用于高频工作。

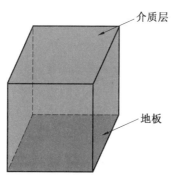

图 2.10　介质型反射阵列单元示意图

2.3　本章小结

本章对反射阵列天线的相位补偿理论进行了详细推导,对口面利用效率、带宽、副瓣等性能指标进行了分析。通过公式推导的方式对无限阵列理论等单元分析时所用的经典理论进行了总结。根据反射阵列单元的分类对各类微带单元、波导单元、介质单元等主要反射阵列单元如何进行相位补偿做出了详尽的说明。并且从平面阵列理论中总结了反射阵列天线副瓣电平与单元周期的关系。

本章参考文献

［1］HUANG J. Reflectarray antenna［M］. IEEE Press：Encyclopedia of RF and Microwave Engineering，2007.

［2］马汉炎. 天线技术［M］. 哈尔滨：哈尔滨工业大学出版社，1997.

［3］王建. 阵列天线理论与工程应用［M］. 北京：电子工业出版社，2015.

第 3 章

反射阵列天线分析方法与实用设计方法

3.1 引　言

　　反射阵列天线的分析为其设计优化提供理论依据,是在反射阵列天线设计中不可或缺的重要环节。本章就反射阵列单元的分析方法(包括无限阵列理论、Floquet 级数分析、金属波导模拟法及主从边界法)进行详细介绍,为阵列设计的理论分析提供可行思路。并基于电磁仿真软件平台 CST Microwave Studio,从反射阵列天线单元建模、单元相移特性曲线仿真、反射阵列天线建模、反射阵列天线结果分析等方面,利用具体设计实例介绍反射阵列天线的实用设计方法,为反射阵列的建模分析提供指导。

3.2 反射阵列天线单元分析方法概述

　　根据反射阵列天线单元的相移曲线,通过调节单元的相关参数实现对入射电磁波进行相应的移相是反射阵列天线设计的基础。因此,采用何种方法获得较为准确的单元相移曲线对反射阵列天线的设计至关重要。

　　孤立单元模型法是早期分析反射阵列天线单元相位补偿值随频率变化特性的一种方法,该方法以单个孤立的单元模型为基础,不考虑单元之间的相互耦合,通过对入射波电场和反射波电场进行详细的对比,获得反射相位随工作频率的变化规律,从而得到相移曲线。该分析方法的优点是单元模型简单、仿真计算速度较快,缺点是由于未考虑单元之间的互耦效应,因此分析结果不够准确,只能用于单元间距较大且单元之间互耦很小的情况。分析电路模型也是分析反射阵列单元特性的方法之一,该方法根据单元的几何特征建立类似的电路模型。

随着高性能计算机技术的发展和仿真软件的更新换代,孤立单元模型法已逐渐被淘汰,目前,使用较多的反射单元特性分析方法是无限周期单元模型方法。该方法考虑了单元之间的互耦效应,仿真结果更为准确。

3.2.1　无限阵列理论和 Floquet 级数

在反射阵列的设计工程中,会利用 Floquet 端口理论模拟仿真无限大周期阵列的电磁特性。在这里非常有必要对 Floquet 定理进行介绍,以对 Floquet 端口原理有一个基本的了解。

如文献[1-6]所示,Floquet 定理简单来说是傅里叶级数定理的推广。在傅里叶级数中的周期函数的振幅和相位变化周期是相同的。现在如果有一个更一般的复函数 $h(x)$,它的周期和相位也是周期性变化的,但是变化周期不太一样。这时可以类比傅里叶级数,将这种函数的级数展开称为 Floquet 级数展开,即

$$h(x) = \sum_{n=-\infty}^{+\infty} f(X-nT)\mathrm{e}^{-jn\varphi} \tag{3.1}$$

式中　$f(\cdot)$——复函数;

　　　φ——任意相位;

　　　T——$h(x)$ 的幅度周期。

相位周期与幅度周期不同,由下式可见:

$$h(x+T) = \mathrm{e}^{-j\varphi}h(x) \tag{3.2}$$

对 $h(x)$ 进行傅里叶变换,可以得到

$$\widetilde{h}(k_x) = \frac{1}{2\pi}\sum_{n=-\infty}^{+\infty}\mathrm{e}^{-jn\varphi}\int_{-\infty}^{+\infty}f(X-nT)\mathrm{e}^{jk_x x}\,\mathrm{d}x \tag{3.3}$$

进行整理后可以将式(3.3)简化为式(3.4),其中 $\widetilde{f}(x)$ 表示函数 $f(x)$ 的傅里叶变换式,即

$$\widetilde{h}(k_x) = \widetilde{f}(x)\sum_{n=-\infty}^{+\infty}\mathrm{e}^{-jn(k_x T-\varphi)} \tag{3.4}$$

利用冲激函数,可以进一步得到

$$\widetilde{h}(k_x) = \frac{2\pi}{T}\widetilde{f}(k_x)\sum_{n=-\infty}^{+\infty}\delta\left(k_x - \frac{2n\pi}{T} - \frac{\varphi}{T}\right) \tag{3.5}$$

这样就得到了 $h(x)$ 的傅里叶级数展开式

$$\tilde{h}(x) = \frac{2\pi}{T}\tilde{f}\left(\frac{2n\pi+\varphi}{T}\right)e^{-j\frac{2n\pi+\varphi}{T}x} \tag{3.6}$$

在得到幅度与相位不同周期的函数 $h(x)$ 的表达式后，现在考察如何求解 Floquet 激励和 Floquet 模式，并将尝试从阵列电流源中计算所产生的电磁场。

假设有面电流源位于 xOy 平面上，并且表面电流激励为

$$I = \hat{y}\sum_{n=-\infty}^{+\infty}\tilde{f}(x-nT)e^{-jn\varphi} \tag{3.7}$$

该表面电流源所产生的场可以由矢量势 $A = \hat{y}A_y$ 进一步计算。A_y 满足非齐次亥姆霍兹方程

$$\nabla^2 A_y + k_0^2 A_y = -J_y \tag{3.8}$$

式中　　J_y——y 方向的电流密度；

　　　　k_0——自由空间传播常数。

电流密度可以用冲激函数进行表述

$$\nabla^2 A_y + k_0^2 A_y = -\delta(z)\sum_{n=-\infty}^{+\infty}f(x-nT)e^{-jn\varphi} \tag{3.9}$$

利用前面对 Floquet 级数的展开结果，可以得到

$$\nabla^2 A_y + k_0^2 A_y = -\delta(z)\frac{2\pi}{T}\sum_{n=-\infty}^{+\infty}f\left(\frac{2n\pi+\varphi}{T}\right)e^{-j\frac{2n\pi+\varphi}{T}x} \tag{3.10}$$

观察式(3.10)的结构，可以假设电流密度函数 A_y 的解为

$$A_y = \sum_{n=-\infty}^{+\infty}F_n(z)e^{-j\frac{2n\pi+\varphi}{T}x} \tag{3.11}$$

在 A_y 的表达式中没有与 y 相关的量，因此将式(3.11)代入式(3.10)可以得到

$$\frac{\partial^2 F_n(z)}{\partial z^2} + k_{zn}^2 F_n(z) = -\delta(z)\frac{2\pi}{T}\tilde{f}(k_{xn}) \tag{3.12}$$

对 $F_n(z)$ 进行求解可以得到它的解为

$$F_n(z) = \begin{cases} \dfrac{\pi}{jTk_{zn}}\tilde{f}(k_{xn})e^{-jk_{zn}z}, & z>0 \\[2mm] \dfrac{\pi}{jTk_{zn}}\tilde{f}(k_{xn})e^{jk_{zn}z}, & z<0 \end{cases} \tag{3.13}$$

其中，$k_{xn} = \dfrac{2n\pi+\varphi}{T}$，$k_{zn} = (k_0^2 - k_{xn}^2)^{1/2}$，这样就得到了矢量位的模 A_y 的解，要注意的是这种情况仅适用于源电流对称分布于自由空间的情形。如果源电流分布不对称，解的形式将发生变化，在 $z>0$ 的空间内：

$$A_y = \frac{\pi}{jT}\sum_{n=-\infty}^{+\infty}\frac{\tilde{f}(k_{xn})}{k_{zn}}e^{-jk_{xn}x-jk_{zn}z}, \quad z>0 \tag{3.14}$$

利用方程

$$\begin{cases} \boldsymbol{E} = \dfrac{1}{\mathrm{j}\omega\varepsilon_0}\,\nabla\times\boldsymbol{H} \\ \boldsymbol{H} = \nabla\times(\hat{y}A_y) \end{cases} \tag{3.15}$$

就可以很顺利地得到电场与磁场的解,其中电场在 x 和 z 方向的分量为 0,所以 $E_y = -\mathrm{j}\omega\mu_0 A_y$,即

$$E_y = -\frac{\pi\omega\mu_0}{T}\sum_{n=-\infty}^{+\infty}\frac{\widetilde{f}(k_{xn})}{k_{zn}}\mathrm{e}^{-\mathrm{j}k_{xn}x-\mathrm{j}k_{zn}z}, \quad z > 0 \tag{3.16}$$

至此就实现了从 Floquet 激励获取辐射场的方法。考察这一整个过程,就能大致理解利用 Floquet 原理求解无限大周期阵列场分布的原理。其中心思想与傅里叶级数展开的思想相同,即尝试用谐波的方式去表述一个物理量,将复杂物理量用周期性函数进行描述。只不过这里的谐波函数不是傅里叶级数,而是被称为 Floquet 级数,选用的周期函数的特征由所选择的阵列单元的形式及其排布方式决定。当一束电磁波照射到阵面上,就可以理解为产生了一系列的 Floquet 谐波,利用单个单元及其周期排布信息,就可以获取整个阵面所产生的电磁场。这就是各种电磁仿真软件中用 Floquet 端口仿真周期性结构的原理。

3.2.2 金属波导模拟器法

金属波导模拟器法模拟的是一个无限大的二维周期结构,如图 3.1 所示,在电磁仿真软件 Ansoft HFSS 或 CST Microwave Studio 中建立反射单元波导模型,并将反射阵列单元置于模型底部,合理设置端口和边界条件,例如将模型上下表面设为理想电壁,左右侧面设为理想磁壁。馈电方式采用波端口馈电,模拟平面电磁波的照射效果。波导模拟器法能够比较准确地模拟平面入射波的照射对无限大周期结构的影响,原因是当电磁波进入模型时,理想电壁与入射电磁波电场方向相互垂直,理想磁壁与入射电磁波电场方向相互平行,反射阵列单元中的接地板对电磁波具有全反射作用,因此在模型端口处得到了无限阵列的反射系数 S_{11}。当改变反射阵列单元的相关参数时,即可获得反射阵列单元的相位补偿随参数变化的曲线。

采用金属波导模拟器分析单元的相移曲线时,考虑了单元之间的互耦,可以更加准确地表征单元在一定条件下的反射特性。该元件被放置在一个真实的波导的末端,并被波导的主模 TE_{10} 模式激发,从本质上为单元创建了一个无限阵列场景。但是波导中的单元将由式(3.17)中的斜角激发,每个波导只能在一个频率下模拟一个入射角,导致需要多个不同的波导来获得多个频率下、多个不同激励角的元件相移特性。因此,该方法未能广泛地用于反射阵列单元相移特性仿真。

$$\Psi = \arccos\sqrt{1 - \overline{\left(\frac{f_c}{f}\right)^2}} = \arccos\sqrt{1 - \left(\frac{\lambda}{2a}\right)^2} \qquad (3.17)$$

式中 f_c——波导主模式的截止频率。

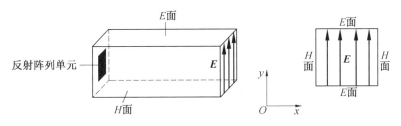

图 3.1 周期边界与 Floquet 端口示意图

3.3 主从边界法

反射阵列天线相较于传统天线,具有高增益、低剖面和低成本的优点,同时通过对反射阵列单元的设计,可以实现波束赋形和多波束的性能,被广泛适用于雷达、远距离通信及成像系统中。反射阵列天线一般由反射阵列和馈源组成,其性能指标由馈源和反射阵列共同决定。本章围绕反射阵列的结构模型、工作原理、相位补偿等内容展开,探讨介绍反射阵列性能的各项指标,介绍典型的微带型、全金属型、波导型、介质型反射阵列单元,分析其工作原理,并对反射阵栅瓣抑制等问题进行介绍。

主从边界法一般用来分析平面周期性结构表面。在实际仿真中,建立单元模型时需要设立一种边界条件模拟无限阵列(unit cell boundary),简单理解此种边界条件可以使独立单元的场进入相邻单元,并与之作用。此种边界称为周期边界条件。如图 3.2 所示,基于主从边界法的单元模型上下表面和左右侧面为两对主从边界,主从边界的大小、形状和方向完全相同,模型底部为反射阵列单元,顶部为 Floquet 端口,模型端口上的两个互相垂直的激励电场分别照射反射单元时,利用软件仿真单元的反射性能,可以获得两个相互垂直的极化方向上单元相位的变化特性。

通过设置主从边界,还可以通过仿真得到入射电磁波的入射角度改变时,反射单元性能的变化情况。与波导模拟器方法相比,主从边界法不仅能考虑相邻单元之间的互耦作用,还能得到电场的交叉极化特性,以及反射阵列单元的反射系数和相位随斜入射角度的变化曲线。

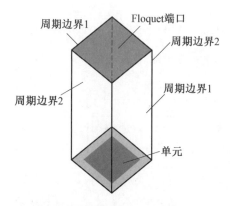

图 3.2　周期边界与 Floquet 端口示意图

3.4　反射阵列天线设计方法与设计实例

本节基于电磁仿真软件平台 CST Microwave Studio,从反射阵列天线单元建模、单元相移特性曲线仿真、反射阵列天线建模、反射阵列天线结果分析等方面,利用具体设计实例,介绍反射阵列天线的设计方法。

3.4.1　反射阵列单元建模方法

首先,选择 CST Studio Suite 2022 的微波 & 射频 / 光学仿真工作室的周期结构,如图 3.3 所示,该仿真器通过设计单独的阵列单元进行周期仿真。

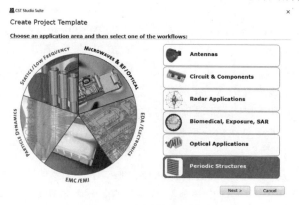

图 3.3　选择仿真工作室

之后选择 FSS(频率选择表面),超材料单元仿真,继续下一步选择仿真生成反射相位图,如图 3.4(a)、(b)所示。

(a) 选择　　　　　　　　　　　　　　(b) 选择仿真结果图

图 3.4　选择仿真类型

　　进入到模型编辑界面后，设置仿真频率区间以及边界条件，根据贴片参数设置频率区间为 8 ～ 12 GHz。边界条件将单元四周设置为周期边界，底面设置为电边界，上边界设置为理想吸收边界，如图 3.5 所示。

图 3.5　边界条件设置

　　在设置完边界条件之后，按照参数建立模型，参数如图 3.6 所示，其中 a 代表金属贴片的边长，t 代表金属贴片的厚度，p 代表金属底板和介质层的周期边长，介质材料选择 RT5880 介质，厚度为 d，具体模型如图 3.7 所示。

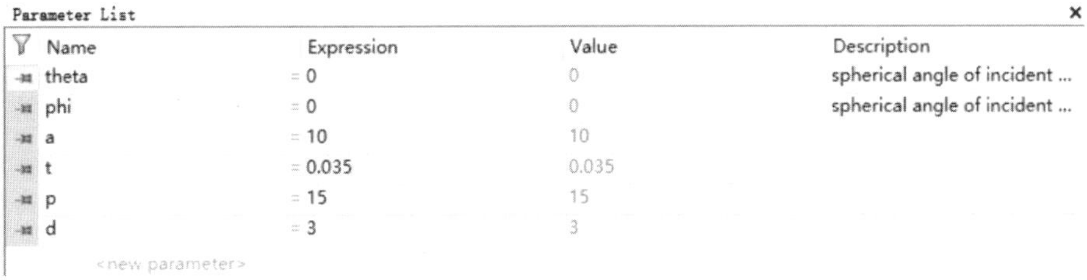

Name	Expression	Value	Description
theta	= 0	0	spherical angle of incident ...
phi	= 0	0	spherical angle of incident ...
a	= 10	10	
t	= 0.035	0.035	
p	= 15	15	
d	= 3	3	
<new parameter>			

图 3.6　阵列单元参数

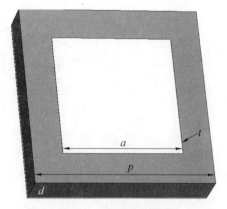

图 3.7　阵列单元模型

　　根据周期边界设置，CST 微波工作室仿真预设周期结构如图 3.8 所示。而激励端口设置示意图如图 3.9 所示，出于仿真速度的考虑，Floquet 边界设置模式为 1。

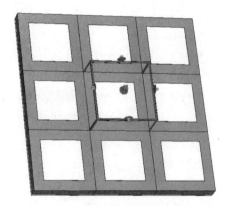

图 3.8　周期结构仿真模型

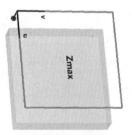

(a) 激励端口设置

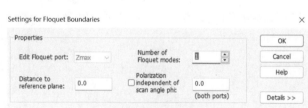

(b) Floquet 边界设置

图 3.9　Ports 设置

3.4.2　反射阵列单元相移曲线

当模型建完后,对该金属贴片的边长 a 进行扫描参数操作,由于介质基板边长为固定的 15 mm,所以设置 a 参数从 0.5 mm 开始,步长为1,扫到 14.5 mm 结束,可以得到 15 个不同 a 的反射相位图,具体扫参设置如图 3.10 所示。

图 3.10　扫参设置

扫参结束后,可以得到 S 参数图,如图 3.11 所示。根据扫参得到的 S 参数,设置单元相移特性的结果图,具体设置如图 3.12 所示。之后就可以得到该单元的金属贴片在边长范围 $0.5 \sim 14.5$ mm 的相移特性如图 3.13 所示。

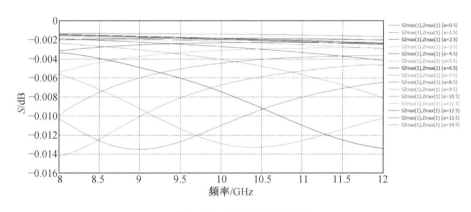

图 3.11　绘制反射相位图

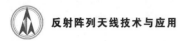
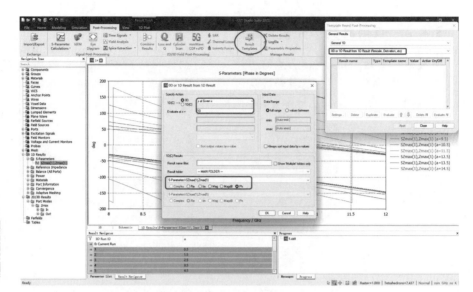

图 3.12　设置相移特性结果图

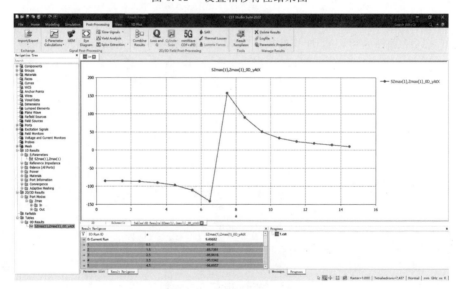

图 3.13　阵列单元相移曲线

3.4.3　反射阵列天线建模方法

在完成单元仿真，得到相移曲线之后，调整扫频范围，会形成完整的映射文件，其中包括补偿相位数值与对应结构的尺寸，如图 3.14 所示。

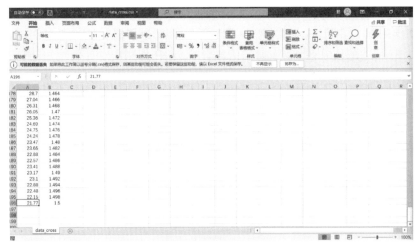

图 3.14　补偿相位映射文件

之后按照历史记录中的操作语句完成代码的编写,历史记录代码如图 3.15 所示。利用代码读取映射文件中的数值,调用参数利用循环语句来不断拟合补偿相位对应的尺寸。

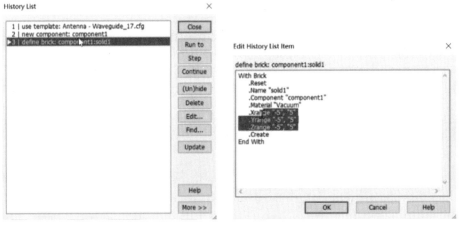

图 3.15　历史记录代码

单元设计完成后,相位补偿阵列的基本工作机理,就是利用离散的、相移参数各异的相位调控单元,对口径近场相位分布进行精准调节,实现口径近场相位的同相分布,从而提高天线增益。因此,需要做的就是依据口径近场相位分布,按照相位调控单元尺寸和相移参数关系的对应曲线,将口径近场相位分布转化为相位调控单元尺寸分布。

相位提取结果为基于 CST 仿真计算的相位分布数据,利用插值算法,按照相位调控表面的尺寸以及单元的尺寸,提取调控单元处的相位分布。相位修正结果为依据已经完成设计的相位调控单元的实际相位调节范围,将待调控相位分布调整至可调控相位区间内。单元尺寸计算结果为依据相位修正结果,参照单元相位－尺寸的关系曲线,依据插值拟合算法,计算相应单元尺寸分布,并保存为. xls 文件,为后续建模提供依据。

3.5　本章小结

本章对反射阵列天线的无限阵列理论和 Floquet 级数进行了详细推导,对金属波导模拟器法和主从边界法进行了简要的介绍,基于电磁仿真软件平台 CST Microwave Studio 完成了一个反射阵列天线的设计,从反射阵列天线单元建模、单元相移特性曲线仿真、反射阵列天线建模等方面介绍了反射阵列天线的设计方法。

本章参考文献

［1］ BHATTACHARYYA A. Phased array antennas and subsystems: Floquet analysis, synthesis, BFNs, and active array systems[M]. Hoboken, NJ: Wiley-Interscience, 2006.

［2］ CAPPELLUTI F, TRAVERSA F L, BONANI F, et al. Floquet-based stability analysis of power amplifiers including distributed elements[J]. IEEE Microwave and Wireless Components Letters, 2014, 24(7): 493-495.

［3］ NADER B L, BILEL H, TAOUFIK A. Floquet modal analysis to study radiation pattern for coupled almost periodic antenna array[C]//2017 IEEE/ACS 14th International Conference on Computer Systems and Applications(AICCSA), Hammamet, Tunisia, 2017: 109-113.

［4］ LI H, BIAN J, SHANG J N, et al. A novel stability analysis method for the DC-AC inverter with nonlinear loads based on harmonic balance and Floquet theory[C]//2015 9th International Conference on Power Electronics and ECCE Asia (ICPE-ECCE Asia). June 1-5, 2015. Seoul, South Korea. IEEE, 2015: 2382-2387.

［5］TAN Y H, HU Z Y, ZHU B C, et al. Scattering characteristics of dielectric periodic structures based on Floquet mode analysis and hybrid finite element methods[C]// Proceedings of 2012 5th Global Symposium on Millimeter-Waves, May 27-30，2012. Harbin, Heilongjiang，China. IEEE，2012：174-177.

[6] AHMAD G，BROWN T W C，UNDERWOOD C I，et al. Millimetre wave reflectarray antenna unit cell measurements[C]//2017 Loughborough Antennas & Propagation Conference (LAPC 2017)， Loughborough，2017：1-5.

第4章

宽带反射阵列天线

4.1 引　言

　　反射面天线对反射波的相位调控基于几何光学,性质与频率无关,这意味着反射面的工作频带在理论上是无限宽的,实际应用中反射面天线的工作带宽取决于其馈源的阻抗带宽和辐射特性。虽然反射阵列天线模拟反射面天线,通过离散的反射单元对不同路径的入射波进行相位修正使得反射波具有等相位特性,但是传统反射阵列天线的工作带宽一般不超过 5%,大口径反射阵列天线甚至更低,固有的窄带特性限制了反射阵列天线的应用[1]。因此,如何提升工作带宽成为反射阵列天线的一个重要研究方向。本章将讨论反射阵列天线带宽的限制因素,并介绍常见的宽带反射阵列天线技术。

4.2 反射阵列天线的带宽限制因素

　　总体来说,反射阵列天线的带宽特性由反射单元的带宽特性、馈源的带宽特性和阵列的口径、焦径比等因素决定。反射阵列的馈源常采用各种形式的喇叭天线,随着馈源技术的成熟,其带宽和方向图特性足以满足反射阵列的需求,关于反射阵列的馈源技术将在第 9 章介绍。反射阵列天线的带宽性能主要取决于反射阵列单元的带宽特性以及由于色散效应导致的空间相位延迟差异[2-3]。

4.2.1　反射阵列单元的带宽

在计算反射阵列中不同位置单元所需补偿的相位时,以中心频点为标准。理想的反射单元应通过调整结构的长度或角度等参数实现大于 $360°$ 反射相位差,反射相位曲线在一定范围内线性度良好且斜率较平坦,即反射相位需要随所调节的单元结构参数线性变化,且相位在一定范围内对频率不敏感。

反射单元的相位曲线如图 4.1 所示,单元的参数在反射相位随参数线性变化范围内选取,其反射相位随调节参数变化的灵敏度可表示为

$$S = \frac{\Delta\varphi}{\Delta x} = \frac{\varphi_{\max} - \varphi_{\min}}{\Delta x} \tag{4.1}$$

式中　$\Delta\varphi$——相移范围。

反射单元在增益带宽内的相位曲线如图 4.2(a) 所示,其中 f_0 为中心频点,f_H 为增益带宽上限,对应相位为 φ_{PH},f_L 为增益带宽下限,对应相位为 φ_{PL}。反射单元的带宽可表示为

$$BW = |f_H - f_L| \tag{4.2}$$

以中心频点 f_0 的反射相位为基准得到反射单元在不同频率下的相位误差曲线,如图 4.2(b) 所示,相位误差可由式(4.3)表示,反射单元的工作带宽由系统所容许的相位误差决定:

$$Error_P = |\varphi_H - \varphi_L| \tag{4.3}$$

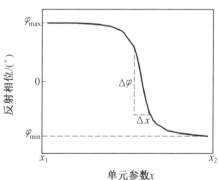

图 4.1　反射单元的相位曲线

微带形式的反射单元可视为谐振电路,阻抗带宽通常低于 5%,由于固有的窄带特性,反射相位曲线在谐振点附近斜率较大而在两端变化平缓,且相位曲线随着频率变化而剧烈变化,过高的相位误差导致了反射单元的相位失配,使模式恶化,影响了反射阵列天线的增益,从而限制了反射阵列天线的整体带宽。阵列单元的带宽特性对尺寸较小的反射阵列天线影响更加显著。

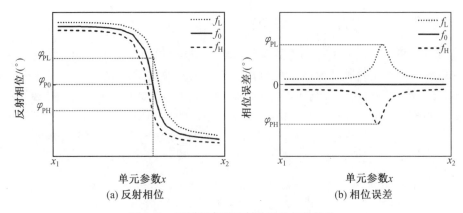

(a) 反射相位   (b) 相位误差

图 4.2   不同频率下反射单元的相位特性

4.2.2 差分空间相位延迟

反射单元的带宽特性对于中小尺寸反射阵列天线的限制更加显著,而限制大口径或小焦径比的反射阵列天线带宽的主要因素是差分空间相位延迟。反射天线采用空馈形式,不同于反射面天线反射阵列天线的一个平面,馈源的相位中心到反射阵列上各单元的不同的路径长度是不同的,空间色散效应路径差异导致了不同频率下各阵列相应的空间相位延迟是不同的。因此,在考虑反射阵列天线的整体带宽时,以反射单元的带宽来衡量是不准确的,对于大口径和小焦径比的反射阵列天线而言,单元之间的相位差对整体带宽的限制远大于单元自身带宽。

一个馈源偏置的反射阵列的水平剖面如图 4.3 所示,馈源向反射阵列辐射球面波,其相位中心到阵列中心点的路径为 R_1,到阵列边缘的路径为 R_2。

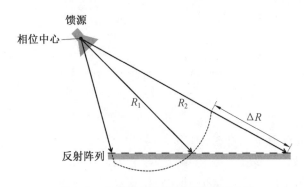

图 4.3   反射阵列空间相位延迟示意图

两条射线之间的路径差 ΔR 可以是中心频率的几倍波长,表达式为

$$\Delta R = |R_2 - R_1| = (N+n)\lambda_0 \tag{4.4}$$

式中　　N——整数；

　　　　n——分数；

　　　　λ_0——中心频率波长。

通常在反射阵列设计中,单元补偿相位为 $n\lambda_0$,范围在 $0 \sim 2\pi$ 之间。两条射线之间的空间相位延迟误差可表示为

$$E_p = k\Delta R \tag{4.5}$$

式中　　k——波数,则空间相位延迟误差可进一步表示为关于频率 f 的函数:

$$E_p(f) = \frac{2\pi f \Delta R}{c} \tag{4.6}$$

式中　　c——光速。

由式(4.6)可知单元之间的空间相位延迟误差 E_p 随频率 f 变化而变化,导致频率偏离中心频点时各反射单元的相位适配,使阵列的增益下降,从而限制了反射阵列的工作带宽。

与常规天线以阻抗带宽为衡量工作带宽不同,反射阵列天线的工作带宽通常采用 1 dB 或者 3 dB 增益带宽为工作带宽,即增益峰值下降小于等于 1 dB 或者 3 dB 的带宽,相对带宽的表达式为

$$BW = \frac{f_H - f_L}{f_0} \tag{4.7}$$

式中　　f_0——峰值增益频点;

　　　　f_H——规定增益下降范围内的频带上限;

　　　　f_L——规定增益下降范围内的频带下限。

4.3　宽带反射阵列天线单元

4.3.1　多层堆叠结构

反射阵列中不同反射单元的反射相位是渐近变化的,通过改变单元的长度或者角度等参数控制单元的相位,其相位变化范围应满足覆盖一个完整的相位周期。通过调整微带贴片的介质板厚度可以改变谐振深度,从而控制了反射单元的反射相位的线性度与变化范围,介质板的厚度越大,反射相位曲线越平缓,反射相位的调整范围越大[4]。通常使用十分之一波长厚度的介质板可以获得 300° 以上的相位变化范围,可以满足反射阵列的设计需求。

以一个中心频点为 10 GHz 的方形微带贴片为例,该方形贴片印制在 Rogers RT5880 介质层上,其周期为 15 mm、厚度为 0.035 mm,结构如图 4.4 所示,介质

层厚度 t 为 1.0 mm、1.5 mm、2.0 mm 时单元的反射相位随贴片边长变化的曲线如图 4.5 所示。

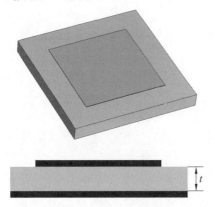

图 4.4　贴片型反射单元

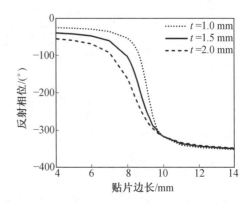

图 4.5　不同介质层厚度条件下单元的反射相位

由图 4.5 可见,随着介质层厚度增加,贴片单元的反射相位曲线斜率变得平缓,有助于提升单元补偿相位的精度,提升反射阵列的工作带宽,但可调节的相位变化范围变小,不能满足覆盖整个阵列的设计需求。同时,增大介质层的厚度会增大反射阵列天线的介质损耗,降低反射阵列天线的效率,也会使得天线整体的体积和质量变大。

多层堆叠单元由单层谐振单元发展而来,是将多个金属贴片放置于介质基板的多个层上,各层之间存在一定耦合关系,通过改变每层金属贴片的尺寸,可以在满足大的反射相位覆盖范围条件下实现更平缓的反射相位曲线,有助于降低单元之间的相位误差、拓宽反射阵列的工作带宽。

以一个单层和双层堆叠的方形微带贴片单元为例做对比,单层谐振单元方形贴片印制在厚度为 3.0 mm 的 Rogers RT5880 介质层上,其周期为 15 mm、厚度为 0.035 mm,双层单元在单层单元的上方引入边长为下层 0.7 倍的方形贴片,反射单元的结构如图 4.6 和图 4.7 所示,10 GHz 反射曲线如图 4.8 所示。由图 4.8 可知,使用双层堆叠结构单元的单元反射相位的调节范围和平缓性均优于单层谐振单元。

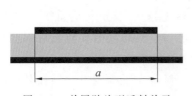

图 4.6　单层贴片型反射单元

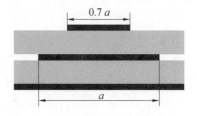

图 4.7　双层堆叠贴片型反射单元

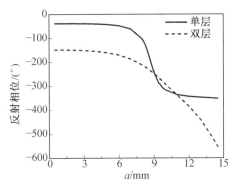

图 4.8　单层和双层堆叠反射单元的反射相位曲线

典型的多层堆叠反射阵列天线的结构如图 4.9 所示。已经发表的基于多层堆叠结构单元的反射阵列天线相较于单层结构天线的带宽得到极大改善，1 dB 增益带宽可超过 20%；三层单元的相位曲线的平缓度优于双层单元，且反射相位范围也得到扩展[5-8]。

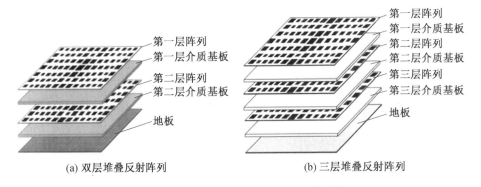

(a) 双层堆叠反射阵列　　　　　　(b) 三层堆叠反射阵列

图 4.9　典型的多层堆叠反射阵列天线的结构

多层堆叠结构可以解决反射阵列单元补偿相位小、相位曲线线性度差的问题，改善了反射阵列天线的工作带宽。但多层堆叠结构的本质还是基于单频点进行相位补偿，依靠多谐振的特性实现单元带宽的调控，且多层结构的引入会使天线的整体损耗增加，影响天线的口径效率。因此，多层堆叠结构的高频应用具有一定的局限性。

4.3.2　单层多谐振结构

单层多谐振单元是将谐振在不同频率的几个结构嵌套在一起的单元结构，相比于多层堆叠结构，通过不同谐振结构间的相互耦合作用，单元可以获得较大的移相范围和线性度良好的相移曲线。

该结构可以通过将工作在几个很接近的频点处的谐振单元进行组合,扩展整体单元的工作带宽,理论上 N 个谐振组合单元通过改变单元的尺寸可实现大范围的相位变化。值得注意的是,从一个谐振点跨越到另一个谐振点时反射相位曲线可能会出现多个"S"形叠加的情况,导致反射相位曲线的线性度较差,可以通过增大介质层的厚度来增强反射相位曲线的线性度。相比于结构复杂的多层堆叠结构,单层多谐振具有层数少、易于加工、低剖面、低损耗等优点。

以双方环形微带贴片单元为例,贴片印制在厚度为 t 的 Rogers RT5880 介质层上,其周期为 15 mm、厚度为 0.035 mm,外层方形长度为 L_1,内层方形长度 $L_2 = 0.9L_1$,外层宽度 $W_1 = L_1/40$,内层宽度 $W_2 = L_2/40$,反射单元的结构如图 4.10 所示,该反射单元基于不同厚度介质层的反射相位曲线如图 4.11 所示,工作频率为 10 GHz。当介质层厚度 $t = 1.5$ mm 时相位曲线由两个"S"形曲线叠加情况严重,导致该反射相位线性度较差;当介质层厚度增大到 3.0 mm 时,反射相位曲线的线性度明显提升,虽然反射相位的覆盖度略有降低,仍能很好地满足整个反射阵列天线的设计需求。

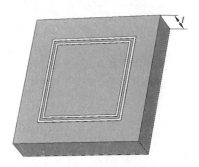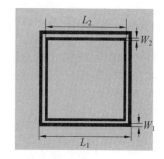

图 4.10　双方形环反射单元结构示意图

介质层厚度 $t = 3.0$ mm 时,该反射单元在不同频点的反射相位曲线如图 4.12 所示,该单元能产生超过 $500°$ 相位覆盖范围,且曲线变化较为平缓,线性度良好,可用于设计宽带反射阵列天线。

基于单层多谐振结构,学者们还陆续提出了多频点补偿法技术[9] 和相位分区补偿技术,以提升反射阵列天线的带宽。多频点补偿法通过对带内所需补偿相位进行优化计算,使得不同谐振单元在多个频点上都有最优的相位补偿性能,无须十分复杂的单元结构就能够很好地提升反射阵列天线的带宽,降低对单元结构形式的依赖。相位分区补偿[10-11] 也是在多谐振单元基础上实现的一种可以

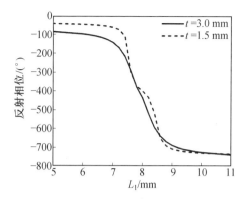

图 4.11　不同厚度介质层的双方形环反射单元的反射相位曲线

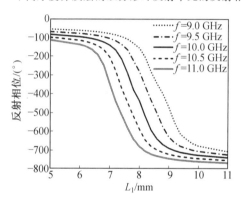

图 4.12　双方形环反射单元的反射相位曲线

改善反射阵列天线带宽特性的设计方法。通过单元不同的谐振部分,可以调控频带范围内不同区域的相移特性,从而实现整个频带内单元较优的宽带特性。多频点补偿法技术和相位分区补偿技术均对高频反射阵列天线的宽化设计展现了重要价值。

　　典型的单层多谐振结构反射阵列的结构如图 4.13 所示。已经发表的基于单层多谐振结构单元的反射阵列天线通过多个单元的谐振以较低剖面实现了具有大覆盖角度、良好平行性和线性度的反射相位特性。增加谐振结构的数量,可以提升单元的带宽特性[12-13],但是对于高频段,相同尺寸下更复杂的多谐振结构增大了加工难度,相同的加工精度会导致更大的误差。

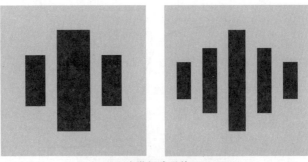

(a) 多谐振阵子单元

(b) 双十字环形单元

图 4.13　典型的单层多谐振结构反射阵列的结构

4.3.3　亚波长结构

为了避免栅瓣的产生,反射阵列天线的相邻阵元需要保持合适的间距。根据阵列天线理论,平面反射阵列天线与透射阵天线单元的间距应该满足

$$\frac{d}{\lambda_0} \leqslant \frac{1}{1 + \sin\theta} \tag{4.8}$$

式中　d—— 相邻单元之间的间距;

　　　θ—— 反射阵列或透射阵列天线单元的斜入射角度。

对于大多数单元,其相对于馈源位置都处于斜入射状态。因此不同位置的单元间距不同,阵列边缘相对于中心处单元较为紧密。为了简化设计,通常情况下保证单元间距一致,选取入射角最大处单元间距为整个阵列的单元间距,大约为半个波长。

亚波长结构反射单元是反射单元间距小于半波长的结构[14]。间距为半波长的反射单元产生耦合谐振,可提供一个更宽的工作频带。亚波长结构单元的设计方法与传统半波长结构基本相同,而更小的周期间隔意味着会用到更多的单元,相当于等效地增加了阵面离散补偿相位的精确度,减小了相位延迟的误差,从而拓宽了工作带宽。使用周期 p 为 $\lambda/2$ 和 $\lambda/4$ 的反射单元构建一个偏置反射阵列时相位分布如图 4.14 所示,由图可知,使用亚波长结构反射单元,可以进行更精准的相位补偿。

(a) $p=\lambda/2$

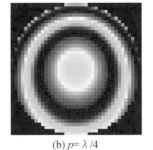
(b) $p=\lambda/4$

图 4.14　反射阵列相位分布

以方形微带贴片单元为例,贴片印制在厚度为 3 mm 的 Rogers RT5880 介质层上,贴片厚度为 0.035 mm,单元结构如图 4.15 所示,单元间距为 $\lambda/2$、$\lambda/3$ 和 $\lambda/4$ 时的反射相位曲线如图 4.16 所示,亚波长贴片单元的相移范围较小,相移曲线的斜率也很陡,但是亚波长单元的相位范围随着频率的变化小,具有拓宽反射阵列天线带宽的潜力。

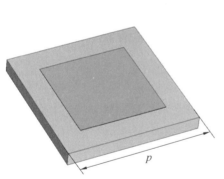

图 4.15　双方形环反射单元结构示意图

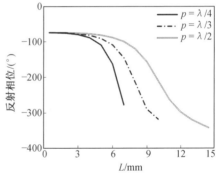

图 4.16　不同厚度介质层的双方形环反射单元的反射相位曲线

典型的亚波长单元结构如图 4.15 所示。当频率在中心频率附近变化时,亚波长单元的反射相位会有线性的平移,而且平移幅度更低,这体现出亚波长单元在提高反射阵列天线带宽方面的优势。对于不同单元间距的方形贴片单元来说,亚波长结构单元不同于传统的半波长单元,主要是指单元的周期间距远小于半个波长。

已报道的文献[15]给出了在不同单元间距尺寸的情况下方形贴片单元的反射相位曲线,可以看出,亚波长贴片单元能够实现与半波长单元相同的反射相位变化范围,相位范围大约为 300°。与此同时,亚波长贴片单元随频率变化的相位变化范围更小。

亚波长单元的结构特性具有解决反射阵列带宽窄的能力,为大口径的宽带反射阵列天线设计提供了很好的设计方案。但是亚波长单元大多以变尺寸结构实现相位补偿,因此本质上复杂的多谐振结构是提升单元宽带特性的主要途径。同时,对于相同频率使用亚波长结构意味着要加工更精细的阵列单元,这提升了加工难度,限制了亚波长结构在高频的应用。

4.3.4　空气层和额外介质层结构

将反射单元的基板与金属底层分离,引入了空气层结构,可以改善单元相位曲线的覆盖范围平缓度,以提升整体结构的宽带特性。但引入空气层结构会使天线的结构稳定性相对较差,增大反射阵列天线的装配误差[16-17]。

相比于单纯的空气层结构,在反射单元基板和金属底层之间引入额外的厚介质填充可具有更好的结构稳定性。当介质基板变厚时,反射单元的相位曲线的线性度会提高,有利于提高反射阵列天线的带宽[18]。但使用额外厚介质基板会使天线整体的体积和质量变大,同时介质损耗增大会降低反射阵列天线的效率。

4.4　大口径反射阵列天线宽带技术

对于大口径的反射阵列天线,差分空间相位延迟成为限制带宽的主要因素,馈源到各个反射单元的相位延迟差随着频率变化,随着阵列口径变大,阵列边缘的反射单元无法实现实际路径差引起的补偿相位,只能减少一个或者多个周期以进行相位补偿,这会导致随着频率偏离中心频点,反射阵列天线的损耗增大,最终工作带宽减小。对于大口径反射阵列天线,只对反射单元进行宽带化设计并不有效。本节将简要介绍两种专门为大反射阵列天线设计的技术。

4.4.1　真时延

传统的反射单元将相位补偿范围限制在单个 360° 相位周期内,这限制了反射阵列天线的带宽。真时延与相控阵天线类似,是将反射单元的相位补偿范围提升至多个 360° 相位周期,实现真正的时间延迟补偿。

典型的真时延结构反射单元可以通过使用高介电常数的介质层增大反射相位覆盖范围,使用相对介电常数为 10 的介质层,反射单元相位延迟范围可高达 1 200°[19],当有接地面时,反射损耗主要由介质层内的耗散产生,在大多数相位范围内,反射损耗通常小于 0.5 dB。引入弯曲的时延线也可用于增大反射单元的相位补偿范围,通过改变时延线的物理长度可控制相位补偿范围[20-21]。典型的时延线结构包括圆弧形时延线和口径耦合线等,其结构如图 4.17 和图 4.18 所示。电磁波入射到时延线结构,再从终端反射并辐射出去,不同的路径长度起到了移相器的作用,反射波的相位覆盖范围与时延线的长度成正比,单元所能达到的相位延迟的总范围仅受线路可用空间的限制。耗散损耗随线路长度的增加略有增加,但通常小于 0.5 dB。由于微带结构的时延线部分只有在与辐射单元部分阻抗匹配时才能正常工作,微带时延线结构的单元一般带宽较窄,且口径效率较低。设计宽带的反射单元结构和宽带的时延线结构能够有效改善反射阵列天线的带宽窄的问题。但是,宽带的辐射单元要求复杂的单元结构,时延线结构要求较大的结构尺寸。因此,在毫米波频段,传统时延线结构的宽带优点很难得到体现。

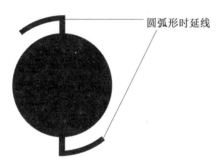

图 4.17　时延线结构反射单元

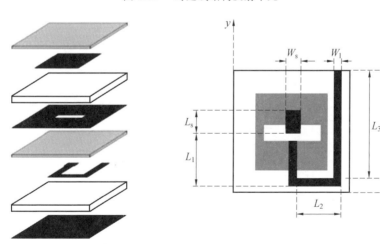

图 4.18　口径耦合的贴片单元结构

4.4.2　多面反射阵列

传统的反射阵列天线是一个平面轮廓,阵列边缘的反射单元受到差分空间相位延迟的影响严重,多面反射阵列天线将反射单元分布在多个不同角度的平面上,以模拟真实的抛物面,减少与差分空间相位延迟引起的误差。在使用多面结构时,反射阵列的带宽将几乎只受单元带宽的限制,但天线整体的制造和装配难度提升。由于每个面板上的反射单元仍可适配之前所提及的宽带化技术,每个面板上可以在大于360°的范围内补偿相位延迟,因此可适当减少面板的数量以简化反射阵列天线的制造和装配难度。此外,多面反射阵列可兼容前文的宽带反射阵列技术。

典型的多面反射阵列结构如图4.19所示,包括最简单的一维排列结构、二维排列结构和结构复杂的伞状分布结构等。

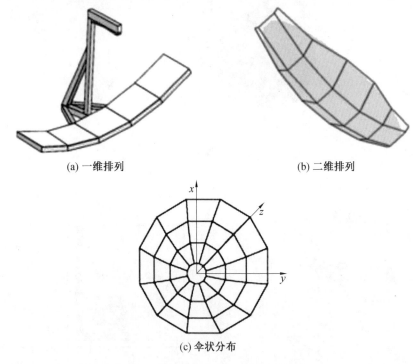

(a) 一维排列　　　　　　　　　　　(b) 二维排列

(c) 伞状分布

图 4.19　典型的多面反射阵列天线

虽然多面板配置比单一平面的反射阵列的结构更加复杂,为大口径反射阵列天线提供了一种可折叠的装配方案(图4.20)。类似于太阳能板阵列部署的多面反射阵列被提出。其中心面板为矩形,边缘面板为梯形,可以通过使用支撑结构和缩放绳等实现所需的多面体形状轮廓。

多面反射阵列结构可以与其他宽带技术结合使用，共同提升天线的带宽，对于大口径宽度反射阵列天线的设计具有重要价值。

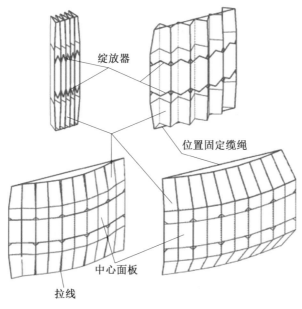

图 4.20　可折叠的多面反射阵列天线

4.5　宽带反射阵列天线设计实例

反射阵列采用双层堆叠方形贴片形式，工作频率为 10 GHz。单元周期取二分之一波长 $P=15$ mm，介质材料均为 Rogers RT5880，相对介电常数 $\varepsilon_r=2.2$，介质层的厚度 $st=3$ mm，镀层金属厚度 $mt=0.035$ mm，上层金属贴片边长 a_0 为下层金属贴片边长 a_1 的 0.7 倍，通过改变贴片的边长来控制反射单元相位，反射单元的结构如图 4.21 所示。

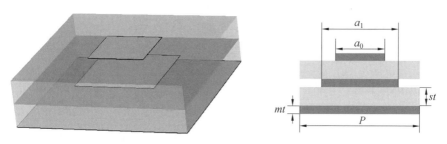

图 4.21　介质谐振反射单元结构示意图

利用单元仿真使用 CST 软件中的周期(unit cell)边界条件,并使用 Floquet 端口进行激励。仿真得到 9 GHz、10 GHz 和 11 GHz 处该反射单元的反射相位随下层贴片边长 a_1 的变化曲线如图 4.22 所示。由于该反射单元的反射相位差值大于 360°,满足反射阵列单元的相位要求,且随频率变化反射相位线性度较好,可以较好地实现宽带应用。

基于上述设计的双层堆叠方形贴片反射单元宽带反射阵列,构成单元数为 17×17,反射阵列尺寸为 255 mm×255 mm。馈源位于阵列正上方即馈源 0° 垂直入射,焦径比为 0.615,波束指向为 z 轴正方向。结算得到的反射阵列各单元所需的相位补偿分布如图 4.23 所示。反射阵列的结构如图 4.24 所示。

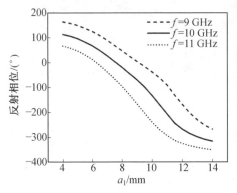

图 4.22　双层堆叠反射单元的反射相位

图 4.23　反射阵列的相位补偿分布

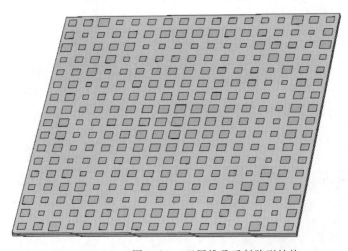

图 4.24　双层堆叠反射阵列结构

双层堆叠反射阵列在 9 GHz、10 GHz 和 11 GHz 的远场方向图的仿真结果如图 4.25 所示。反射阵列的峰值增益为 23 dBi,工作频带内增益浮动小于 3 dB,E

面和 H 面副瓣低于 −17 dB。

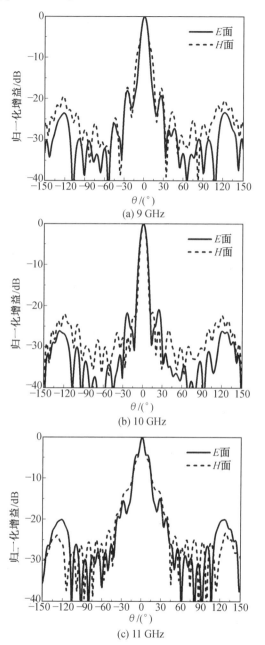

(a) 9 GHz

(b) 10 GHz

(c) 11 GHz

图 4.25　双层堆叠反射阵列的远场方向图

4.6 本章小结

本章首先从反射单元的带宽和差分空间相位延迟两个因素分析了反射阵列天线工作带宽受限的原因。然后介绍了分层堆叠结构、单层多谐振结构和亚波长结构等宽带反射单元，以及真时延、多反射面等针对大口径或小焦径比的反射阵列天线宽带化技术。最后，给出了一种典型的基于双层堆叠结构单元的宽带反射阵列天线设计实例。

本章参考文献

[1] HUANG J. Bandwidth study of microstrip reflectarray and a novel phased reflectarray concept[C]// IEEE Antennas and Propagation Society International Symposium. June 18-23,1995 Digest. Newport Beach, CA, USA. 1995,1：582-585.

[2] MALAGSIS S. Microstrip disc element reflect array[J]. Electronics and Aerospace Systems Convention，1978：186-192.

[3] MONTGOMERY J P. A microstrip reflectarray antenna element[J]. Antenna Applications Symposium. University of Illinois，1978.

[4] POZAR D M, TARGONSKI S D. Design of millimeter wave microstrip reflectarrays[J]. IEEE Transactions on Antennas and Propagation，1997，45(2)：287-296.

[5] ENCINAR J A. Design of two-layer printed reflectarrays using patches of variable size[J]. IEEE Transactions on Antennas and Propagation，2001，49(10)：1403-1410.

[6] ENCINAR J A, ZORNOZA J A. Broadband design of three-layer printed reflectarrays[J]. IEEE Transactions on Antennas and Propagation，2003，51(7)：1662-1664.

[7] ENCINAR J. Design of a dual frequency reflectarray using microstrip stacked patches of variable size[J]. Electronics Letters，1996，32(12)：1049-1050.

[8] HAN C, RODENBECK C, HUANG J, et al. A C/Ka dual frequency dual layer circularly polarized reflectarray antenna with microstrip ring

elements[J]. IEEE Transactions on Antennas and Propagation，2004，52(11)：2871-2876.

[9] CHAHARMIR M R, SHAKER J, GAGNON N, et al. Design of broadband, single layer dual-band large reflectarray using multi open loop elements[J]. IEEE Trans. Antennas Propag. , 2010, 58(9)：2875-2883.

[10] CHEN Q Y, QU S W, ZHANG X Q, et al. Low-profile wideband reflectarray by novel elements with linear phase response[J]. IEEE Antennas Wirel. Propag. Lett. , 2012, 11：1545-1547.

[11] CHOI E C, NAM S. W-band low phase sensitivity reflectarray antennas with wideband characteristics considering the effect of angle of incidence[J]. IEEE Access, 2020, 8：111064-111073.

[12] LI L, CHEN Q, YUAN Q W, et al. Novel broadband planar reflectarray with parasitic dipoles for wireless communication applications[J]. IEEE Antennas Wirel. Propag. Lett. , 2009, 8：881-885.

[13] YOON J H, YOON Y, LEE W S, et al. Broadband microstrip reflectarray with five parallel dipole elements[J]. IEEE Antennas Wirel. Propag. Lett. , 2015, 14：1109-1112.

[14] QIN P Y, GUO Y J, WEILY A R. Broadband reflectarray antenna using subwavelength elements based on double square meander-line rings[J]. IEEE Trans. Antennas Propag. , 2016, 64(1)：378-383.

[15] XIA X Y, WU Q, WANG H M, et al. Wideband millimeter-wave microstrip reflectarray using dual-resonance unit cells[J]. IEEE Antennas Wirel. Propag. Lett. , 2017, 16：4-7.

[16] GUO L, TAN P K, CHIO T H. Single-layered broadband dual-band reflectarray with linear orthogonal polarizations[J]. IEEE Trans. Antennas Propag. , 2016, 64(9)：4064-4068.

[17] CARRASCO E, BARBA M, ENCINAR J A. Reflectarray element based on aperture-coupled patches with slots and lines of variable length[J]. IEEE Trans. Antennas Propagat. , 2007, 55(3)：820-825.

[18] HAMED H, MANOUCHEHR K, ALI M. Broadband reflectarray antenna incorporating disk elements with attached phase-delay lines[J]. IEEE Antennas Wirel. Propag. Lett. , 2010, 9：156-158.

[19] HAN C H，ZHANG Y H，YANG Q S. A broadband reflectarray antenna using triple gapped rings with attached phase-delay lines[J]. IEEE Trans. Antennas Propag. ，2017，65(5)：2713-2717.

[20] CARRASCO E，BARBA M，ENCINAR J. Aperture-coupled reflectarray element with wide range of phase delay[J]. Electronics Letters，2006，42(12)：667-668.

[21] ROEDERER A. Reflector antenna comprising a plurality of panels：US 20010020914[P]. 2001-03-06.

第 5 章

多频反射阵列天线

5.1　引　言

在微带反射阵列中,由于馈源发出的入射波到达每个阵列单元的波程不相等,即各个单元的入射相位不同,为了在远场形成同相反射波束,路径较短的波束所到达的单元需要附加较多的反射场相位补偿量[1-3]。因此,微带反射阵列天线设计的核心技术是相位补偿。在设计多频平面反射阵列单元时,除了要满足单元所需的相位补偿之外,还需考虑多频单元之间的互耦作用,这也是多频微带反射阵列单元设计中的难点[4-7]。本章首先围绕线极化和圆极化双频反射阵列天线开展研究,重点讨论多频单元的互耦问题。

5.2　线极化双频反射阵列天线

5.2.1　双频反射阵列单元结构设计及分析

经过第 2 章中对典型反射阵列单元的基本原理的分析,采用 CST Microwave Studio 软件的主从边界法,观察其是否满足 360° 的相位变化要求,变化是否趋于线性。

目前,双频平面反射阵列天线单元主要有双层结构和单层结构。双层适用于频率比大于 2 的双频平面反射阵列天线,双层结构的优点是将高低频单元分别放置于不同介质层,从而有效避免了高低频段单元之间的物理接触,同时使单元结构的选择也更为丰富与自由[8-11]。本节所选的频率为 30 GHz 和 14 GHz,频率比为 2.14,可用双层基本单元进行仿真。

为了避免栅瓣的产生以及减小单元之间的互耦作用,要适当选取单元间距的值,一般选取为 0.5λ 左右。所设计的双频平面反射阵列天线单元结构如图 5.1 所示。

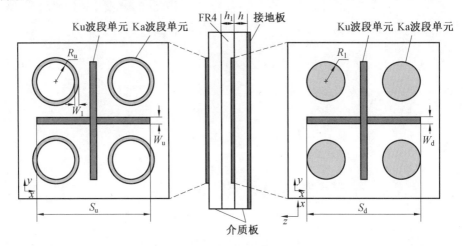

图 5.1　双频平面反射阵列天线单元结构

该单元结构通过使用双层介质设计高频和低频两个频段单元。高频单元由位于上层介质层的圆环与位于下层介质层的圆形贴片组成,而低频单元由不同尺寸的"十"字交叉振子组成。其中两层介质基板材料均为 Rogers RT5880,中间使用 FR4 半固化片进行黏合。低频的频点为 14 GHz,低频周期单元的大小设置为 10 mm,高频的频点为 30 GHz,高频周期单元的大小设置为 5 mm。

5.2.2　双频反射阵列单元相移特性分析

在低频单元的设计中,介质板选用 Rogers RT5880 材料,它的相对介电常数为 2.2,厚度 h 设置为 0.508 mm。低频单元的设计模型如图 5.2 所示。比例系数 K_r 为上层无源谐振"十"字交叉振子长度与下层无源谐振"十"字交叉振子长度之比,即 S_u/S_d,表 5.1 为参数的设置情况。

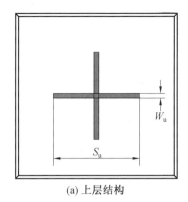
(a) 上层结构

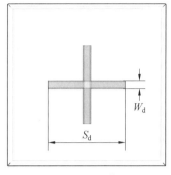
(b) 下层结构

图 5.2　低频单元结构

表 5.1　低频单元结构参数设置

K_r	W_u/mm	W_d/mm	S_d/mm
1.1	0.3	0.5	0.5 ~ 7.6

经过多次尝试改变比例系数 K_r 以及上、下层十字形对偶极字的宽度 W_u 及 W_d，最终取 $K_r=1.1$，$W_u=0.3$ mm，$W_d=0.5$ mm。由图 5.3 可知，在低频波段 14 GHz 时，单元移相动态范围可以达到 690.53°。

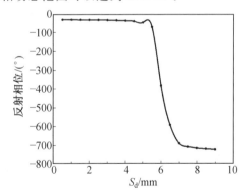

图 5.3　低频单元相移特性曲线图

在高频单元的设计中，介质板选用 Rogers RT5880 材料，它的相对介电常数为 2.2，厚度 h 设置为 0.508 mm。图 5.4 所示为高频单元的模型。比例系数 k 为下层圆形贴片半径与上层圆环外半径之比，即 $k=R_1/R_u$，高频单元的参数设置情况如表 5.2 所示。

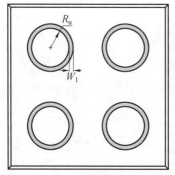

(a) 上层结构

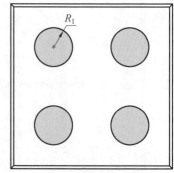

(b) 下层结构

图 5.4　高频单元结构

表 5.2　高频单元结构参数设置

k	R_1	R_u/mm	W_1/mm
0.3	$R_u\,k$	$0.4 \sim 1.8$	0.2

经过多次尝试改变下层圆形贴片与上层圆环外半径的比值 k 和上层圆环宽度 W_1 的值，最终确定 $k = 0.3$，$W_1 = 0.2\ \mathrm{mm}$。由图 5.5 可得知在高频波段 30 GHz 时，单元移相动态范围可以达到 $453°$。

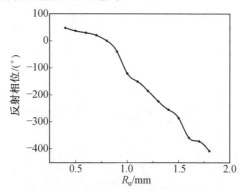

图 5.5　高频单元相移特性曲线图

由于两个频段单元存在耦合，因此双频平面反射阵列天线设计难点在于抑制两个频段单元之间的互耦。互耦作用主要体现在，两个频段单元之间的互耦作用对各自相移曲线的影响导致的移相误差，尤其是高频单元对低频单元的影响。因此，有必要针对两个频段单元之间的相互耦合作用对单元移相性能的影响进行仿真分析。图 5.6 为高频单元尺寸取不同数值时低频单元反射相位的变化趋势。从图中的仿真结果可以看出，在高频单元取不同的数值时低频单元的相移曲线发生明显变化。在同一低频单元的尺寸下,改变高频单元尺寸时,相位差较大。

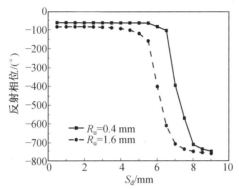

图 5.6　低频单元在 $R_u = 0.4$ mm 和 $R_u = 1.6$ mm 时的相移特性

图 5.7 为低频单元尺寸取不同数值时高频单元反射相位的变化趋势。从图中的仿真结果可以看出,在低频单元取不同的数值时高频单元的相移曲线发生明显变化。不仅可调节的相位范围减小,而且在同一高频单元尺寸下,在低频单元不同尺寸处的相位有明显差距,例如,高频单元在 $R_u = 0.4$ mm 处,两个不同低频单元尺寸的相位差为 $50°$。

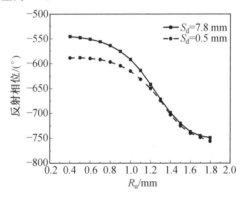

图 5.7　高频单元在 $S_d = 7.8$ mm 和 $S_d = 0.5$ mm 时的相移特性

由此可见,这种高低频组合的双频反射单元结构对入射波的相位补偿存在差异,比如,CST 软件在计算低频单元相移曲线时只能模拟周围高频单元尺寸相同的情况,因此,通过对单元相移曲线的计算可以得到,反射阵面上的单元对入射波的相位补偿与实际需要的相移补偿量存在误差,该误差将导致反射阵列天线整体辐射性能下降的结论。

通过观察反射单元的电流分布(图 5.8),也可得到相似结论。在高频单元工作时,低频单元上存在感生电流,该电流可能改变高频单元谐振时单元电流的分布,导致高频单元移相产生误差,而且低频单元尺寸不同对高频单元的影响也会不同。

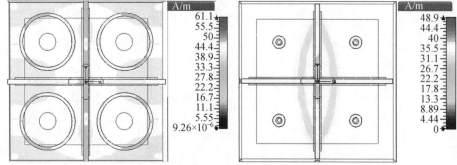

(a) 30 GHz低频对高频单元电流分布影响　　(b) 14 GHz高频对低频单元电流分布影响

图 5.8　高低频单元之间的耦合作用

在双频单元设计过程中,会存在耦合问题。一般解决两个频段单元之间的耦合方法主要有极化隔离和频率选择表面两种方法。然而,极化隔离方法只适用于单极化的天线设计,在实际应用中具有一定的局限性。采用频率选择表面方法虽然可以很好地抑制单元互耦,但是不可避免地增加了单元的复杂度和加工成本。鉴于以上两种方法的缺点,本节提出一种新的抑制单元互耦的方法——添加固定环结构(尺寸不发生改变的固定环)。本节引入这种结构用来减小两个频段单元之间的互耦,添加了耦合抑制结构的双频单元结构,如图 5.9所示,所述耦合抑制结构是指置于低频单元与高频单元之间尺寸保持不变的固定环,该固定环可以在电性能上将两个频段的单元隔断,这样单元之间的互耦相对就小得多。

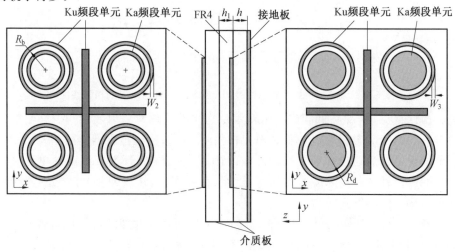

图 5.9　改进后的双频反射单元结构

经过不断仿真计算优化,得到图 5.9 中下层固定环外半径 R_d 为 1.49 mm,上层固定环外半径 R_b 为 1.93 mm,固定环宽度 W_2 为 0.2 mm。由图 5.10 可看出,在加了固定环之后的低频单元受到高频单元的影响明显变小,在 S_d 的相同值处,不同 R_u 取值下的相位差变小。由图 5.11 可以看出,在加了固定环之后的高频单元相移特性比没有加固定环时变化范围更广,在 R_u 的相同值处,不同的 S_d 取值下的相位差变得很小。由以上可知,在加了固定环以后,可以减小高频单元和低频单元之间的相互影响。观察电流分布(图 5.12),也能得到与以上相似的结论。

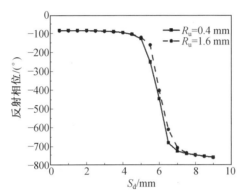

图 5.10　低频单元在 $R_u = 0.4$ mm 和 $R_u = 1.6$ mm 时的相移特性

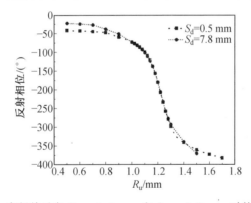

图 5.11　高频单元在 $S_d = 0.5$ mm 和 $S_d = 7.8$ mm 时的相移特性

图 5.13、图 5.14 所示是对单元从不同角度入射进行仿真的结果,入射角度分别设置为 0°、15°、30°、45°、60°,下面对这五个入射角度的相移特性曲线进行对比和分析。得出的结论如下:

由图 5.13 的仿真结果可以看出,在入射角度为 30° 以下时,改变入射角度的相移特性与垂直入射的相移特性基本重合,在入射角度为 30° 时,与入射角度为 0° 时的初始相位相差 35°,在 S_d 变化时,相位差最大处相差 89°,因此,入射角度为

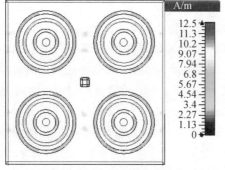

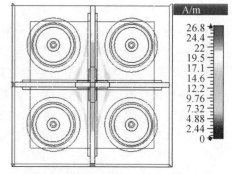

(a) 30 GHz低频对高频单元电流分布影响   (b) 14 GHz高频对低频单元电流分布影响

图 5.12   改进后高低频单元的相互耦合作用

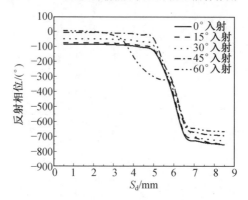

图 5.13   14 GHz 时改变入射角度的相移特性

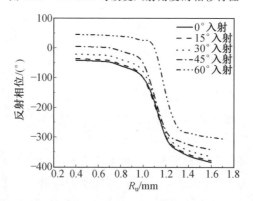

图 5.14   30 GHz 时改变入射角度的相移特性

30°时,产生的最大误差为 54°;入射角度为 45°时,与入射角度为 0°时的初始相位相差 77°,在 S_d 变化时,相位差最大处相差 71°,因此,入射角度为 30°时,产生的最大误差为 6°;入射角度为 60°时,可观察到相移特性曲线与入射角度为 0°时相比,发生明显的改变,可见,在入射角度为 45°时,双频反射单元在低频段产生的相移误差较小。

由图 5.14 的仿真结果可以看出,在入射角度为 30° 及以下时,改变入射角度的相移特性与垂直入射的相移特性基本重合,没有太大的变化;在入射角度为 45° 时,在 R_u 变化时,产生的最大误差为 16°;在入射角度为 60° 时,可观察到相移特性曲线与入射角度为 0° 时相比变化不大,可见,改变入射角度时,双频反射单元在高频段产生的相移误差较小。

以上内容都是在两个频段的中心频率处对双频单元结构参数的仿真分析进行的,然而在实际应用中往往要求天线系统工作在一定的带宽范围内,而频率一旦发生改变,单元的相移曲线也会发生变化,那么实际需要的相移量必然与之前的相移曲线计算得到的尺寸下的单元所进行的相位补偿存在一定误差,因此有必要对单元在不同频率下的相移特性进行分析,以分析评价双频反射阵列单元在一定频带内的移相性能。若在各频点时双频反射阵列单元不同尺寸的相对相移量能够近似一致,也就是说各个频点的单元相移曲线保持近似平行,那么可以认为在该频段范围内双频反射阵列单元的移相性能保持稳定。

图 5.15 给出了双频反射阵列单元在 12 ～ 16 GHz 频率范围内的相移曲线,从中可以看出单元的移相曲线基本保持平行,即双频反射阵列单元在 12 ～ 16 GHz 的频率范围内的移相性能没有发生明显变化。同样地,图 5.16 是双频反射阵列单元在 28 ～ 32 GHz 频带范围内的相移曲线。可以看出单元的相移曲线仍然保持平行,即单元在该频带范围内具有良好的移相性能。

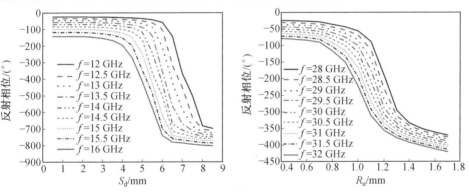

图 5.15　双频反射阵列单元 Ku 频段带宽分析　图 5.16　双频反射阵列单元 Ka 频段带宽分析

5.2.3　Ku/Ka 双频反射阵列天线设计

在第五代移动通信系统的快速发展背景下,人们对超高速数据传输的需求越来越高,一种切实可行的方案是提高数据传输的载波频率。为了满足超高速移动通信上下行数据传输的需要,能够在双频段产生窄波束高增益的天线应运而生。反射阵列天线就是可以满足这一要求的一种被广泛应用的天线,这种天线不需要设计复杂的馈电网络就能够产生比较高的增益,并且剖面相比同类型的高增益天线要明显小得多。

设计一种能在 Ku 频段和 Ka 频段都能进行正常工作的双频微带反射阵列天线,频率为 30 GHz 和 14 GHz,频率比为 2.14。在已设计的反射阵列单元基础上介绍反射阵列天线的整体设计过程及仿真结果。首先确定阵列馈电方法,设计相匹配的馈源喇叭天线,再对阵列天线的单元排布进行设计,最后对整个天线系统进行仿真。最终综合这些结果给出完整的双频反射阵列天线的设计方案及仿真结果。现设置阵列单元数目为高频单元 40×40 个,低频单元 20×20 个。这就确定了反射阵列的尺寸为 200 mm×200 mm。为了有效地减小馈源对天线的遮挡效应,双频微带反射阵列天线采用偏馈方式进行馈电。本节选用的是角锥喇叭天线。两个角锥喇叭天线分别工作于 Ku 与 Ka 频段,同时都能充分照射整个反射阵面。

如图 5.17 所示,低频馈源与高频馈源并行放置,低频馈源放置的位置是 (84 mm,0,84 mm),高频馈源放置的位置是(84 mm,0,100 mm)。

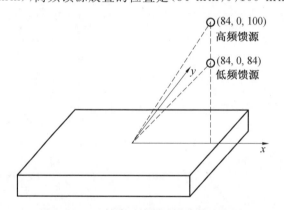

图 5.17　反射阵列馈源放置位置示意图

经过几何计算,低频馈源在 x 轴方向的对阵面张角为 76°,在 y 方向的对阵面张角为 100°,这就要求所设计的馈源喇叭天线的 E 面方向图 10 dB 波束宽度为 100°,而 H 面方向图 10 dB 波束宽度为 76°。通常根据波束宽度的要求进行角锥喇叭的设计需要经历反复的调整,可调整的参数包括口径尺寸 $a_1 \times b_1$,以及喇叭的长度,根据对馈源方向图波束宽度的要求,所设计的 14 GHz 低频段可用的喇叭如图 5.18 所示。

14 GHz 馈源喇叭天线采用 BJ140 波导,波导内径为 15.799 mm × 7.899 mm。喇叭口径面内尺寸为 $a_1 = 33$ mm,$b_1 = 18$ mm,喇叭长度 H 为 30 mm,壁厚设置为 1 mm。低频馈源喇叭的反射系数 $|S_{11}|$ 如图 5.19 所示。

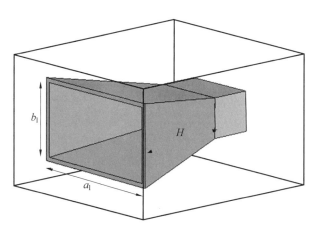

图 5.18　14 GHz 低频段馈源喇叭设计模型

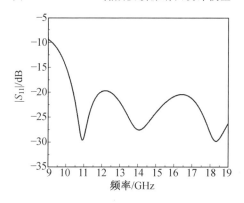

图 5.19　14 GHz 低频段馈源喇叭仿真反射系数 $|S_{11}|$

由图 5.19 可看出，$|S_{11}|$ 在 9～19 GHz 带宽内基本都在 −10 dB 以下，符合设计要求。图 5.20 和图 5.21 为喇叭的远场方向图。

由图 5.20 和图 5.21 可以看出，馈源在 E 面的 10 dB 波束宽度为 111°，在 H 面的波束宽度为 78°，满足上面所提到的 E 面 100° 和 H 面 78° 的波束宽度要求。其中，馈源在 E 面的副瓣电平为 −20.7 dB，在 H 面的副瓣电平为 −20.2 dB，满足小于 −15 dB 的要求。

接下来进行 30 GHz 高频馈源天线的设计，与 14 GHz 馈源天线的设计类似，喇叭方向图的 −10 dB 波束宽度应该正好覆盖整个反射阵面。通过几何计算可知，30 GHz 的馈源天线在 x 轴方向的张开角度为 69°，在 y 轴方向的张开角度为 90°，因此，馈源天线在 H 面的 10 dB 波束宽度应为 69°，在 E 面的 10 dB 波束宽度应该为 90°，以下为高频段 30 GHz 的馈源天线设计。30 GHz 馈源天线采用 BJ320 波导，波导内径为 $a=7.12$ mm，$b=3.556$ mm。喇叭口径面内尺寸为 $a_h=14$ mm，$b_h=9$ mm，喇叭长度 H 为 25 mm，壁厚设置为 1 mm。这一喇叭天线的模型如图 5.22 所示。

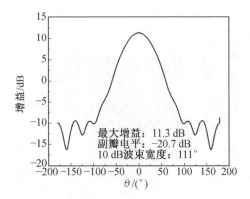

图 5.20　低频段馈源喇叭工作在 14 GHz 时 E 面方向图

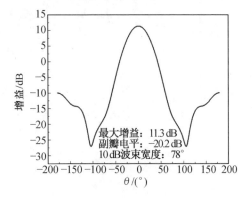

图 5.21　低频段馈源喇叭工作在 14 GHz 时 H 面方向图

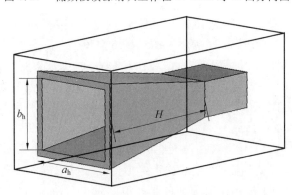

图 5.22　30 GHz 高频段馈源喇叭设计模型

　　由图 5.23 可以得到，所设计的 30 GHz 频段馈源喇叭的反射系数 $|S_{11}|$ 在 25 ～ 35 GHz 范围内均在 -10 dB 以下，符合设计要求。对高频馈源喇叭的远场方向图进行分析，得到 E 面和 H 面方向图如图 5.24、图 5.25 所示。

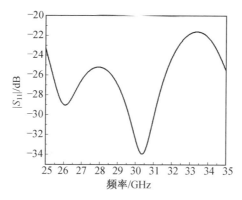

图 5.23　30 GHz 高频段馈源喇叭仿真的反射系数 $|S_{11}|$

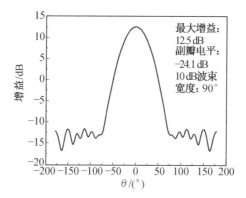

图 5.24　高频段馈源喇叭工作在 30 GHz 时 E 面方向图

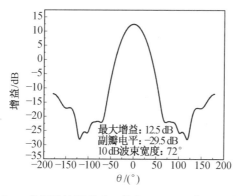

图 5.25　高频段馈源喇叭工作在 30 GHz 时 H 面方向图

由图 5.24、图 5.25 可见,馈源在 E 面的 10 dB 波束宽度为 90°,在 H 面的波束宽度为 72°,满足上面所提到的 E 面 90°和 H 面 69°的波束宽度要求。其中,馈源在 E 面的副瓣电平为 -24.1 dB,在 H 面的副瓣电平为 -29.5 dB,满足小于 -15 dB 的要求。

反射阵列天线设计关键在于根据每个阵列单元的相位补偿量与相位单元大小的关系设计出符合要求的阵列,并分别用于补偿工作于 14 GHz 时的相位延迟和工作于 30 GHz 时的相位延迟。利用 Matlab 进行计算并设计出的 200 mm × 200 mm 反射阵列模型如图 5.26 所示。

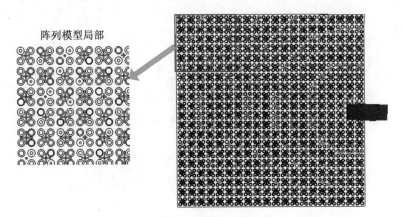

图 5.26　反射阵列模型

　　在得到双频微带反射阵列的模型后,需要确定馈源的安放位置及角度。首先确定馈源口径面正对的位置。假定馈源正对反射阵面的正中心,即坐标原点处。假设两个喇叭与 z 轴正方向夹角为 40° 和 45°。如图 5.27 所示,高频馈源的偏置角度 θ_h 为 40°,低频馈源的偏置角度 θ_l 为 45°。

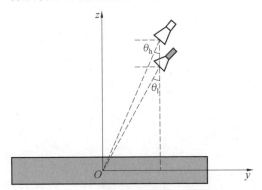

图 5.27　馈源喇叭放置角度示意图

　　首先,对 20×20 的高频阵列进行仿真,由上一节可知,高频馈源的放置角度设置为 40°,因此,在分析焦径比对增益的影响时,保持放置角度以及馈源的 x 轴坐标一定,通过改变 z 轴方向的坐标来改变焦径比。以下分析了在两个不同的焦径比下 20×20 高频阵列的增益,并将不同焦径比下的天线仿真方向图进行了对比,E 面和 H 面的对比结果分别如图 5.28 和图 5.29 所示。不同焦径比的参数对比如表 5.3 所示。

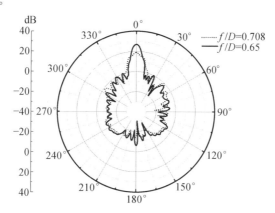

图 5.28　高频 20×20 阵列不同焦径比 f/D 下的 E 面方向图对比

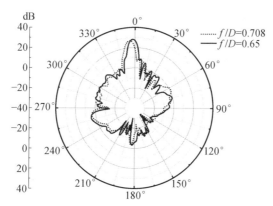

图 5.29　高频 20×20 阵列不同焦径比 f/D 下的 H 面方向图对比

表 5.3　不同焦径比的参数对比

焦径比	焦距 f/mm	馈源偏置角度 /(°)	馈源坐标 /mm
0.71	71	40	(42,0,57)
0.65	65	40	(42,0,50)

　　由以上两图可以看出,焦径比大小对高频时的 20×20 阵列的增益大小的影响很大。在焦径比为 0.71 时,10×10 阵列在 E 面的增益为 19 dB,副瓣电平为 -19.1 dB;在 H 面的增益为 27.2 dB,副瓣电平为 -26.6 dB。当焦径比为 0.65 时,10×10 阵列在 E 面的增益为 27.1 dB,副瓣电平为 -17.5 dB;在 H 面的增益则为 28.3 dB,副瓣电平为 -19.2 dB。这一增益可以满足设计要求。由图可见,在高频 30 GHz 处,当焦径比为 0.65 时增益的效果要好于焦径比为 0.71 时的效果。

与上述对高频阵列的分析方法类似,对 10×10 低频阵列的仿真分析方法也是固定馈源偏置角度不变,通过改变馈源坐标来改变焦径比大小。参数设置如表5.4所示。低频阵列的 E 面和 H 面的方向图对比如图5.30和图5.31所示。

表 5.4 不同焦径比参数设置

焦径比	焦距 f/mm	馈源偏置角度 $/(°)$	馈源坐标 $/\mathrm{mm}$
0.59	59	45	(42,0,42)
0.7	70	45	(50,0,50)

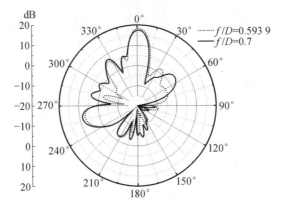

图 5.30 低频 10×10 阵列不同焦径比 f/D 下的 E 面方向图对比

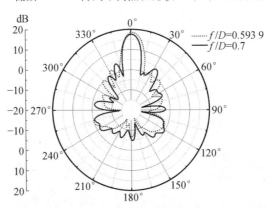

图 5.31 低频 10×10 阵列不同焦径比 f/D 下的 H 面方向图对比

由以上两图可见,低频时的 10×10 阵列的增益大小受到焦径比大小的影响。在焦径比为 0.59 时,10×10 阵列在 E 面的增益为 18.4 dB,副瓣电平为 -11.2 dB;在 H 面的增益也是 18.4 dB,副瓣电平为 -16.1 dB。当焦径比为 0.7 时,10×10 阵列在 E 面的增益为 17.6 dB,副瓣电平为 -9 dB;在 H 面的增益则为 17.5 dB,副瓣电平为 -13.3 dB。因此可以知道,当焦径比为 0.59 时增益的效果要好于焦径比为 0.7 时增益的效果,焦径比减小,副瓣电平也更低。

在完成对 100 mm×100 mm 阵列的仿真以后,得到了焦径比对阵列增益的影响,就可以利用这个结果进行对 200 mm×200 mm 阵列的仿真工作。图 5.32 给出的就是本节所设计的双频微带反射阵列天线在高频 30 GHz 工作时的 E 面方向图。方向图增益为 33.4 dB,E 面的 3 dB 波束宽度分别为 2.8° 和 2.9°,而副瓣电平为 −27.7 dB,满足对副瓣电平小于 −15 dB 的要求。

图 5.33 给出的是天线在高频 30 GHz 工作时的 H 面方向图。方向图增益为 34.3 dB,E 面和 H 面的 3 dB 波束宽度为 2.9°,而副瓣电平为 −18.7 dB,这同样能满足对副瓣电平的要求。对于反射面为 200 mm×200 mm,波长为 10 mm 时工作下的该反射阵列天线,有效面积为 17 409.65 mm²,与实际面积的比值为天线的口面利用效率,经计算,高频段的阵列天线的口面利用率为 43.5%。

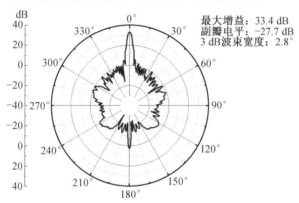

图 5.32　反射阵列天线在高频 30 GHz 工作时的 E 面方向图

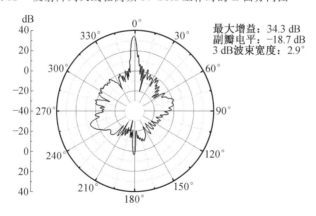

图 5.33　反射阵列天线在高频 30 GHz 工作时的 H 面方向图

图 5.34 和图 5.35 给出的就是本节所设计的双频微带反射阵列天线在低频段 14 GHz 工作时的 E 面和 H 面方向图。由图 5.34 可知,E 面方向图增益为

23.9 dB, E 面的 3 dB 波束宽度为 6.1°, 而副瓣电平为 -16.7 dB, 这能满足对副瓣电平小于 -15 dB 的要求。由图 5.35 可知, H 面方向图增益为 24.2 dB, H 面的 3 dB 波束宽度为 6.1°, 而副瓣电平为 -16.9 dB, 这同样能满足对副瓣电平的要求。

对于反射面为 200 mm×200 mm, 波长为 21.4 mm 低频段工作下的该反射阵列天线, 有效面积为 9 585.56 mm², 与实际面积的比值为天线的口面利用效率, 计算结果为 24.0%。

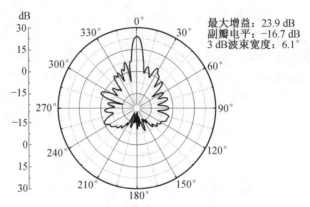

图 5.34　反射阵列天线在低频 14 GHz 工作时的 E 面方向图

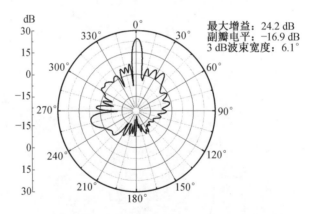

图 5.35　反射阵列天线在低频 14 GHz 工作时的 H 面方向图

5.3　全金属双频反射阵列天线设计

随着对反射阵列天线更高性能的需求, 以及应用场合的拓宽, 各种各样旨在进一步提高反射阵列性能的手段纷纷出现。一种是研究能使反射阵列波束进行扫描的方法[12],最典型的是利用频率的不同改变相邻单元间的相差从而实现频扫的功能。为了提升反射阵列的带宽,研究者提出了多层反射阵列的结构。另一种则是利用真实相位延迟线缝隙耦合的方式[13]。另一个比较重要的问题是随着应用频率的进一步提升,在反射阵列天线中占绝对主流的贴片天线形式已经变得很难适用,主要原因就是损耗在高频的急剧攀升。

基于当前快速发展的第五代移动通信系统高频高速率传输数据的需要,设计能够在毫米波频段以相对较高效率工作的全金属反射阵列天线,取代传统的光纤,可大幅降低基站建设的难度和成本,该天线能够在 28 GHz 与 60 GHz 双频段工作,适应上下行数据传输的需要,本节将详细地介绍整个天线的设计过程及仿真结果。

5.3.1　全金属双频反射阵列天线单元设计

通常的反射阵列天线阵列单元类型为常见的微带型天线,存在形式有单层以至于多层。这种形式的天线易于加工,剖面为平面,所占空间少,是设计这类天线的首选。由于所要设计的双频反射阵列天线工作频率非常高,因此微带形式极容易出现非常大的损耗。因此本设计尝试采用另一种形式,即整个天线结构都是由金属所构成,这样如果设计得当,可以保持较高的辐射效率。而双频工作的功能将由人们最为熟悉的波导的特性来实现。

1. 波导阵列单元双频相位补偿理论

实现双频工作的原理是利用分别能在两个频段下单独工作的部分进行组合的方法,即其中一部分能工作于一个频段,而另一部分能实现另一频段工作的功能。

波导在传输电磁波时,对于频率低于截止频率的波将迅速衰减,无法进行传输,而高于截止频率的波能顺利传输。利用这一性质,如果能够让较低频段的电波无法进入波导,直接由波导端口被反射回去,而较高频率的电波却能进入波导,直到另一端口才被反射回去,这样就获得了同时控制两个频段的方法,使得全金属形式的双频工作功能能够实现。假设波导的横截面内尺寸为 $a \times b$,反射阵列工作的两个频率相对应的波长分别为 λ_1 和 $\lambda_h(\lambda_1 > \lambda_h)$,波导的截止波长为 λ_{cutoff},则

$$\lambda_h < \lambda_{cutoff} < \lambda_1 \tag{5.1}$$

根据矩形波导 TE_{10} 模式传输与尺寸的关系,TE_{10} 模式的截止波长为 $2a$,即

$$\lambda_{cutoff} = 2a \tag{5.2}$$

由于波长为 λ_h 的波为单模传输,因此

$$\begin{cases} \dfrac{\lambda_h}{2} < a < \lambda_h \\ 0 < b < \dfrac{\lambda_h}{2} \end{cases} \tag{5.3}$$

频率为 28 GHz 的电磁波波长 $\lambda_l = 10.7$ mm，频率为 60 GHz 的电磁波波长 $\lambda_h = 5$ mm，从式(5.1)到式(5.3)经过计算得到矩形波导尺寸应满足 2.5 mm < a < 5 mm，0 mm < b < 2.5 mm。这就是阵列单元波导在设计时尺寸应满足的基本限制条件，最终的波导尺寸应当在这一尺寸范围内选取合适的值。

反射阵列天线由于反射面是平面，从馈源照射到反射面上的波反射回来，其波前将不是一个平面，从而无法获得较高的增益，为了获得高增益的效果，需要对反射面上的每一个整列单元进行调整，对照射在阵列单元上的电波进行相位补偿，使得最终反射回去的波在最大辐射方向上的波前接近为一个平面，这样就能得到较高的增益。

在一般的反射阵列天线设计中，相位的调整都是由阵列单元的某个尺寸或姿态所控制，诸如大小、旋转角度等。对于波导而言，实现方式将由波导入射端口的高低不一以及波导长度的不同而决定，这一设计将使得利用波导能够分别控制两个频段的相位补偿，让每个阵列单元都能同时对两个频段的波进行调整。在图 5.36 中，以参考平面为基准，根据波导单元在反射阵列中所处的位置不同，相应的应进行不同的相位补偿，调整参考平面以上的高度 h_2 能够改变 28 GHz 频段的波的传播路径，从而获得想要的同相出射的结果。而另一频段 60 GHz 的波将通过调节波导的长度 h_1 实现路径的改变。

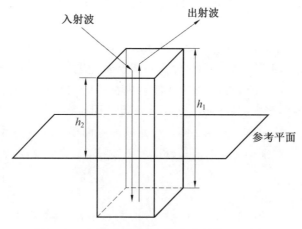

图 5.36 矩形波导单元双频相位补偿示意图

上面给出了利用波导同时实现双频反射的基本方法之后，将给出每个单元应当补偿的相位大小，相对应的在参考平面以上的高度 h_2，以及波导的深度 h_1 的计算方法,从而能快速地进行阵列的设计。传统的方法类似于查表索引的方法,即将 360° 相位补偿范围均匀分为若干组,分别进行仿真实验,在得到每组补偿相位与阵列单元尺寸调整相对应的关系后,在实际设计中就依照这种关系进行设计。明显看出来这种方法会增加很大的重复工作量。因而尝试建立各单元补偿相位与尺寸大小之间的关系,会极大地简化设计的过程。

现在将馈源天线假想为一个点源,位于 $P(x_f, y_f, z_f)$ 点处。该点源照射到由数目为 $N_x \times N_y$ 个阵列单元组成的反射阵面上。设参考平面为 xOy 面,O 点为参考点,馈源所在位置与参考点的距离为 l_0,现考察位于参考平面上的第 nm 个单元,如图 5.37 所示。

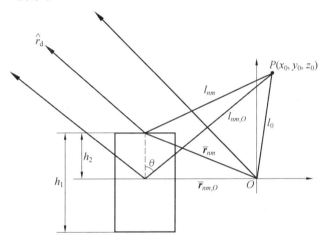

图 5.37　双频阵列单元相位补偿计算示意图

利用几何光学法,波导在参考平面以上凸出来的高度 h_2 应当满足

$$k(l_{nm} - \overline{\boldsymbol{r}}_{nm} \cdot \hat{\boldsymbol{r}}_{d} - l_0) = 2n\pi \tag{5.4}$$

式中　k—— 电磁波的传播波数;

　　　l_{nm}—— 参考点 O 到该波导单元端口中心点的距离;

　　　$\overline{\boldsymbol{r}}_{nm}$—— 以参考点 O 为起点到端口中心点的向量;

　　　$\hat{\boldsymbol{r}}_{d}$—— 最大辐射方向单位向量,且 $\hat{\boldsymbol{r}}_{d} = (a_1, a_2, a_3)$;

　　　n—— 整数型常数。

n 应当使得满足条件的 h_2 的值尽可能小。由图中几何关系可以看出,$l_{nm,O}$ 近似为

$$l_{nm,O} = l_{nm} + h_2 \cos \theta \tag{5.5}$$

而 $\overline{\boldsymbol{r}}_{nm}$ 同样可以从几何关系中看出,$\overline{\boldsymbol{r}}_{nm,O}$ 表示以参考点 O 为起点到该阵列单元参考平面所在位置中心点的向量,则

$$\overline{\boldsymbol{r}}_{nm} = \overline{\boldsymbol{r}}_{nm,O} - h_2 a_3 \tag{5.6}$$

将式(5.5)中的 l_{nm}、式(5.6)中的 $\bar{r}_{nm}$ 表述出来并代入式(5.4)中可以得到

$$k(l_{nm,O} - h_2\cos\theta - \bar{r}_{nm,O} \cdot \hat{r}_d - a_3 h_2 - l_0) = 2n\pi \tag{5.7}$$

至此就求得了所需的波导凸出参考平面的高度 h_2 的表达式为

$$h_2 = \frac{l_{nm,O} - \bar{r}_{nm} \cdot \hat{r}_d - l_0 - n\lambda}{\cos\theta + a_3} \tag{5.8}$$

同样可以得到关于该阵列单元所要补偿的相位 φ_{mn} 为

$$\varphi_{nm} = kh_2(a_3 + \cos\theta) - 2n\pi \tag{5.9}$$

从式(5.4)至式(5.9)给出的就是关于较低频段 28 GHz 时反射每个单元需补偿的相位以及要调整的高度与其所处位置的对应数值关系。在此基础上就能继续推导每个波导单元在反射较高频段 60 GHz 时其深度与位置的关系。上面确定了波导端口的位置,这是下一步计算的前提。

现在每个端口的位置确定,意味着电磁波到达每个阵列单元的路径已经确定,唯一没确定的就是进入波导内部的深度。假设从馈源 P 点到达每个阵列单元的相位延迟为 $\varphi(x_n, y_m)$,m 是一个整数型常数,n 也是个整数型常数,则

$$\varphi(x_n, y_m) = -k(l_0 + \bar{r}_{nm} \cdot \hat{r}_d) - 2m\pi \tag{5.10}$$

如果通过另一个思路让从端口出射的波同相,则需要波导调节深度进行相位补偿,设此时应进行补偿的相位为 $\varphi_c(x_n, y_m)$,则

$$\varphi(x_n, y_m) = -kl_{nm} + \varphi_c(x_n, y_m) - 2n\pi \tag{5.11}$$

结合式(5.10)和式(5.11)可以从中得出每个阵列单元需要补偿的相位为

$$\varphi_c(x_n, y_m) = -k(l_0 + \bar{r}_{nm} \cdot \hat{r}_d - l_{nm}) - 2m\pi \tag{5.12}$$

在波导中电波将不再是自由空间中的波长 λ,而是以波导波长 λ_g 进行传播,波在波导中将进行一个来回。同时应当注意电波在金属表面相位发生反转这一特性,可以得知电波在到达波导底部短路端时相位将变化 π,故波导深度的计算方法为

$$h_1 = \frac{-k(l_0 + \bar{r}_{nm} \cdot \hat{r}_d - l_{mm}) - (2n+1)\pi}{2\lambda_g} \tag{5.13}$$

在这里假定电波在矩形波导中传播时,电磁波的相位将随波导深度线性变化。式(5.8)和式(5.13)就是本节推导出的用于反射阵列单元相位补偿而进行尺寸参数调整的主要计算方法。

通过上面对各单元应补偿相位以及单元应调整的尺寸的计算方法的探讨,得出了设计方法。这一部分将给出本节所设计的全金属反射阵列天线的单元模型和仿真结果。

根据 Floquet 理论的原理,在没有得出完整设计之前,可以用 Floquet 端口的方法去探究阵列单元的特性,并且可以利用得出的结果去估计阵列单元组成阵时的传输特性,这一方法简便有效,可有效加快设计。

2. 双频反射阵列单元设计

根据式(5.3) 对波导内壁尺寸大小的限制条件,利用 Floquet 端口设计了一种可用的波导阵列单元,如图 5.38 所示。该波导单元的内壁尺寸大小 $a \times b$ 为 3 mm×1.5 mm,横纵排列周期 $P_a \times P_b$ 为 4 mm×2.5 mm。

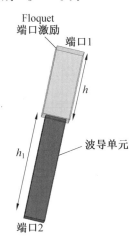

图 5.38　利用 Floquet 端口探究波导单元传输特性示意图

在图 5.38 的模型中,平面波由端口 1 入射到波导端口,根据设计,当周期阵列工作在低频段 28 GHz 时,电磁波应当基本被反射回去。这种情况下的端口 S 参数仿真结果如图 5.39 所示。

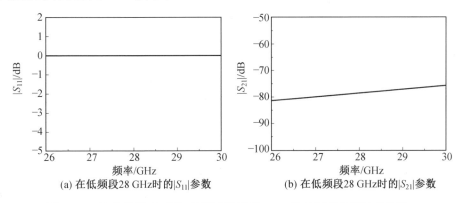

(a) 在低频段28 GHz时的$|S_{11}|$参数　　　　(b) 在低频段28 GHz时的$|S_{21}|$参数

图 5.39　波导单元 28 GHz 低频段利用 Floquet 端口得到的端口 S 参数

根据图 5.39 中的结果,反射系数 S_{11} 的模值在 26～30 GHz 频率范围内接近 0 dB,而从端口 1 到端口 2 的传输系数 S_{21} 的模值在 26～30 GHz 频率范围内都低于 -75 dB。这说明从 Floquet 端口入射的平面波到达波导端口后几乎全部被反射回去,只有极少一部分进入了波导,这部分电磁波可以忽略不计,也证明了在这种波导单元和周期排布的情况下,可以有效地实现预定的低频反射目标。

在高频段的性能,预期的性能是电磁波绝大部分可以进入波导,这种情形下端口 S 参数的仿真结果如图 5.40 所示。

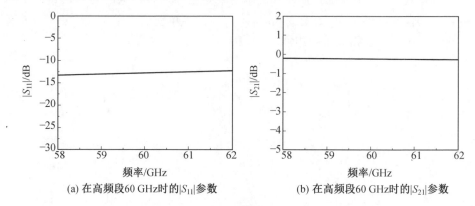

(a) 在高频段 60 GHz 时的 $|S_{11}|$ 参数　　　　　(b) 在高频段 60 GHz 时的 $|S_{21}|$ 参数

图 5.40　波导单元 28 GHz 低频段利用 Floquet 端口得到的端口 S 参数

图 5.40 的结果显示,反射系数 S_{11} 在 $26 \sim 30$ GHz 频率范围内低于 -12 dB,而从端口 1 到达波导另一端的端口 2 传输系数 S_{21} 都大于 -0.3 dB。这说明在 60 GHz 高频段工作状态下,从 Flqouet 端口产生的平面波基本都能进入波导内部,到达波导的另一端,而反射回去的电磁波很少。这证明了选用这种形式的波导单元能够有效地实现高频段 60 GHz 下的反射目标。

在推导波导因补偿相位的不同而导致的不同深度时,假设电磁波随波导深度 h_2 呈线性变化。接下来通过仿真验证这一结论的正确性与合理性。

图 5.41 显示的是在 Floquet 端口模式下,电磁波从端口 1 发出进入波导口,被波导另一端短路端反射回端口 1 这一过程中相位延迟与波导深度 h_2 的关系,从图中看出并不是线性关系,但十分接近线性。图 5.42 显示的是利用波导波长 λ_g 后算出的相位延迟关系,为了方便比较,对所有计算结果进行了相位的系统修正。从图中可以很明确地得知,实际传输的相位变化斜率与计算相同。综合这些可以明确地证明,在误差允许范围内,将波导中电磁波视为以 λ_g 传播,其相位变化与波导深度 h_2 呈线性变化是可接受的。

上面所叙述的都是平面波垂直入射的情形,在实际应用时,来自馈源的电磁波对于绝大多数阵列单元来说都是斜入射。对于波导单元而言,在斜入射情形下,可能有较大影响的应该是波导进入电磁波会衰减这种情形。如图 5.43 所示,改变平面波入射角度 θ,得到端口 1 到 2 的传输系数 S_{21}。图中的 S_{21} 在 $0° \sim 30°$ 范围内基本都大于 -1 dB,只在 22° 附近有一个较小的凹陷,在 $40° \sim 55°$ 范围内,S_{21} 基本大于 -3 dB。这说明入射波的斜入射角保持在 30° 范围内,电磁波都能顺利到达波导内部,很好地实现高频相位补偿调节的目标,而在 55° 以内衰减也不至于太大。

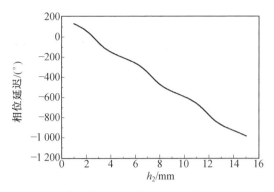

图 5.41　Floquet 端口模式下反射电磁波相位延迟与波导深度的关系

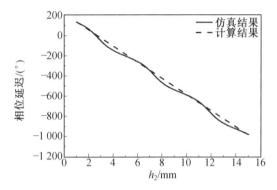

图 5.42　波导单元相位延迟随波导深度变化仿真与计算结果对比

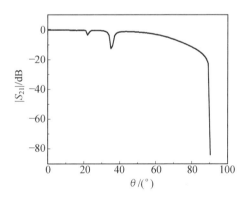

图 5.43　平面波进入波导传输系数与斜入射角度的关系

5.3.2　双频反射阵列设计

本节将给出本书所设计的阵列天线的设计过程及其仿真结果。5.3.1 节已经得到了用于阵列组阵的单元形式波导，并给出了满足双频反射的波导尺寸。现设计阵列单元数目为 $N_x \times N_y = 26 \times 38$，极化方式为线极化的全金属反射阵列。

1. 馈源设计

一般而言,正馈时,馈源天线会对电磁波起到一定的遮挡作用,所以馈电方式选为侧馈。确定数目后,可以确定整个反射阵面的尺寸为 104 mm×95 mm。接下来进行馈源设计。按照一般性思路,用于双频工作的反射阵列天线需要设计一种能同时双频工作的馈源,这样馈源的复杂度就会大幅提升。从方便好用、易于设计的角度出发,本节选用的是最为常见的角锥喇叭天线。两个角锥喇叭天线分别工作于 28 GHz 频段与 60 GHz 频段,同时都能充分照射整个反射阵面。而两个馈源天线采用这种形式,为了测试方便,应当同时位于反射阵面上方,因此采用的方案是两个馈源天线位于不同的位置。

只要斜入射角度在比较小的情况下,由斜入射因素对天线性能造成的影响就会比较小。设计馈源的位置时就需要考虑到这一点,尽量控制最大斜入射角度。将工作于 28 GHz 的喇叭的相位中心设置于坐标(0 mm,47.5 mm,50 mm)处,而将工作于 60 GHz 的喇叭的相位中心设置于坐标(0 mm,47.5 mm,100 mm)处,如图 5.44 所示。

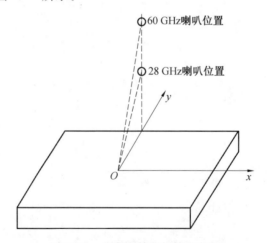

图 5.44　双频双馈源侧馈示意图

在低频时由于电磁波由波导表面端口进行反射,因此基本不需要考虑斜入射的影响,但是在高频时电磁波需要进入波导内部再被反射,因此对最大斜入射角度有影响。在 x 方向,最大斜入射角度经计算约为 $45°$,而在 y 方向最大斜入射角度经计算为 $27°$。这说明在 y 方向是非常符合上面对斜入射角度要求的,而在 x 方向也能基本满足条件。现在假定反射阵面中心位置(0 mm,0 mm,0 mm)为馈源所正对的位置。对于馈源方向图的要求是馈源的 10 dB 波束宽度正好覆盖整个反射阵面。

（1）在低频段 28 GHz 时使用的馈源喇叭天线。

28 GHz 喇叭所在位置对阵面张角在 x 方向为 62°,在 y 方向为 92°。这就要求所设计的馈源喇叭天线的 E 面方向图 10 dB 波束宽度为 92°,而 H 面方向图 10 dB 波束宽度为 62°。根据波束宽度的要求进行角锥喇叭的设计通常需要经历反复的调整,可调整的参数包括口径尺寸 $A_1 \times B_1$,以及喇叭的长度 R_1,根据对馈源方向图波束宽度的要求,所设计的 28 GHz 频段可用的喇叭如图 5.45 所示。

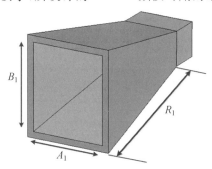

图 5.45　28 GHz 低频段馈源喇叭设计模型

该喇叭的口径面内尺寸 $A_1 \times B_1$ 为 12 mm×14 mm,壁厚为 1 mm,同时喇叭的长度 R_1 为 25 mm。所选用的波导为 BJ320,即口径尺寸为 7.112 mm × 3.556 mm。图 5.46 是所设计的用于低频段馈源的喇叭天线的反射系数 S_{11},从图中可以看出,在 21～40 GHz 频率范围内,喇叭的能量都能有效地辐射出去。

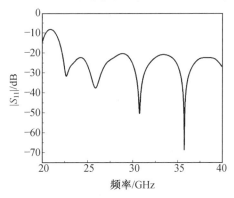

图 5.46　28 GHz 低频段馈源喇叭反射系数仿真结果

图 5.47 和图 5.48 分别是所设计的 28 GHz 低频段喇叭的 E 面和 H 面方向图。E 面方向图的波束比较窄,10 dB 波束宽度为 67°;而 H 面方向图的波束比较宽,10 dB 波束宽度达到了 94°。这与上面计算出的对馈源波束宽度的要求 E 面 62°、H 面 92° 比较接近。同时可以看到 E 面方向图副瓣电平为 −17.5 dB,而 H 面方向图副瓣电平为 −20.5 dB,都低于 −13 dB。

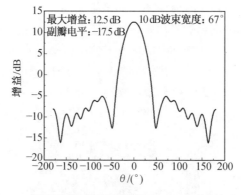

图 5.47　低频段馈源喇叭工作在 28 GHz 时 E 面方向图

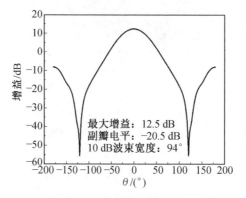

图 5.48　低频段馈源喇叭工作在 28 GHz 时 H 面方向图

从 CST 仿真软件中可以进一步得知,该馈源喇叭的相位中心位于喇叭口径面偏内部一点,基本可以近似认为就在喇叭的口径面中心处。

(2) 在 60 GHz 高频段工作时使用的馈源喇叭天线。

这时馈源喇叭位于低频馈源喇叭的上方,位置发生了改变。同样喇叭方向图的 10 dB 波束宽度应该正好覆盖整个反射阵面。通过几何计算,60 GHz 喇叭所在位置对阵面所张的角度大小在 x 轴方向为 $55°$,而在 y 轴方向为 $45°$。这就要求所设计的高频馈源喇叭 E 面方向图 10 dB 波束宽度为 $45°$,而 H 面方向图 10 dB 波束宽度为 $55°$。图 5.49 是根据这一波束要求所设计的馈源喇叭模型。

该喇叭的内口径尺寸 $A_h × B_h$ 为 12 mm × 19 mm,金属壁厚度为 1 mm,波导口到喇叭口径的垂直距离 R_h 为 10 mm。所选用的馈电波导为 BJ620,波导口面尺寸为 3.795 mm × 1.88 mm。

图 5.50 显示的是在高频段 60 GHz 时馈源喇叭的反射系数 S_{11},结果很明确地显示在 40 ~ 80 GHz 范围内,馈入喇叭天线的能量都可以有效辐射进入自由空间。图 5.51 和图 5.52 是高频段工作时馈源喇叭的 E 面和 H 面方向图。这两个

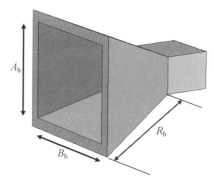

图 5.49   60 GHz 高频段馈源喇叭设计模型

方向图与低频时的差异是 E 面和 H 面的 10 dB 波束宽度非常接近,其中 E 面方向图的 10 dB 波束宽度为 53°,而 H 面方向图的 10 dB 波束宽度为 50°。对于 E 面来说,由于波束宽度显得比较窄,因此在调整参数以减小波束宽度时,副瓣电平急剧上升,最后在优先考虑波束宽度的条件下,副瓣电平为 -10.9 dB,相对而言比较高。而 H 面的副瓣电平仍然显得比较低,为 -28.9 dB。从 CST 的仿真结果来看,该馈源喇叭的相位中心也位于口径面附近,可以近似看成相位中心就位于喇叭口径面正中心位置处。

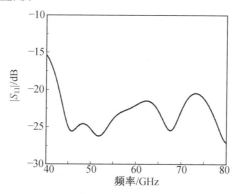

图 5.50   60 GHz 高频段馈源喇叭反射系数仿真结果

2. 反射阵列设计及仿真结果

我们知道阵列单元之间的间距应该尽可能小。

图 5.53 给出了两种反射阵列单元排布的方式,其中第一种是常规的方式,根据单元尺寸计算,其中任意一个单元与相邻单元的间距有三种类型,分别是 $d_1 = 4$ mm,$d_2 = 2.5$ mm 和 $d_3 = 4.7$ mm,相邻单元间距最大为 4.7 mm。另一种是错开的排布方式,其中任意一个单元与相邻单元间距有两种类型,分别是 $d_1 = 4$ mm,$d_2 = 3.2$ mm,相邻单元间距最大仅为 4 mm。

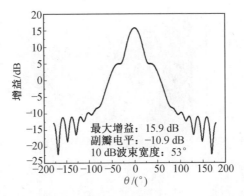

图 5.51　高频段馈源喇叭工作在 60 GHz 时 E 面方向图

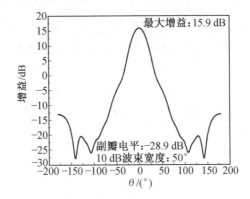

图 5.52　高频段馈源喇叭工作在 60 GHz 时 H 面方向图

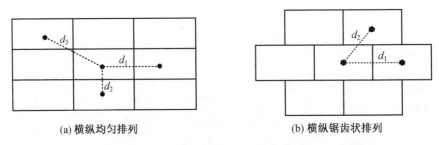

(a) 横纵均匀排列　　　　　　　　　　(b) 横纵锯齿状排列

图 5.53　反射阵列单元两种排布方式

　　通过比较可以发现,采用锯齿状单元错开的阵列单元排布方式,可以比一般的横纵排列方式有更小的单元间距。因此本设计选用锯齿状单元错开的阵列排布方式。

　　反射阵列天线设计的关键在于每个阵列单元的相位补偿量以及与单元相位调整大小之间的关系。利用式(5.8)及式(5.13)可以得出所有单元突出参考平面的高度 h_2 以及波导阵列单元的长度 h_1,分别用于补偿工作于 28 GHz 时的相位延迟和工作于 60 GHz 时的相位延迟。利用 Matlab 进行计算并设计出的反射阵面模型如图 5.54 所示。在设计过程中为了使反射阵面尽可能扁平,所占的空间应尽可能缩小,需要控制高度 h_2 和深度 h_1 在一个 2π 范围内进行变化,而不是随着补偿相位连续变化。这就导致阵列单元的尺寸在连续变换之后突然发生断裂。这从图 5.54 中可以非常明显地看出来,图中可明确分辨出有 5 次高度断裂,说明补偿的相位一共经历了大约 $5\times2\pi$ 范围的变化。

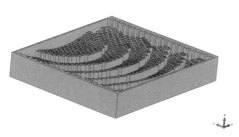

(a) 立体图 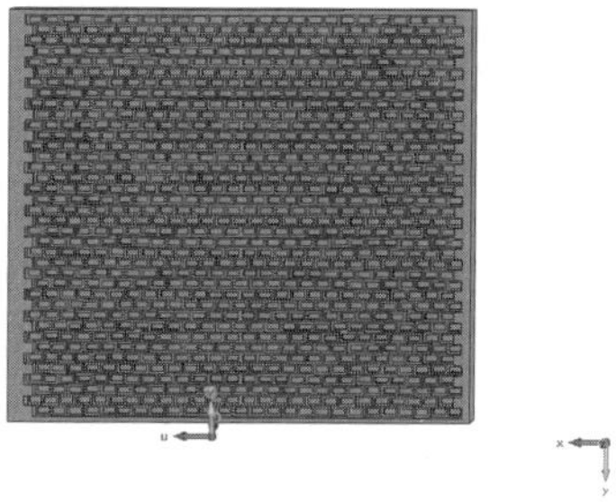　　　　　　　　　　　(b) 俯视图

图 5.54　全金属双频反射阵面设计模型

在得到全金属反射阵的模型后,需要确定馈源的安放位置及角度。首先是馈源口径面正对位置的确定。在前面的设计中,假定馈源正对反射阵面的正中心处,即坐标原点处。假设两个馈源喇叭口径面法向与水平面夹角为 θ_l 和 θ_h,如图 5.55 所示。

根据图中所示的几何关系,位于较低位置的 28 GHz 频段喇叭与水平面的夹角 θ_l 为 45°,而位于较高位置的 60 GHz 频段喇叭与水平面的夹角 θ_h 为 68°。

图 5.56 中展示了双频反射阵列天线在两个频段工作时整个天线的增益与各自喇叭安装倾斜角的关系。低频喇叭在 θ_l 为 35° ~ 55° 范围内,反射阵列天线增益呈上升趋势,但是增加的并不明显,尤其在 45° ~ 55° 范围内几乎没有变化。高频喇叭在 θ_h 为 55° ~ 80° 变化范围内,反射阵列增益先上升再下

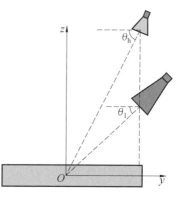

图 5.55　馈源喇叭安装模型设计

降,在 68° 附近达到峰值。经过比较,认为将 θ_l 定为 45°、θ_h 定为 68° 是合理的。

利用 CST Microwave Studio 软件进行仿真运算,得到的反射阵列天线在低频段 28 GHz 附近的反射系数 $|S_{11}|$ 如图 5.57 所示,图中显示在 22 ~ 40 GHz,$|S_{11}|$ 的数值都低于 -10 dB,基本在 -20 dB 左右,满足对反射系数的要求。说明在这一频段内,馈源的能量都能从天线发射出去。接着考察所设计的反射阵列天线的辐射方向图特性。

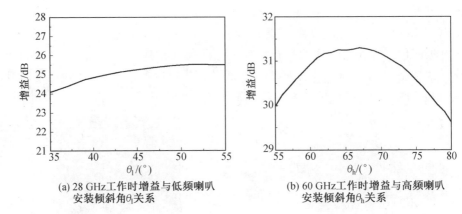

(a) 28 GHz工作时增益与低频喇叭
安装倾斜角θ_l关系

(b) 60 GHz工作时增益与高频喇叭
安装倾斜角θ_h关系

图 5.56　双频反射阵列在两频段工作时增益与喇叭安装倾斜角的关系

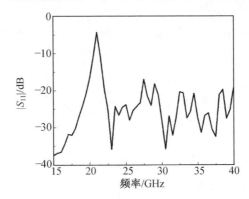

图 5.57　反射阵列天线低频 28 GHz 工作时反射系数仿真结果

　　图 5.58 和图 5.59 给出的就是本节所设计的全金属双频反射阵列天线在低频段 28 GHz 工作时的 E 面和 H 面方向图。方向图增益为 25.5 dB，E 面和 H 面的 3 dB 波束宽度分别为 6.7° 和 6.5°，而副瓣电平分别为 -15.4 dB 和 -20.3 dB，都能满足对副瓣电平的要求。

　　对于口径面天线，最大辐射方向上的有效面积 S_e 可由下式计算：

$$S_e = \frac{\lambda^2}{4\pi}G \tag{5.14}$$

　　对于反射面为 104 mm × 95 mm，波长为 10.7 mm 时工作下的该反射阵列天线，有效面积为 3 241.12 mm²，与实际面积的比值为天线的口面利用效率，计算结果为 32.8%，而仿真结果中天线的辐射效率为 99.6%。

　　当所设计的反射阵列天线工作于高频段 60 GHz 时，从图 5.60 中可以看出，在 50 ~ 75 GHz 频率范围内，天线的反射系数都小于 -10 dB，在 60 GHz 时达到了 -25 dB。

　　图 5.61、图 5.62 所显示的是反射阵列天线工作于高频段 60 GHz 时的 E 面

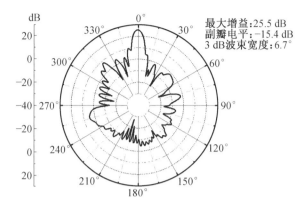

图 5.58　反射阵列天线低频 28 GHz 工作时的 E 面方向图

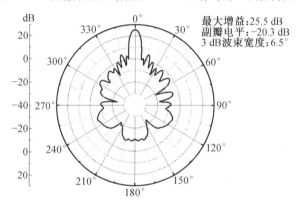

图 5.59　反射阵列天线低频 28 GHz 工作时的 H 面方向图

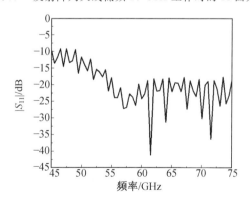

图 5.60　反射阵列天线高频 60 GHz 工作时反射系数仿真结果

和 H 面方向图,天线增益达到了 31.3 dB,E 面和 H 面方向图的 3 dB 波束宽度分别为 3.1° 和 2.8°,副瓣电平分别为 −22.8 dB 和 −24.8 dB,对主瓣的干扰几乎可以忽略不计。

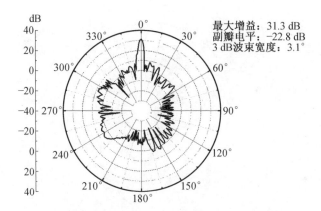

图 5.61　反射阵列天线高频 60 GHz 工作时的 E 面方向图

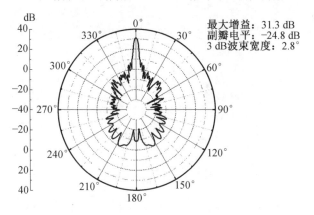

图 5.62　反射阵列天线高频 60 GHz 工作时的 H 面方向图

　　此时工作状态下的波长为 5 mm,利用式(5.14)可得到最大辐射方向上的有效辐射面积为 2 683.68 mm²,口径面实际尺寸为 104 mm×95 mm,这样得到了口面利用效率为 27.2%,在仿真结果中天线的辐射效率为 98.7%。

　　将全金属反射阵列的口面利用效率与贴片型反射阵列天线的口面利用效率进行比较,图 5.63 给出了一种利用传统方法设计的根据大小不同调整相位的反射阵列天线,该天线口面大小为 119 mm×116 mm,在介质板没有加上介质损耗的前提下,经过仿真并优化,工作频率 28 GHz 时增益为 26.8 dB,口面利用效率为 32%,与本节所设计的全金属型在口面利用效率上非常接近,但实际中利用贴片做出的反射阵面在高频时介质损耗会极为严重,这说明全金属型反射阵列天线虽然在口面利用效率上没有大幅改进,但是在高频工作实际辐射效率上还是会优于贴片型反射阵列天线。

　　反射阵列天线在低频段增益随频率变化在25～35 GHz内有两个增益峰值,如图5.64所示,其中在 28 GHz 达到了 25.5 dB,而在另一个峰值位置 32 GHz 处

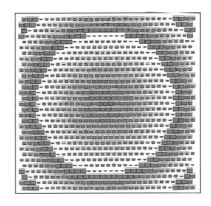

图 5.63　利用贴片大小补偿相位的反射阵列天线

增益有 25.82 dB。原因是对于补偿路径而言，随着频率的偏移，波长在变化，直到波长变化正好相差一个波长时，补偿的相位恰好又再次完全满足路径需求。与 28 GHz 最高增益值相比，方向图增益衰减 1 dB 的工作频率为 27 ～ 29 GHz，增益带宽为 2 GHz，如图 5.65 所示，反射阵列天线在高频段工作时增益随频率变化曲线在 50 ～ 70 GHz 频率范围内有一个峰值，出现在工作频率 60 GHz 处，方向图增益衰减 1 dB 的工作频率为 58 ～ 61.5 GHz，增益带宽为 3.5 GHz。

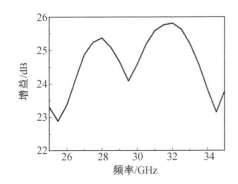

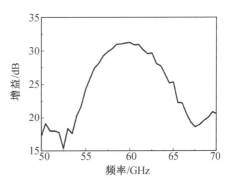

图 5.64　反射阵列天线在低频段增益随频率变化关系

图 5.65　反射阵列天线在高频段增益随频率变化关系

将馈源喇叭天线与反射阵面组装，并设计支撑架，如图 5.66 所示。

在本设计的最后，验证前面设计的横纵相错的阵列排布方式对本设计性能的提升程度。

图 5.68 是利用图 5.67 所示阵列单元非交错反射面在馈源完全不改变的情况下工作于 28 GHz 时的 E 面和 H 面方向图。首先比较增益，与阵列单元交错排布式相比，E 面方向图增益为 25.3 dB，减少了 0.2 dB，H 面方向图增益为 24.9 dB，减少了 0.6 dB。而在副瓣电平上，E 面为 -14.7 dB，高于 -15.4 dB，H

面为 -21.4 dB,低于 -20.3 dB。

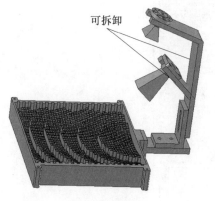

图 5.66　馈源反射阵列总体设计模型

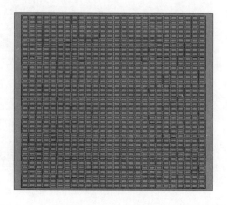

图 5.67　阵列单元非交错反射阵面设计模型

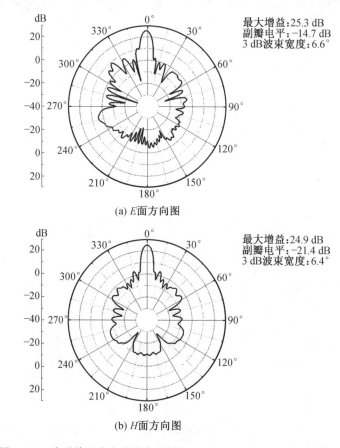

图 5.68　阵列单元非交错排布下低频 28 GHz 工作时的方向图

图 5.69 是该阵列工作于 60 GHz 时的 E 面和 H 面方向图。E 面方向图的增益有 31.1 dB,与阵列单元交错时相比,减少了 0.2 dB,而 H 面方向图的增益为 30.5 dB,减少了 0.8 dB。副瓣电平在 E 面和 H 面分别为 − 22.4 dB 和 − 24.0 dB,有略微的增大,由于副瓣电平非常低,变化基本可以忽略。

对比发现,采用阵列单元交错式排布比阵列单元非交错式排布在增益上有所提高,副瓣电平有所降低,但提升性能并不是特别显著。原因可能是,不管采用哪种方式,阵列单元间距都已经比较小,即使采用更紧密的结构对天线性能的提升也显得非常有限。即使这样,在进行此类阵列天线的设计时,在不会大幅提升设计难度的前提下,应优先选用阵列单元交错式排布的方式。

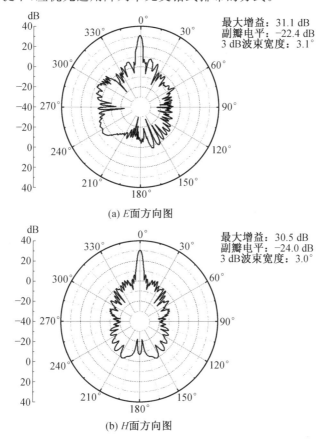

(a) E 面方向图

(b) H 面方向图

图 5.69　阵列单元非交错排布下高频 60 GHz 工作时的方向图

5.3.3　全金属双频反射阵列方向图理论验证

在 5.3.2 节内容中,设计了一种能够工作在 28 GHz 频段和 60 GHz 频段的全金属双频反射阵列天线,本节将从理论上解释所设计的反射阵列天线的整个辐射过程。现有一入射波斜入射进入波导口。波导口的内壁尺寸设为 $w_x \times w_y$,如图 5.70 所示。电磁波传导模式为 TE_{n0},基模为 TE_{10},而第二种模式 TE_{20} 由 w_y/w_x 决定,这两种模式的截止频率决定了只有基模传输时的工作带宽。

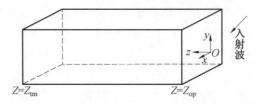

图 5.70 入射波斜入射进入波导示意图

假设波导的开口处为 $Z = Z_{\mathrm{op}}$,电磁波由此进入波导,并从此口处出射,底部短路处为 $Z = Z_{\mathrm{tm}}$,电磁波进入波导后在此被反射回去,这里假设电磁波进入波导后沿 $+z$ 方向传播,则在波导中传输的某种模式的波为

$$\begin{cases} \bar{E}_n = \hat{y} E_{0,n} \cos(k_{x,n}^w (x - x')) \, \mathrm{e}^{-\mathrm{j}k_{z,w}^n z} \\ \bar{H}_n = -\hat{x} \dfrac{E_{0,n}}{Z_{\mathrm{TE}}^n} \cos(k_{x,n}^w (x - x')) \, \mathrm{e}^{-\mathrm{j}k_{z,w}^n z} \end{cases} \tag{5.15}$$

式中　Z_{TE}^n——TE_{n0} 模式时波导的波阻抗;

　　　$E_{0,n}$——波导中传播电场的振幅;

　　　x'——波导开口中心点横坐标,且中心点为 $(x', y', Z_{\mathrm{op}})$;

　　　$k_{x,n}^w$——沿 x 轴方向的传播波数,并且 $k_{x,n}^w = \sqrt{k^2 - (k_{x,n}^2)^2}$。

假设平面波照射在波导开口处,则入射的波进入波导在波导口 $Z = Z_{\mathrm{op}}$ 处可被分解成上述两种 TE 模,如

$$\bar{E}_{\mathrm{inc}}^w = \sum_{n=1}^{2} \frac{\langle \bar{E}_{\mathrm{inc}}(\bar{r}), \bar{E}_n(\bar{r}) \rangle}{\langle \bar{E}_n(\bar{r}), \bar{E}_n(\bar{r}) \rangle} \bigg|_{Z = Z_{\mathrm{op}}} \bar{E}_n(\bar{r}) \tag{5.16a}$$

入射波 $\bar{E}_{\mathrm{inc}}(\bar{r})$ 给定为

$$\bar{E}_{\mathrm{inc}}(\bar{r}) = \hat{e}_i E_i^0 \mathrm{e}^{-\mathrm{j}\bar{k}_i \cdot \bar{r}} \tag{5.16b}$$

式中　$\bar{k}_i$——入射波的相移常数;

　　　$\hat{e}_i$——电场的单位向量;

　　　E_i^0——电场的幅度。

这样就可以得到第 n 个阵列单元在波导口面的入射电场为

$$\bar{E}_{\mathrm{inc},n}^w(\bar{r}) = \hat{y} ((\hat{e}_i \hat{y}) E_i^0 \mathrm{e}^{-\mathrm{j}\bar{k}_i \cdot \bar{r}_{\mathrm{op}}} \mathrm{e}^{-\mathrm{j}k_{z,n}^w Z_{\mathrm{op}}}) F_n(k_x^i, k_y^i) \cdot \cos(k_{x,n}^w (x - x')) \mathrm{e}^{\mathrm{j}k_{z,n}^r z} \tag{5.17}$$

在式(5.17)中 $\bar{r}_{\mathrm{op}} = (x, y', Z_{\mathrm{op}})$,而 $F_n(k_x, k_y)$ 规定为

$$F_n(k_x, k_y) = \left(\sin c \left(\frac{(k_x - k_{x,n}^w) w_x}{2} \right) + \sin c \left(\frac{(k_y - k_{y,n}^w) w_y}{2} \right) \right) \cdot \sin c \left(\frac{k_y w_y}{2} \right)$$

$$(5.18)$$

在此需要特别说明的是,仅仅基模 $\bar{E}_{\mathrm{inc},1}^1$ 能够进入波导经由底部反射回来,而另一种模式会直接从开口处被反射。进入波导后再反射的过程可用反射系数 Γ_{tot}^n 来描述,反射系数将只改变各个单元反射回来的相位,起到相位补偿的作用。

$$\Gamma_{\mathrm{tot}}^n(Z = Z_{\mathrm{op}}) = \frac{\Gamma_n - \mathrm{e}^{-\mathrm{j}2k_{z,n}^w(Z_{\mathrm{op}} - Z_{\mathrm{tm}})}}{1 - \Gamma_n \mathrm{e}^{-\mathrm{j}2k_{z,n}^w(Z_{\mathrm{op}} - Z_{\mathrm{tm}})}} \tag{5.19}$$

而其中的 Γ_n 为

$$\Gamma_n = \frac{Z_{\mathrm{TE}}^n - Z_0}{Z_{\mathrm{TE}}^n + Z_0} \tag{5.20}$$

因而反射场可表示为

$$\bar{E}_{\mathrm{refl}}^n(\bar{r}_{\mathrm{op}}) = \sum_{n=1}^{2} \bar{E}_{\mathrm{inc},n}^w(\bar{r}_{\mathrm{op}}) \cdot \Gamma_{\mathrm{tot}}^n(Z = Z_{\mathrm{op}}) \tag{5.21}$$

反射场与入射场叠加可得到总的出射场为

$$\bar{E}_{\mathrm{op}}(\bar{r}_{\mathrm{op}}) = \sum_{n=1}^{2} \bar{E}_{\mathrm{inc},n}^w(\bar{r}_{\mathrm{op}}) \cdot (1 + \Gamma_{\mathrm{tot}}^n(Z = Z_{\mathrm{op}})) \tag{5.22}$$

类似地,可得到磁场在波导开口处的出射场为

$$\bar{H}_{\mathrm{ap}}(\bar{r}_{\mathrm{ap}}) = \sum_{n=1}^{2} \bar{H}_{\mathrm{inc},n}^w(\bar{r}_{\mathrm{op}}) \cdot (-\Gamma_{\mathrm{tot}}^n(Z = Z_{\mathrm{op}}) + 1) \tag{5.23}$$

由等效原理,通过上述波导开口处的电场 $\bar{E}_{\mathrm{op}}(\bar{r}_{\mathrm{op}})$ 和磁场 $\bar{H}_{\mathrm{ap}}(\bar{r}_{\mathrm{ap}})$,可得到波导开口处的表面电流密度 $\bar{J}(\bar{r}_{\mathrm{op}})$ 和表面磁流密度 $\bar{M}_{\mathrm{op}}(\bar{r}_{\mathrm{op}})$ 为

$$\begin{cases} \bar{J}(\bar{r}_{\mathrm{op}}) = \hat{z} \times \bar{H}_{\mathrm{op}}(\bar{r}_{\mathrm{op}}) \\ \bar{M}_{\mathrm{op}}(\bar{r}_{\mathrm{op}}) = \bar{E}_{\mathrm{op}}(\bar{r}_{\mathrm{op}}) \times \hat{z} \end{cases} \tag{5.24}$$

由表面电流密度和表面磁流密度可知该波导口径面在远场位置 $\bar{r}$ 处产生的远场是

$$\bar{E}_{\mathrm{scat}}^{\mathrm{ele}}(\bar{r}) = \frac{\mathrm{j}k\mathrm{e}^{-\mathrm{j}kr}}{4\pi r} \left(Z_0 \hat{r} \times \hat{r} \times \iint_{S_{\mathrm{op}}} \bar{J}(\bar{r}_{\mathrm{ap}}) \mathrm{e}^{\mathrm{j}\bar{k}_s \cdot \bar{r}_{\mathrm{op}}} \mathrm{d}s + \right.$$

$$\left. \hat{r} \times \iint_{S_{\mathrm{rec}}} \bar{M}(\bar{r}_{\mathrm{op}}) \mathrm{e}^{\mathrm{j}\bar{k} \cdot \bar{r}_{\mathrm{op}}} \mathrm{d}s \right) \tag{5.25}$$

式中　S_{op}——不包含金属壁的波导口面面积;

　　　S_{rec}——包含金属壁的波导口面面积;

　　　$\bar{k}_s$——电磁波出射相移常数。

将相关变量代入式(5.25),可得到其表达式为

$$\bar{E}_{\text{scat}}^{\text{ele}}(\bar{r}) = \frac{w_x w_y}{2} \frac{jk e^{-jke^{-jkr}}}{4\pi r} e^{j\bar{k}_s \cdot \bar{r}_{\text{op}}} \sum_{n=1}^{2} \{[\bar{E}_{\text{inc}}(\bar{r}_{\text{op}}) \cdot \bar{\bar{G}}_E(\varGamma_{\text{tot}}^n + 1) +$$

$$Z_0 \bar{H}_{\text{inc}}(\bar{r}_{\text{op}}) \cdot \bar{\bar{G}}_H(\varGamma_{\text{tot}}^n - 1)] \cdot F_n(k_x^i, k_y^i) F_n(k_x^s, k_y^s)\} \quad (5.26)$$

其中,$\bar{\bar{G}}_E$ 和 $\bar{\bar{G}}_H$ 的表达式如下:

$$\begin{cases} \bar{\bar{G}}_E = \hat{y}(\hat{\theta}\sin\varphi + \hat{\varphi}\cos\theta\cos\varphi) \\ \bar{\bar{G}}_H = \hat{x}(\hat{\theta}\cos\theta\sin\varphi + \hat{\varphi}\cos\varphi) \end{cases} \quad (5.27)$$

假设将整个阵列天线的参考平面设为 $z=0$,此时波导的开口处中心位置为 $\bar{r}_\tau = (x', y', 0)$,则式(5.26)可进一步表述为

$$\bar{E}_{\text{scat}}^{\text{ele}}(\bar{r}) = \frac{w_x w_y}{2} \frac{jk e^{-jk} e^{-jr} e^{j\bar{k}_s \cdot \bar{r}_\tau}}{4\pi r} \sum_{n=1}^{2} \{[\bar{E}_{\text{inc}}(\bar{r}_\tau) \cdot \bar{\bar{G}}_E(\varGamma_{\text{tot}}^n + 1) +$$

$$Z_0 \bar{H}_{\text{inc}}(\bar{r}_\tau) \cdot \bar{\bar{G}}_H(\varGamma_{\text{tot}}^n - 1)] \cdot F_n(k_x^i, k_y^i) F_n(k_x^s, k_y^s)\} e^{j(k_z^s - k_z^i)Z_{\text{op}}}$$

$$(5.28)$$

在本节中要实现双频工作,其中较低的频率在基模的截止频率以下,而较高的频率设置在 TE_{10} 模和 TE_{20} 模的截止频率之间,由式(5.28)可知每个单元所补偿相位的不同主要由 $\varGamma_{\text{tot}}^n$ 和 Z_{op} 这两个参量来决定。两个频率工作的不同可由反射系数 $\varGamma_{\text{tot}}^n$ 来体现,如若电磁波能够穿透进入波导,则

$$\varGamma_{\text{tot}}^n \pm 1 = \frac{2(\varGamma_n \pm 1) e^{-jk_{z,n}^w(Z_{\text{op}} - Z_{\text{tm}})}}{1 - \varGamma_n e^{-2k_{z,n}^w(Z_{\text{op}} - Z_{\text{tm}})}} \begin{pmatrix} j\sin(k_{z,n}^w(Z_{\text{op}} - Z_{\text{tm}})) \\ \cos(k_{z,n}^w(Z_{\text{op}} - Z_{\text{tm}})) \end{pmatrix} \quad (5.29)$$

公式中显示相位变化为 $-jk_{z,n}^w(Z_{\text{op}} - Z_{\text{tm}})$,此外正弦或者余弦函数也对相位变化量有一定影响,如果 $|\varGamma_n| \ll 1$,则相位变化量近似为 $-2jk_{z,n}^w(Z_{\text{op}} - Z_{\text{tm}})$,但是如果传输频率低于基模截止频率,则电磁波直接由波导口面直接反射,此时 $(k_{z,n}^w)^2 < 0$,导致式(5.19)中的指数项为 0,这样就得到

$$\varGamma_{\text{tot}}^n \pm 1 = \varGamma_n \pm 1 = \frac{2}{Z_{\text{TE}}^n + Z_0} \begin{pmatrix} Z_{\text{TE}}^n \\ -Z_0 \end{pmatrix} \quad (5.30)$$

整个天线阵列在远场 $\bar{r}$ 处所产生的场可由各个天线阵列单元在远场 $\bar{r}$ 处所产生的场叠加而成,如图5.71所示,所得的远区场设为 $\bar{E}_{\text{net}}$,参数 N_x 与 N_y 分别是阵列单元沿 x 轴方向的阵元数目以及沿 y 方向的阵元数目。

$$\bar{E}_{\text{net}}(\bar{r}) = \sum_{n_x=1}^{N_x} \sum_{n_y=1}^{N_y} \bar{E}_{n_x n_y}^{\text{ele}}(\bar{r}) \quad (5.31)$$

在做整体计算时,入射波将由馈源的远场波所代替。馈源所产生的远场如

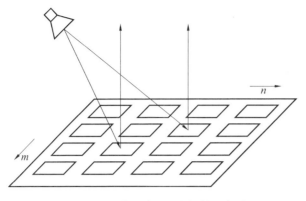

图 5.71　阵列单元正向辐射示意图

下,其中 $\bar{r}_f(r_f,\theta_f,\varphi_f)$ 是以馈源所在位置处为原点的球坐标系中的点。

$$\begin{cases} \bar{E}_f(\bar{r}_f) = \dfrac{\mathrm{e}^{-jkr_f}}{r_f}\bar{F}(\hat{f}_f) \\[2mm] \bar{H}_f(\bar{r}_f) = \hat{r}_f \times \bar{E}_f(\bar{r}_f)/Z_0 \end{cases} \tag{5.32}$$

将馈源的远场表达式以及单个馈源在远场所产生的场代入天线阵列的远场叠加表达式,可得到最终的阵列天线远场为式(5.32),在这里,$\bar{r}_f = \bar{l}_{n_x n_y}$,而 (k_x^i,k_x^s) 和 (k_y^i,k_y^s) 分别为 $k(\hat{l}_{n_x n_y},\hat{r})$ 的 x 方向和 y 方向分量。

$$\bar{E}_{net}(\bar{r}) = \sum_{n_x=1}^{N_x}\sum_{n_y=1}^{N_y}\left\{\frac{w_x w_y}{2}\frac{jk\mathrm{e}^{-jkr}\mathrm{e}^{jk_s\cdot\bar{r}_{n_x n_y}}}{4\pi r}\mathrm{e}^{j(k_z^s-k_z^i)Z_{op}^{n_x n_y}}\frac{\mathrm{e}^{-jkl_{n_x n_y}}}{l_{n_x n_y}}\hat{F}_{inc}(\hat{l}_{n_x n_y})\cdot \right.$$

$$\left. \sum_{n=1}^{2}\left[(\bar{G}_E(\Gamma_{tot}^n+1)-(\hat{l}_{n_x n_y}\times\bar{G}_H)(\Gamma_{tot}^n-1))F_n(k_x^i,k_y^i)F_n(k_x^s,k_y^s)\right]\right\}$$

$$\tag{5.33}$$

通过这样一个过程就能清晰地了解整个整列天线的辐射过程,并且得出天线远区辐射场的计算方法。整个算法的计算思路在图 5.72 中进行了总结。

在理论推算中,需要将馈源的远场代入公式进行计算。在此设计中使用了喇叭作为馈源天线,对于一般简单馈源天线可以利用 $(\cos\theta)^{q_1}$ 和 $(\cos\theta)^{q_2}$ 作为馈源喇叭的 E 面和 H 面方向图的拟合函数,给出以正 z 方向为最大辐射方向的馈源,在 θ 变化范围为 $-90°\sim+90°$ 内的辐射强度。在进行拟合时,为了对比方便,需要首先将仿真的方向图进行归一化操作。经过反复对比,符合馈源喇叭辐射方向图的 q_1 和 q_2 的值如表 5.5 所示。

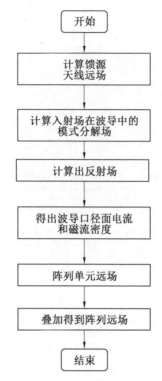

图 5.72　发射阵列天线远场辐射计算算法框图

表 5.5　拟合馈源天线所用的 q_1 和 q_2 的值

频率 /GHz	q_1（E 面）	q_2（H 面）
28	14	6
60	24	15

　　根据表 5.5 中所示的相应的 q_1 和 q_2 的值，画出函数与实际馈源喇叭仿真结果的归一化 E 面和 H 面方向图进行对比。其中 28 GHz 频段馈源喇叭的对比结果如图 5.73 所示。而 60 GHz 频段馈源喇叭的对比结果在图 5.74 中进行显示。

　　由拟合函数与所设计的喇叭天线的方向图对比可以看出，两者在 $-90°\sim +90°$ 范围内确实能够比较好地吻合。证明用以余弦函数为底的幂函数来拟合并代表角锥喇叭的方向图函数是恰当有效的。

　　在这里确定了两个馈源喇叭的拟合函数的具体形式之后，就能进一步计算整个阵列天线的远场辐射方向图。

　　利用 5.3.2 节关于阵列天线远场辐射的理论推导过程和算法编写程序，计算在第 3 章所设计的全金属双频反射阵列天线 E 面和 H 面方向图，并且与模型仿

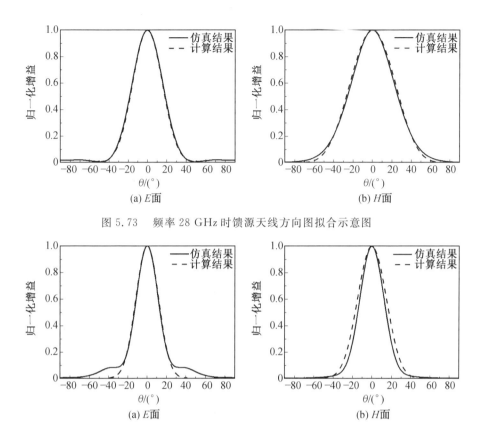

图 5.73　频率 28 GHz 时馈源天线方向图拟合示意图

图 5.74　频率 60 GHz 时馈源天线方向图拟合示意图

真结果进行比较,当反射阵列天线工作在 28 GHz 频段时,比较的结果在图 5.75 中显示。当反射阵列天线工作于 60 GHz 频段时,计算结果与模型仿真结果比较则在图 5.76 中显示。在进行方向图比较时,为了比较波束宽度计算的符合程度,进行了补偿处理,使得由算法计算的最大值与模型仿真最大值一致。从图 5.75

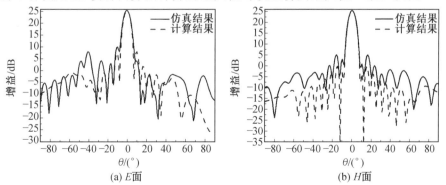

图 5.75　反射阵列天线工作于 28 GHz 时 PO 算法计算结果与模型仿真结果比较

的结果可以看到,在 28 GHz 时,由理论计算的 E 面和 H 面的方向图主瓣都能很好地吻合仿真结果,但是副瓣电平与仿真结果相差比较大。但是因为副瓣电平在设计中不是主要考虑因素,因而综合来看,计算结果的准确性比较高,这就证明了理论推导的正确性。

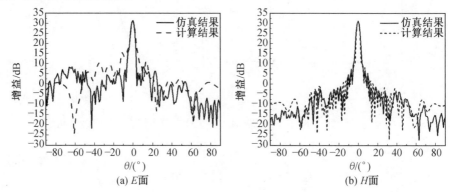

图 5.76　反射阵列天线工作于 60 GHz 时 PO 算法计算结果与模型仿真结果比较

从图 5.76 中的 60 GHz 的计算结果与仿真结果来看,主瓣也吻合得很好,但是副瓣电平差距比较大,尤其是 E 面方向图。将主瓣视为主要因素,副瓣电平视为次要因素,可知在 60 GHz 时的辐射理论算法也是比较准确的。

5.4　本章小结

本章对双频反射阵列单元结构设计及其相移特性分析进行了详细的介绍,提出了在高频单元之间增加固定环的方法来抑制两个频率单元之间的相互耦合,并获得了良好的带宽性能;接着根据设计的双频微带反射阵列天线设计了可用于高频段 Ka 波段和低频段 Ku 波段的两个馈源天线,并使用 Python 对这两个馈源天线进行建模,获得了符合设计要求的结果;最后从理论上推导了整个反射阵列天线辐射场的计算过程并给出了计算的算法。

本章参考文献

[1] BERRY D, MALECH R, KENNEDY W. The reflectarray antenna[J]. IEEE Transactions on Antennas and Propagation, 1963, 11(6): 645-651.

[2] PHELAN H. Spiraphase reflectarray for multitarget radar[J]. Microwave Journal, 1977, 20: 67-68.

[3] NAYERI P，YANG F，ELSHERBENI A Z. Bifocal design and aperture phase optimizations of reflectarray antennas for wide-angle beam scanning performance[J]. IEEE Transactions on Antennas and Propagation，2013，61(9)：4588-4597.

[4] REN J J，MENZEL W. Dual-frequency folded reflectarray antenna[J]. IEEE Antennas and Wireless Propagation Letters，2013，12：1216-1219，

[5] CHAMAANI S，MAHMOODI M. Broadband，low-cost and low cross-polarisation dual linearly polarised reflectarray antenna[J]. IET Microwaves，Antennas & Propagation，2016，10(9)：917-925.

[6] SHAMSAEE M R，ABBASI A B. Dual-band orthogonally polarized single-layer reflectarray antenna[J]. IEEE Transactions on Antennas and Propagation，2017，65(11)：6145-6150.

[7] TAYEBI A，TANG J，PALADHI P R，et al. Dynamic beam shaping using a dual-band electronically tunable reflectarray antenna[J]. IEEE Transactions on Antennas and Propagation，2015，63(10)：4534-4539.

[8] 邓如渊，杨帆，许慎恒，等. 一种带有频选结构的双频圆极化平面反射阵天线：CN106099341B[P]. 2019-01-15.

[9] 薛飞，王宏建，易敏，等. 一种 X/Ku 频段双频双极化微带平板反射阵列天线：CN105356066A[P]. 2016-02-24.

[10] 薛飞，王宏建，董兴超. 一种基于双方环单元的单层双频微带反射阵列天线：CN105826694B[P]. 2019-05-17.

[11] 王泉. 宽/双频和变极化反射阵天线的关键技术研究[D]. 成都：电子科技大学，2016.

[12] NAYERI P，YANG F，ELSHERBENI A Z. Bifocal design and aperture phase optimizations of reflectarray antennas for wide-angle beam scanning performance[J]. IEEE Transactions on Antennas and Propagation，2013，61(9)：4588-4597.

[13] CARRASCO E，ENCINAR J A，BARBA M. Bandwidth improvement in large reflectarrays by using true-time delay[J]. IEEE Transactions on Antennas and Propagation，2008，56(8)：2496-2503.

第6章

多极化反射阵列天线

6.1 引 言

针对复杂的气候及电磁环境,单一线极化反射阵列天线难以满足如卫星通信、雷达侦测、成像等系统的要求。为了提高发射、接收天线间的极化效率,需要设计多极化的反射阵列天线。常见的多极化反射阵列天线包括双线极化、双圆极化以及线极化转圆极化反射阵列天线等。本章介绍了三种典型多极化反射阵列天线案例:双线极化反射阵列天线、双圆极化反射阵列天线以及极化转换反射阵列天线[1-3]。从各反射阵列天线的原理分析、单元模型建模、反射阵列的构建以及仿真结果分析等方面,详细介绍了多极化反射阵列天线的设计流程。

6.2 双线极化反射阵列天线

本节首先对一些比较基础的反射阵列理论进行了分析,包括性能指标口径利用效率和基本尺寸参数焦径比,以及全金属反射阵列阵元参数的计算方法与数学模型。随后给出了所采用的十字形波导反射阵列单元的仿真方法与尺寸参数的确定,并采用编写 VBS 代码的方式对反射阵列进行了模型构建。最后给出了基于十字形波导单元的双频多极化全金属反射阵列的仿真结果。

6.2.1　反射阵列的效率

反射阵列的整体尺寸参数对反射阵列的口径利用效率(aperture efficiency)有着关键性的影响,为了获得较高的效率,需要根据阵列馈电方式对反射阵列焦径比进行合理的设定。

口面利用效率表征反射阵列实际达到的增益与在理想情况下可以达到的最大增益的比值。设有有效口径辐射面积为 S 的反射阵列,其理想情况最大增益与实际增益公式为

$$\begin{cases} G_t = \dfrac{4\pi S}{\lambda^2} \\ G_r = \dfrac{4\pi S}{\lambda^2} \eta_a \end{cases} \tag{6.1}$$

口径利用效率 η_a 可以表示为

$$\eta_a = \frac{G_r}{G_t} = \frac{G_r}{4\pi S / \lambda^2} \tag{6.2}$$

暂不考虑各种损耗因素,口径利用效率 η_a 可以定义为溢出效率(spillover efficiency)η_s 和渐削效率(taper efficiency)η_t 的乘积,即 $\eta_a = \eta_s \eta_t$。溢出效率可以定义为,反射阵列口径截获馈源辐射功率的百分比,渐削效率可以简单理解为反射面收到馈源照射的幅度不均一性和反射阵列单元相位补偿的不准确性导致的增益下降(由于不考虑损耗,此处增益等于方向性系数)。

如果暂时排除单元相位补偿准确性的因素,只考虑馈源对反射阵列照射的溢出和幅度分布情况两个部分,则对于特定馈电形式的反射阵列(正馈或者偏馈)的口面利用效率主要受到焦径比和馈源方向图两大因素的影响。以偏馈式为例,考虑两种情况:其一,在保持特定焦径比的情况下,提高馈源天线增益,溢出效率会不断升高,渐削效率则会不断降低,而整体口径利用效率会先升高,达到一个峰值后再降低;其二,在保持特定馈源增益的情况下,提高反射阵列焦增益,溢出效率会不断降低,渐削效率则会不断升高,而整体口径利用效率同样会先升高,达到一个峰值后再降低。换句话说,为了获得最佳口径利用效率,不同的焦径比取值都会对应一个馈源增益的最优解,而且取值较大的焦径比需要对应更高的馈源增益。

对于偏馈式(off-set)双频波导单元全金属反射阵列,为了获得更高的口径利用效率,需要结合以上基本结论和具体反射阵列特性,具体可以主要从以下几个方面考虑。

1. 尝试使用更大的焦径比(F/D)与更高的馈源增益

对于全金属反射阵列要尽量避免馈源大角度入射,原因有以下两点:全金属反射阵列表面并非真正意义上的平面,反射阵列单元的高低落差会使部分单元

处于馈源照射的阴影区域，导致受到遮挡的单元无法良好地收到照射并进行相位补偿；对全金属波导单元的斜入射可能会严重影响相位补偿的准确度，而基于不同情况斜入射的针对性修正则会带来巨大的工作量，将难以进行。而更大的焦径比可以减少以上两种不良影响，从而提高口面利用效率。

此外，增加焦径比可以使馈源发出的电磁波到达反射面不同位置处的距离区域一致，从而获得更接近幅度分布均匀的平面波，提高渐削效率。与此同时，为了保证溢出效率足够高，馈源需要更窄的波束、更高的增益。但是，馈源喇叭增益过高一般也就意味着天线口径更大，所以需要选取合理的焦径比和馈源增益。

2. 反射阵面形状的选择

对于矩形轮廓的侧馈反射阵列，馈源照射能量的集中区域为一个椭圆形（例如可以根据功率面密度定义一个 −3 dB 区域），这导致除能量集中区域之外的边角处并没有接收到足够的照射，从而对反射阵列整体增益加成作用不明显，但是该部分面积还是被代入口径利用效率公式的分母中进行了计算，导致效率过低。以上过程同样也可以解释为边角区域与中心区域呈现出悬殊的受照射幅度，呈现出照射强度的高度不均匀性，导致渐削效率恶化。

很多文献在设计反射阵列时将辐射单元限定在一个圆形，可能某种程度上也是基于提高口径利用效率数据的考虑。但是如果没有实际应用中对反射阵列形状的要求，如此设定意义不大，还会增加加工步骤。假如对一个矩形反射阵列进行边角切除使其接近圆形或椭圆形，渐削效率提高比例将会大于溢出效率的缩减比例，从而导致整体反射阵列口面利用效率获得可观的提升。而实际上的影响不仅如此，在口面利用效率提高的同时，反射阵列整体增益会下降，后瓣电平也会上升，反射阵列结构所占空间可能并没有实际减小。

3. 馈源波束指向

最常规的设计是：馈源最大辐射方向指向馈源对反射面张角的角平分线处，然而该设计并不能获得最优的口面利用效率和增益。馈源最大辐射方向指向最优解往往在一个特定的直线上，位于馈源对反射面张角的角平分线与馈源坐标和反射阵列正中心连线之间。

以上因素较为复杂，关于反射阵列单元大角度入射时的恶化影响难以量化分析，而且还要考虑馈源尺寸，所以很难通过解析法确定最优参数。但是可以根据以上规律通过仿真的方式进行优化，确定一组较优的参数。具体方式为设计一组相同尺寸但焦径比不同的反射阵列，找出每一个焦径比取值对应的最佳馈源增益并获得口面利用效率值，从而最终获得最佳焦径比。该过程需要巨大的工作量。

综合考虑口径利用效率和馈源尺寸的因素，并且对全金属反射阵列进行大量仿真优化,最终反射阵列焦径比暂定为 1,馈源增益暂定为 17 dB。

6.2.2　波导单元高度与深度的计算

波导单元全金属反射阵列的相位补偿机制与微带反射阵列略有不同。对于低频辐射,由于频率低于波导截止频率,电磁波无法进入波导内部,直接在端口反射,所以可以通过调整波导高度来是实现相位补偿,所构建的反射阵面形式对于低频而言相当于高低不平的金属柱体。对于高频,由于频率高于波导截止频率,电磁波会进入波导内部经历一段相位延迟后再产生反射,所以高频相位补偿是波导高度带来的相位调整和波导内部额外相位延迟的叠加。

在构建双频全金属反射阵列时首先需要考虑低频相位补偿,也就是波导高度的确定,该步骤可直接使用物理光学法模型完成计算[4]。图 6.1 给出了波导参数的计算模型示意图。

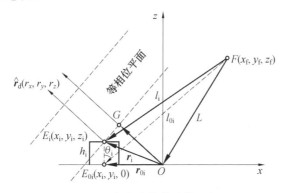

图 6.1　双频相位补偿计算示意图

为了简化几何模型,首先假设坐标原点 O 处的波导单元高度为 0。设馈源位置点 F 坐标为 (x_f, y_f, z_f),待求波导单元顶部的中心点 E_i 坐标为 (x_i, y_i, h_i),顶部中心点在参考平面的投影点 E_{0i} 坐标为 $(x_i, y_i, 0)$,波束方向单位向量为 $\hat{r}_d = (r_x, r_y, r_z)$。则有关系式

$$|FO| + |OG| = |FE_i| + p\lambda_{LF} \tag{6.3}$$

式中　　λ_{LF}——低频自由空间波长;

　　　　p——正整数。

式(6.3)的物理意义是:馈源辐射的电磁波分别经阵列中心单元和待求高度单元反射后到达任意预设等相位平面,若这两条路径的波程差为低频波长的整数倍,则可以使波束方向达到预期设定。式(6.3)可以表示为

$$L + r_i \cdot \hat{r}_d = l_i + p\lambda_{LF} \tag{6.4}$$

为了简化计算,对 l_i 可近似替代为

$$l_i = l_{0i} - h_i \cos\theta_i \tag{6.5}$$

将式(6.4)代入式(6.5),并将 r_i 拆分为 r_{0i} 和 $(0, 0, h_i)$,可以得到 h_i 的表达式为

$$h_i = \frac{l_{0i} - L - \boldsymbol{r}_{0i} \cdot \hat{\boldsymbol{r}}_d + p\lambda_{LF}}{r_z + \cos\theta_i} \tag{6.6}$$

式(6.6)中 p 的取值应使 h_i 尽可能小。通过以上计算便可以求得满足要求的一组波导高度数据。

与 60 GHz 相位补偿相关的波导深度数据的获取则需要先求解每个波导单元顶部需要的相位补偿。设所需相位补偿为 φ_i，则 φ_i 可以表示为

$$\varphi_i = k_{HF}(L + \boldsymbol{r}_i \cdot \hat{\boldsymbol{r}}_{d,HF} - l_i) + 2q\pi \tag{6.7}$$

式中　　k_{HF}——高频自由空间波数；

　　　　$\hat{\boldsymbol{r}}_{d,HF}$——高频波束方向。

q 为整数，取值可使 φ_i 在 -2π 到 0 之间。按照式(6.7)即可求出一组高频所需的相位延迟数据，结合仿真即可获得波导深度。

需要说明的是，以上计算的前提条件是采用相同的高低频馈源坐标，如果采用双馈源，只需要替换式(6.7)中的低频馈源坐标影响的参数即可。另外，以上方法得出高低频高度深度数据矩阵并非唯一解，如需调整阵列参数整体分布，只需根据需求在编程时分别在高低频计算公式中额外加入固定调整相位即可。

6.2.3　十字形波导单元的设计仿真

反射阵列单元采用封底的十字形波导，如图 6.2 所示。合理的结构尺寸比例可以保证包含波导壁厚的十字形波导结构铺满整个平面。在此基础上调整波导截面尺寸，可以使其基模截止频率高于 28 GHz 并且低于 60 GHz，从而 28 GHz 入射波无法传播进波导内部，直接在波导口处产生反射波，而 60 GHz 入射波可以进入波导内部传输并在底部反射，并在波导口处产生反射波，同时获得一部分额外相移。

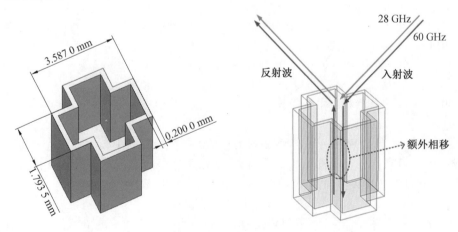

图 6.2　十字形波导单元

为了实现上述目标,首先需要对不封底式十字形波导进行仿真以获得十字形波导的基本尺寸参数。仿真使用 CST MWS 中的 Floquet 边界无限阵列法进行求解,不封底式十字形波导结构及其 Floquet 端口与边界设置如图 6.3(a) 所示。通过优化使不封底式十字形波导在 28 GHz 呈现全反射,在 60 GHz 呈现全透射,并使截止频率接近 60 GHz,从而在满足上述条件的基础上使反射阵列单元保持较小的单元尺寸,有利于 60 GHz 反射阵列的栅瓣控制。十字形波导单元优化后的尺寸在图 6.2 中给出,其反射系数和传输系数仿真结果如图 6.4 所示,可以看出十字形波导单元的截止频率在 55 GHz 左右,60 GHz 的反射系数为 -42.81 dB。

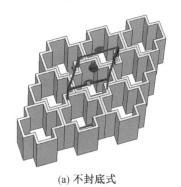 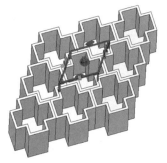

(a) 不封底式　　　　　　　　　　　　　　　(b) 封底式

图 6.3　十字形波导

　　60 GHz 的相移 $-$ 波导深度关系曲线则需要由封底的十字形波导结构仿真获得。仿真同样使用 CST MWS 中的 Floquet 边界无限阵列法进行求解,封底式十字形波导结构及其 Floquet 端口与边界设置如图 6.3(b) 所示。将上述不封底式十字形波导的尺寸变量优化结果应用于封底的十字形波导结构,并在此基础上调整波导单元深度,记录不同深度对应的 60 GHz 反射系数相位。图 6.4 给出了不同波导深度对应相位延迟的仿真结果离散值与通过 Matlab 获得的拟合曲线。图中所有相位延迟数据均减去了反射造成的 180° 相位扭转,可以看出深度为零的波导单元产生的相位延迟同样为零,相位延迟与波导深度基本呈现线性的关系。

　　图 6.5 给出了十字形波导单元的传输模式和纵向 E 场能量分布图,纵向 E 场能量分布图给出了 60 GHz 电磁波在十字形波导结构中的入射传输与底部反射形成的驻波形式,通过 E 场能量图中的驻波个数也可以近似估算单元产生的相位延迟。

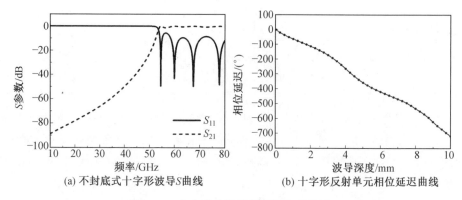

(a) 不封底式十字形波导S曲线　　(b) 十字形反射单元相位延迟曲线

图 6.4　十字形波导单元性能仿真结果

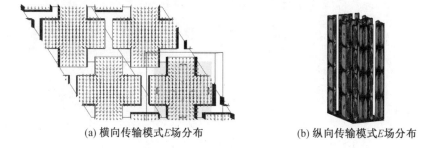

(a) 横向传输模式E场分布　　　　(b) 纵向传输模式E场分布

图 6.5　十字形波导单元的电场图

6.2.4　全金属反射阵列的构建

　　构建反射阵列模型首先需要预设阵列规模、馈源坐标、反射阵列波束指向等基本参数。可获得十字形波导单元顶部坐标矩阵(z 轴方向坐标),也就是波导高度矩阵。随后,在此基础上通过理论公式得出 60 GHz 所需要的额外相位延迟,再对应图 6.4 中的波导深度－相位延迟拟合函数曲线即可获得波导深度矩阵。最后用高度矩阵减去深度矩阵即可算出波导底部坐标矩阵。根据波导单元顶部和底部坐标矩阵,使用 Matlab 生成相应的 VBS 脚本导入到仿真软件 CST MWS 中运行,即可实现反射阵列建模。

　　反射阵列基本参数示意图如图 6.6 所示。所设计的双频多极化全金属反射阵列由 37×49 个十字形波导单元组成,整体尺寸 $D_x × D_y$ 约为 134.5 mm×132.7 mm,阵列中心位于坐标原点,馈源坐标为(81 mm,0 mm,133 mm),预设波束指向向量为(−0.6,0,1),与 z 轴间夹角 $α$ 为 30.96°,焦径比约为 1。设行指向沿 y 轴方向,列指向沿 x 轴方向,相邻列中的阵元中心 x 轴坐标呈现交错式排列。

　　图 6.7 给出了反射阵列波导单元的顶部(高度)坐标和底部坐标矩阵。图

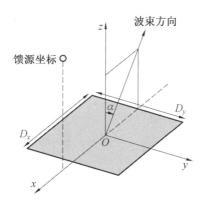

图 6.6　　反射阵列基本参数示意图

6.8 给出了反射阵列模型图,图 6.9 给出了模型俯视图与局部视图,可以清晰地看出十字形波导单元排列方式的交错方向。

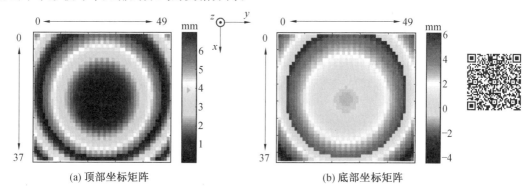

(a) 顶部坐标矩阵　　　　　　　　　　　　　　(b) 底部坐标矩阵

图 6.7　　反射阵列十字形波导单元的顶部坐标与底部坐标矩阵

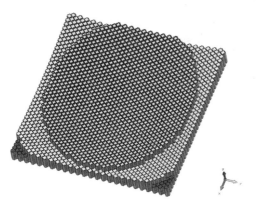

图 6.8　　双频多极化全金属反射阵列结构

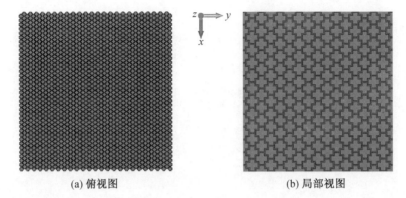

(a) 俯视图   (b) 局部视图

图 6.9　俯视图与局部视图

6.2.5　双频多极化全金属反射阵列仿真结果

仿真使用 CST MWS 中基于快速多极子算法的积分方程求解器（integral equation solver）。为了排除其他干扰因素而只验证全金属反射阵列的辐射性能，同时简化运算量，采用同轴波纹喇叭的仿真结果作为远场源（farfield source）等效，对反射阵列进行照射。远场源设置如图 6.10 所示。

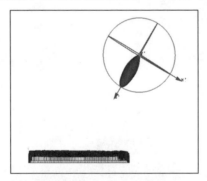

图 6.10　远场源设置

通过改变馈源极化，可以使反射阵列工作于不同的极化状态，分别为线极化 I、线极化 II、左旋圆极化、右旋圆极化。在阵列最大辐射方向上，定义线极化 I 方向与 xOz 面平行，线极化 II 方向与 xOy 平面垂直并指向 y 轴。馈源工作于右旋圆极化时，反射阵列极化为左旋圆极化；馈源工作于左旋圆极化时，反射阵列极化为右旋圆极化。

图 6.11 给出了 28 GHz 和 60 GHz 的线极化 I 的三维方向图，最大辐射方向在 xOz 平面第四象限，与 z 轴夹角为 arctan 0.6，等于 30.96°，与预设波束方向角 α 一致。下面将通过二维方向图的形式给出双频四极化共 8 个方向图的具体数据。由于最大辐射方向不在 z 轴，为了比较方便地观察方向图，设置局部坐标系

$x'y'z'$ 以及相应的 theta、phi，z' 轴指向最大辐射方向，y' 轴与 y 轴方向一致。

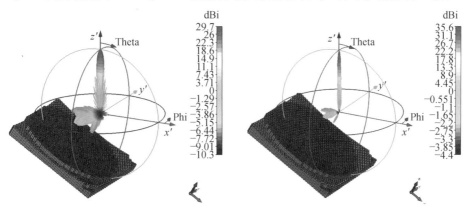

图 6.11　28 GHz 与 60 GHz 三维方向图

图 6.12 和图 6.13 分别给出了 28 GHz 和 60 GHz 对应的四种极化方式的二维方向图，分别包括 phi=0° 与 phi=90° 平面的两组曲线。

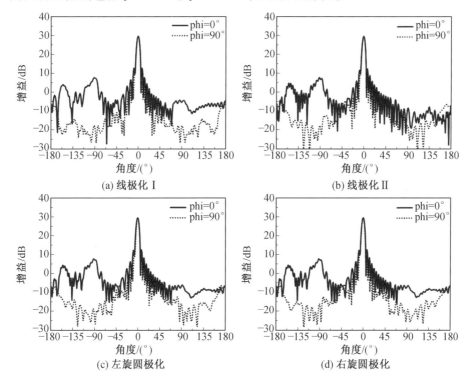

(a) 线极化 I

(b) 线极化 II

(c) 左旋圆极化

(d) 右旋圆极化

图 6.12　28 GHz 方向图

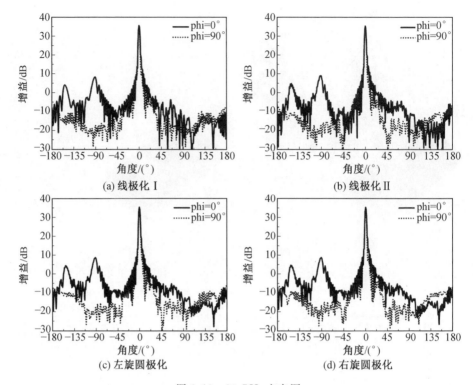

图 6.13　60 GHz 方向图

表 6.1 给出了双频多极化的增益，四种极化模式的 28 GHz 增益均在 29.6 dB 左右，高频 60 GHz 增益均在 35.4 dB 左右，双频口径利用效率约为 57% 和 51%。

表 6.1　反射阵列双频多极化增益（单位：dB）

频率	线极化 Ⅰ	线极化 Ⅱ	左旋圆极化	右旋圆极化
28 GHz	29.70	29.56	29.53	29.56
60 GHz	35.59	35.35	35.36	35.38

表 6.2 给出了双频多极化的副瓣电平数据，可以看出高频副瓣电平整体小于低频，同一辐射模式的 phi = 90° 平面副瓣电平均小于 phi = 0° 平面。

表 6.2　反射阵列双频多极化副瓣电平（单位：dB）

副瓣电平	线极化 Ⅰ		线极化 Ⅱ		左旋圆极化		右旋圆极化	
	phi = 0°	phi = 90°	phi = 0°	phi = 90°	phi = 0°	phi = 90°	phi = 0°	phi = 90°
28 GHz	−16.9	−19.5	−17.2	−19.9	−17.0	−19.2	−17.0	−19.2
60 GHz	−21.7	−24.8	−21.2	−28.9	−22.0	−25.6	−22.0	−25.7

表 6.3 给出了最大辐射方向上线极化辐射模式对应的相对交叉极化电平,以及圆极化模式对应的轴比。

表 6.3　反射阵列的交叉极化与轴比

频率	交叉极化 /dB		轴比 /dB	
	线极化 I	线极化 II	左旋圆极化	右旋圆极化
28 GHz	−43.21	−44.16	0.63	0.62
60 GHz	−43.23	−44.26	1.92	1.85

综上,基于十字形波导单元结构的双频多极化反射阵列在口面利用效率、副瓣电平、交叉极化、轴比等方面都达到了良好的性能指标。另外,由于反射阵列由纯金属构成,理论上没有损耗,仿真得出的辐射效率也都在 99% 以上,这也印证了全金属反射阵列在毫米波频段应用的优越性。

6.3　双圆极化反射阵列天线

6.3.1　双频反射阵列天线的单元结构

对于单层的微带天线,实现双频的方法主要有多贴片法和单贴片法[5-6]。多贴片法是将多个工作频率不同的贴片集中在一个单元上,大贴片代表小的谐振频率,小贴片代表大的谐振频率。单贴片法是只有一个贴片,通过贴片的不同模式进行工作。计划采用多贴片法,大致的单元模型如图 6.14 所示。

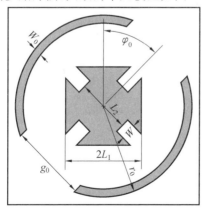

图 6.14　阵列单元结构示意图

低频辐射单元为位于外层的分裂圆环,工作在 20 GHz;高频辐射单元为位于内层的 Malta 十字,工作在 30 GHz。阵列单元周期为 5 mm,是 20 GHz 频率对应波长的 1/2,30 GHz 对应波长的 1/3。微带介质板厚度为 0.508 mm,其材料为 Arlon Di880,相对介电常数为 2.2,损耗角正切值为 0.000 9。阵列单元的其他几何参数如表 6.4 所示。

表 6.4　阵列单元的其他几何参数

参量	值
L_1	1 : 0.01 : 1.5 mm
L_2	1.4 mm
W	0.4 mm
r_0	2.3 mm
W_0	0.2 mm
g_0	1.75 : 2 mm
φ_0	0° : 2.5° : 180°

6.3.2　阵列单元的相位补偿

1.高频单元的相移特性

采用 Malta 十字对 30 GHz 的入射波进行相位补偿,其基本结构与关键参数如图 6.15 所示。

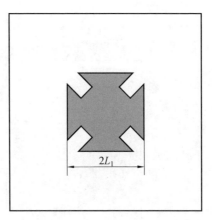

图 6.15　Malta 的基本结构与关键参数

Malta 十字主要通过改变其外边长 L_1 来改变其能够补偿的相位值。经过多次仿真,并且受限于分裂圆环的尺寸,最终选定 L_1 的范围为 $1 \sim 1.5$ mm。在

$1 \sim 1.5$ mm 的范围内，L_1 以 0.002 mm 为步进值进行仿真（为保证精度，部分范围选取 0.001 mm 作为步进值）。由于取点过于密集，所以以 0.01 mm 为步进值取点绘制仿真结果，如图 6.16 所示。

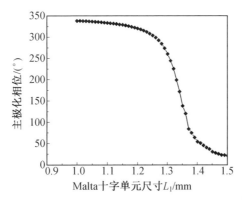

图 6.16　Malta 十字的主极化相位与其外边长 L_1 的关系

由图 6.16 可以看出，其相位补偿范围只达到了 320°，主要原因是受限于分裂圆环的尺寸。

2. 低频单元的相移特性

采用分裂圆环对 20 GHz 的入射波进行相位补偿，其基本结构与关键参数如图 6.17 所示。

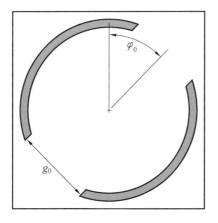

图 6.17　分裂圆环的基本结构与关键参数

分裂圆环主要通过改变其切口的旋转角度 φ_0 来改变补偿的相位值，但同时它的相位值还受到切口宽度 g_0 的影响，即分裂圆环能够补偿的相位值由其切口的旋转角度 φ_0 和切口宽度 g_0 同时决定。所以为了保证分裂圆环的性能，对于每个旋转角度 φ_0，需要优化其切口宽度 g_0，选取使交叉极化最小的 g_0 值。鉴于此，为了保证精度与仿真效率,最终决定在 $0° \sim 180°$ 的范围内,φ_0 以 $2.5°$ 为步进值取点,然后对于每一个 φ_0,在 $1.75 \sim 2$ mm 的范围内改变其切口宽度 g_0,在所有的结果中取交叉极化小于 -18 dB 时的相位值。图 6.18 选取了 φ_0 为 $0°$、$45°$、$90°$、$135°$ 展示了仿真过程。

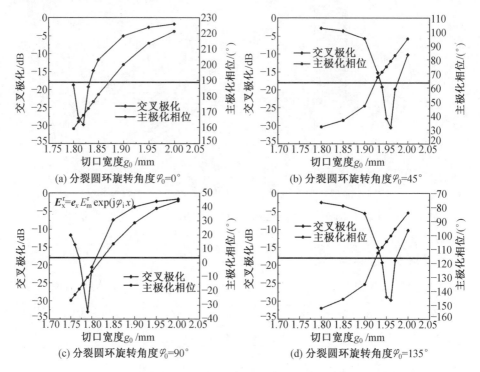

图 6.18 分裂圆环相位补偿的仿真过程

通过此种方法,最终会得到一个映射关系,即一个相位补偿值对应着一个旋转角度 φ_0 和切口宽度 g_0,最后将这一映射关系的数据汇总成一个 csv 数据文件,供后续建立阵列的程序调用。虽然这种方法得到的相位是离散的,但是通过程序来选择与当前单元所补偿的相位最接近的相位值,就可以将相位补偿角度的最大误差控制在 $2°$ 以内。

6.3.3 高低频单元间的互耦效应

由于采用双贴片法实现双频,所以两个贴片之间的耦合效应是无法避免的。前文提及,两贴片之间的耦合效应会严重影响到贴片所补偿的相位值,所以解决耦合问题是重中之重。以下分别展示了该结构两单元之间的耦合效应。

图 6.19 取 L_1 的 4 个值,绘制 Malta 十字的主极化相位与分裂圆环的旋转角度 φ_0 的关系图,可以简单直观地看出分裂圆环的旋转角度对 Malta 十字的相位

补偿影响很小。

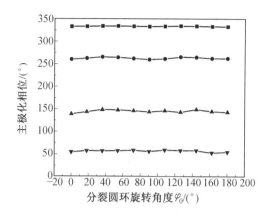

图 6.19　Malta 十字的主极化相位与分裂圆环的旋转角度 φ_0 的关系图

通过图 6.20 的等高线图的颜色变化，也可以看出分裂圆环的旋转角度 φ_0 对 Malta 十字相位补偿的影响很小。

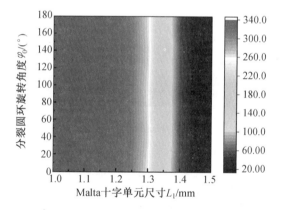

图 6.20　分裂圆环的旋转角度 φ_0 对 Malta 十字相位补偿的影响

同样地，Malta 十字外边长的变化同样会对分裂圆环的相位补偿产生影响。具体仿真结果如图 6.21 所示，可知，Malta 十字外边长对分裂圆环的相位补偿影响很小。图 6.21 取 4 个旋转角度，绘制分裂圆环的主极化相位与 Malta 十字单元尺寸 L_1 的关系图，可以简单直观地看出 Malta 十字单元尺寸 L_1 对分裂圆环的相位补偿影响很小。

由图 6.22 的等高线图的颜色变化，也可以看出 Malta 十字单元尺寸 L_1 对分裂圆环的相位补偿影响很小。

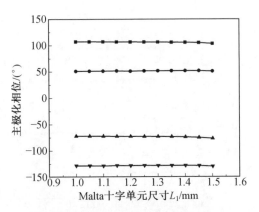

图 6.21　分裂圆环的主极化相位与 Malta 十字单元尺寸 L_1 的关系图

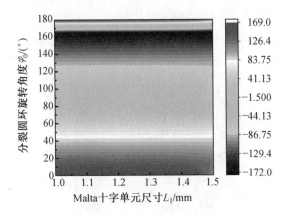

图 6.22　Malta 十字单元尺寸 L_1 对分裂圆环的相位补偿的影响

6.3.4　馈源天线设计

　　该天线设计采用双模圆锥喇叭天线作为馈源,采用隔板式圆极化器实现圆极化。隔板式圆极化器是在波导中插入一个阶梯状的隔板,阶梯一般是四阶或者五阶,阶梯的高度从波导口由内逐级递减[7]。以圆波导为例,隔板将波导分为两个半圆型的波导,在隔板的两侧设置输入端口 1 和端口 2,在阶梯隔板的尺寸合适的前提下,从任意端口输入的 TE_{11} 模经过隔板后会形成两个正交等幅的 TE_{11} 模,在输出端口形成圆极化波,所以隔板每级阶梯的尺寸是形成圆极化波的关键。通常阶梯隔板的每个阶梯的长度和高度都是不同的,所以需要设置的参数比较多,为了得到性能更好的圆极化器,需要通过多次仿真计算,不断优化阶梯隔板的各阶尺寸。除此以外,喇叭天线的辐射段的尺寸也会影响天线的轴比与增益。

　　两个馈源的几何结构如图 6.23 和图 6.24 所示。

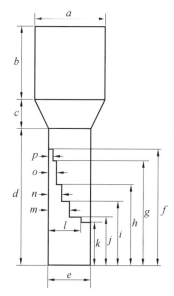

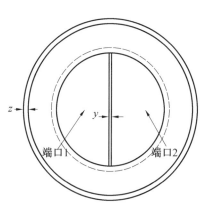

图 6.23　馈源喇叭的俯视图　　　　图 6.24　馈源喇叭的主视图

1. 低频馈源喇叭的设计

20 GHz 馈源喇叭的几何参数如表 6.5 所示。

表 6.5　20 GHz 馈源喇叭的几何参数

变量	值/mm	变量	值/mm
a	18	b	16.95
c	7.8	d	36.9
e	11.85	f	31.35
g	28.2	h	21.75
i	17.1	j	12.9
k	11.55	l	9.3
m	6	n	3.75
o	2.25	p	1.2
y	0.075	z	1

其反射系数如图 6.25 所示。由图 6.25 可看出,反射系数在 17～23 GHz 内均小于 −10 dB,符合设计要求。20 GHz 馈源喇叭的远场方向图如图 6.26 和图 6.27 所示。从图 6.26 和图 6.27 可见,喇叭的增益为 11.3 dB,馈源在 $\varphi_0 = 0°$ 平面的 −10 dB 波束宽度为 95.45°,在 $\varphi_0 = 90°$ 平面的 −10 dB 波束宽度为 95.44°,副

瓣电平均为 -25.7 dB,满足设计要求。20 GHz 馈源喇叭的轴比如图 6.28 所示。

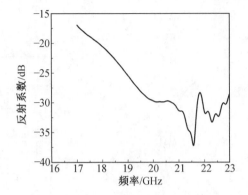

图 6.25　20 GHz 馈源喇叭的反射系数

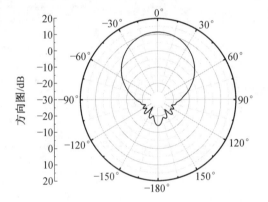

图 6.26　20 GHz 馈源喇叭在 $\varphi = 0°$ 平面的方向图

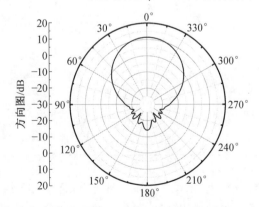

图 6.27　20 GHz 馈源喇叭在 $\varphi = 90°$ 平面的方向图

由图 6.28 可以看出,馈源的轴比在 96° 的范围内均小于 2 dB,满足设计要

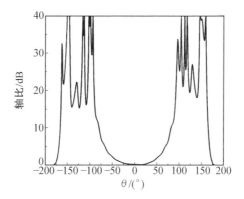

图 6.28　20 GHz 馈源喇叭的轴比

求。20 GHz 馈源喇叭方向图的圆极化分量如图 6.29 和图 6.30 所示。由图 6.29 和图 6.30 可见,20 GHz 馈源喇叭在只有 1 端口激励时产生的是右旋圆极化电磁波,在只有 2 端口激励时产生的是左旋圆极化电磁波。

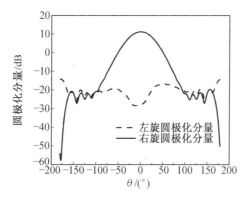

图 6.29　20 GHz 喇叭 1 端口激励所得方向图的圆极化分量

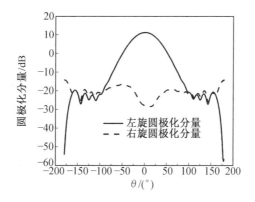

图 6.30　20 GHz 喇叭 2 端口激励所得方向图的圆极化分量

2. 高频馈源喇叭的设计

30 GHz 馈源喇叭的几何参数如表 6.6 所示。

表 6.6　30 GHz 馈源喇叭的几何参数

变量	值/mm	变量	值/mm
a	12	b	11.3
c	5.2	d	24.6
e	7.9	f	20.9
g	18.8	h	14.5
i	11.4	j	8.6
k	7.7	l	6.2
m	4	n	2.5
o	1.5	p	0.8
y	0.05	z	1

其反射系数如图 6.31 所示。由图 6.31 可见,反射系数在 27~33 GHz 内均小于 −10 dB,符合设计要求。30 GHz 馈源喇叭的远场方向图如图 6.32 和图 6.33 所示。由图 6.32 和图 6.33 可见,喇叭的增益为 11.3 dB,喇叭在 $\varphi=0°$ 平面的 −10 dB 波束宽度为 96.02°,在 $\varphi=90°$ 平面的 −10 dB 波束宽度为 96.02°,副瓣电平为 −25.7 dB,满足设计要求。

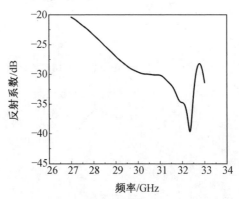

图 6.31　30 GHz 馈源喇叭的反射系数

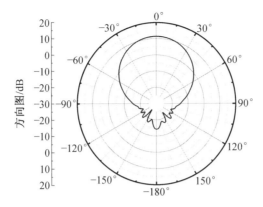

图 6.32　30 GHz 馈源喇叭在 $\varphi = 0°$ 平面的方向图

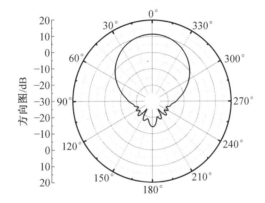

图 6.33　30 GHz 馈源喇叭在 $\varphi = 90°$ 平面的方向图

　　30 GHz 馈源喇叭的轴比如图 6.34 所示。由图 6.34 可见,馈源的轴比在 96° 的范围内均小于 2 dB,满足设计要求。30 GHz 馈源喇叭的方向图的圆极化分量如图 6.35 和图 6.36 所示。由图 6.35 和图 6.36 可见,此喇叭在只有 1 端口激励时产生的是右旋圆极化电磁波,在只有 2 端口激励时产生的是左旋圆极化电磁波。

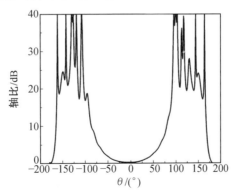

图 6.34　30 GHz 馈源喇叭的轴比

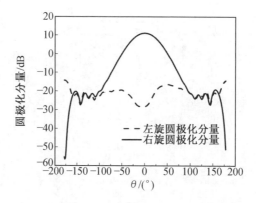

图 6.35 30 GHz 喇叭 1 端口激励所得方向图的圆极化分量

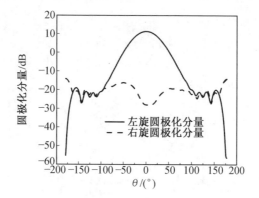

图 6.36 30 GHz 喇叭 2 端口激励所得方向图的圆极化分量

6.3.5 双频反射阵列天线分析

1. 建立反射阵列模型

在设计完阵列单元以及馈源天线之后,接下来的关键就是设计天线阵列与建模,为了便于计算与建模,编写一段 Python 代码。该程序可以通过预先设置的焦径比和阵列半径,计算出馈源的坐标,计算每一个阵列单元需要补偿的相位并绘制伪色图,最后调用前文提及的 csv 文件,生成一个可以自动创建圆形阵列的 CST 宏文件。

综合考虑设备性能与仿真效率,最终选定圆形阵列直径 50 mm,直径上共 9 个单元,焦径比为 0.618。由以上数据计算生成的各个单元需补偿的相位的示意图如图 6.37 所示。

将宏文件导入 CST 软件中,自动生成如图 6.38 所示的圆形阵列。

取两个馈源喇叭的 1 端口激励作为阵列馈源,即阵列入射波为右旋圆极化电磁波。馈源偏离阵列轴向 25° 倾斜放置,并指向阵列中心。预定反射波束方向为

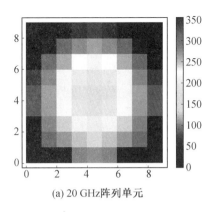

(a) 20 GHz阵列单元

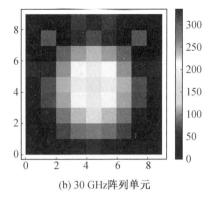

(b) 30 GHz阵列单元

图 6.37　各个单元需补偿的相位的示意图

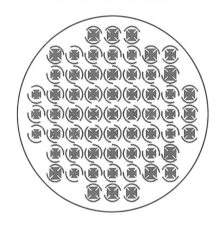

图 6.38　反射阵列模型

偏离阵列轴向 $-25°$。

2. 反射阵列在 20 GHz 的仿真结果

20 GHz 阵列在 $\varphi=90°$ 平面的方向图如图 6.39 所示。

由图 6.39 可见,阵列在 $\varphi=90°$ 平面的增益为 12.4 dB,主辐射方向为 $19°$,副瓣电平为 -7.8 dB,口径利用效率为 15.8%。阵列的轴比如图 6.40 所示。

由图 6.40 可见,阵列的轴比在 $19°$ 的主辐射方向上为 8 dB。

3. 反射阵列在 30 GHz 的仿真结果

30 GHz 阵列在 $\varphi=90°$ 平面的方向图如图 6.41 所示。

由图 6.41 可见,阵列在 $\varphi=90°$ 平面的增益为 20.3 dB,主辐射方向为 $-24°$,副瓣电平为 -15.7 dB,口径利用效率为 43.4%。阵列的轴比如图 6.42 所示。

由图 6.42 可见,阵列的轴比在 $-24°$ 的主辐射方向上为 3.2 dB。

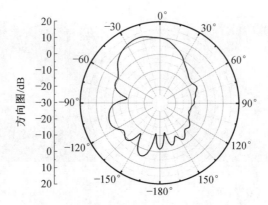

图 6.39　20 GHz 阵列在 $\varphi = 90°$ 平面的方向图

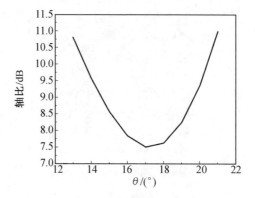

图 6.40　20 GHz 阵列的轴比

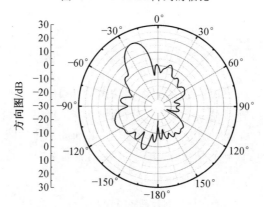

图 6.41　30 GHz 阵列在 $\varphi = 90°$ 平面的方向图

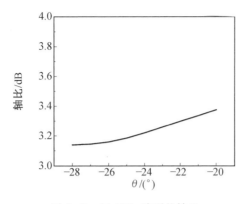

图 6.42　30 GHz 阵列的轴比

6.4　极化转换反射阵列天线

6.4.1　极化转换原理

对于一个线极化形式的电磁波,它可以被分解成两个相互正交的分量。对于反射阵列天线,线极化馈源照射到阵面的电磁波,同样也可被分解为两个相互正交的电磁波[8]。

通过电磁场与电磁波理论,入射波可以进行如下的正交分解:

$$E^{i} = E_{x}^{i} + E_{y}^{i} \tag{6.8}$$

$$E_{x}^{i} = e_{x}E_{mx}^{i}\exp(-j\varphi_{x}^{i}) \tag{6.9}$$

$$E_{y}^{i} = e_{y}E_{my}^{i}\exp(-j\varphi_{y}^{i}) \tag{6.10}$$

故有

$$E^{i} = e_{x}E_{mx}^{i}\exp(-j\varphi_{x}^{i}) + e_{y}E_{my}^{i}\exp(-j\varphi_{y}^{i}) \tag{6.11}$$

对于反射阵列单元,入射波以 45° 入射时,可保证电磁波在 x 轴方向与 y 轴方向的分解量幅度相等。即当 $\varphi_{m} = 45°$ 时,$E_{mx}^{i} = E_{my}^{i}$,$\varphi_{x}^{i} = \varphi_{y}^{i}$。当反射阵列单元为矩形贴片形式时,电磁波经过单元地板反射回来时的 x 轴方向与 y 轴方向的反射相位会产生差异,但是此时反射波 x 轴方向与 y 轴方向的幅度分量依然相等。故有 $\varphi_{x}^{i} \neq \varphi_{y}^{r}$,$E_{mx}^{r} = E_{my}^{r}$。故反射波的表达式为

$$E^{r} = e_{x}E_{mx}^{r}\exp(-j\varphi_{x}^{r}) + e_{y}E_{my}^{r}\exp(-j\varphi_{y}^{r}) \tag{6.12}$$

通过以上分析可以知道,当 φ_{x}^{r} 与 φ_{y}^{r} 相差 90° 时,反射波为圆极化电磁波。以 $\varphi_{x}^{r} - \varphi_{y}^{r} = 90°$ 为例进行证明。

当满足 $\varphi_{x}^{r} - \varphi_{y}^{r} = 90°$ 时,式(6.12)可进行如下变形:

$$\boldsymbol{E}^{r} = \boldsymbol{e}_x E_{mx}^{r} \exp(-j\varphi_x^{r}) + \boldsymbol{e}_y E_{my}^{r} \exp[-j(\varphi_x^{r} + 90)] \tag{6.13}$$

将式(6.13)通过欧拉公式展开可得

$$\boldsymbol{E}^{r} = \boldsymbol{e}_x E_{mx}^{r} \exp(-j\varphi_x^{r}) - j\,\boldsymbol{e}_y E_{my}^{r} \exp(-j\varphi_x^{r}) \tag{6.14}$$

又知 $E_{mx}^{r} = E_{my}^{r}$,故进一步变形为

$$\boldsymbol{E}^{r} = E_{m}^{r} \exp(-j\varphi_x^{r}) \cdot (\boldsymbol{e}_x - j\,\boldsymbol{e}_y) \tag{6.15}$$

通过以上证明可判定,当馈源发射的电磁波 45° 斜入射至单元,使 $\varphi_x^{r} - \varphi_y^{r} = \pm 90°$ 时,反射至单元表面的波为圆极化电磁波。

以图 6.43 中的矩形贴片为例,若想实现 $\varphi_x^{r} - \varphi_y^{r} = \pm 90°$,可以通过调节单元 x 轴方向与 y 轴方向的边长进而控制两个极化方向的反射相位,以使单元的反射相位差值达到要求。

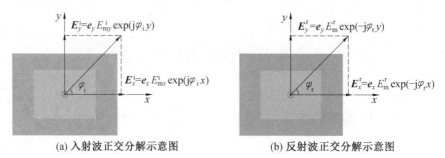

(a) 入射波正交分解示意图   (b) 反射波正交分解示意图

图 6.43   反射阵列单元电磁波正交分解示意图

6.4.2   极化转换单元设计

通过 6.4.1 节的理论分析,在此基础上设计了极化转换反射阵列单元。单元采用双层介质板与双层矩形贴片结合的形式。反射阵列单元为正方形,单元周期为 $l = 3.6$ mm,双层介质板材质均为 Rogers RT5880,相对介电常数 $\varepsilon_r = 2.2$,双层介质板的厚度均选用 $d = 0.508$ mm,镀层金属厚度为 0.035 mm。具体结构如图 6.44 所示。

单元在 unit cell 的周期边界条件中,反射相位有两种极化方式,即 x 方向极化与 y 方向极化。通过调节 y 方向的反射相位,即通过调节矩形贴片宽边 b_1 与 b_2 的长度调节相位。在调节反射相位时主要以调节下层矩形贴片的宽边 b_1 为主,并同时调节上层贴片的 b_2 进行细微调整。

图 6.45 给出了 y 轴方向反射相位与 b_1 的变化曲线。

从图 6.45 可知,在 35 GHz 中心频点处,双层矩形贴片单元 y 轴方向极化的反射相位差值为 345°,满足反射阵列单元的相位要求。通过前文分析,要求在 35 GHz 中心频点处两极化方向的相位差值为 90°,此时当馈源照射的电磁波斜 45° 入射时,可保证反射波为圆极化电磁波,所以在实际设计中只需要保证一个

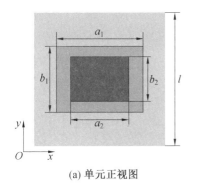

(a) 单元正视图

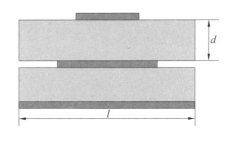

(b) 单元侧视图

图 6.44　单元结构图

极化方向的反射相位达到相位差要求,之后通过调节另一极化方向的贴片长度 a_1 和 a_2,使两正交方向的反射相位的差值为 $90°$,即可保证两正交极化方向的反射相位差均满足条件。同时需考虑当 x 轴方向尺寸变化时是否会造成 y 轴方向的反射相位发生剧烈变化。当 a_1 取不同数值时,观察 y 轴方向的反射相位变化量,如图 6.46 所示。

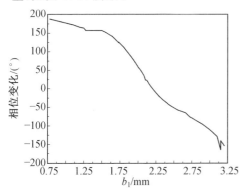

图 6.45　35 GHz 反射相位与 b_1 的关系

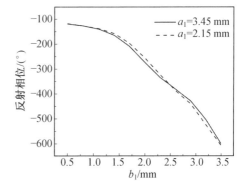

图 6.46　不同 a_1 取值时 y 轴极化方向反射相位

从图 6.46 中的相关验证可得出如下判断,当 a_1 变化时,对于 y 轴极化方向的反射相位几乎无影响,说明此单元两正交极化的交叉极化性能较好。

对于反射单元的 x 轴极化方向与 y 轴极化方向的 $90°$ 相位差的目标要求,是实现线极化 - 圆极化反射阵列功能的关键技术指标。而对应每个 b_1 与 b_2 的值,需要手动在仿真软件中对双层贴片的长边 a_1 和 a_2 进行调整,无法通过扫描参数进行获取,故此工作量较大。

6.4.3　线极化馈源设计

线极化馈源采用双模圆锥喇叭的形式,双模圆锥喇叭通过圆波导进行馈电。双模圆锥喇叭通过圆波导的基模 TE_{11} 模式与附加的高次模式 TM_{11} 模式相混合,调整两种模式的比例,即可实现天线 H 面方向图与 E 面方向图的高度对称性[4]。其基本原理如图 6.47 所示。

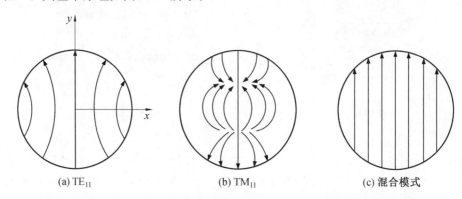

(a) TE_{11} (b) TM_{11} (c) 混合模式

图 6.47   双模圆锥喇叭口面电场混合分布示意图

通过图 6.47 可较明显地看出,当 TE_{11} 模式与 TM_{11} 模式的比例选择准确时,两种场分布在口面的中心处为同相叠加,在口面的边缘处实现反相抵消,从而实现了电场的竖直分量的保留,实现方向图的对称。此时将圆波导中的场分布与喇叭口面的场分布近似设为相同状态,口面场的垂直极化的 TE_{11} 电场与 TM_{11} 电场可分别由式(6.16)与式(6.17)表示。

$$\begin{cases} E_\rho = A_{11} \dfrac{J_1(\chi'_{11}t)}{\chi'_{11}t}\sin \varphi' \\ E_\varphi = -A_{11}J'_1(\chi'_{11}t)\cos \varphi' \end{cases} \tag{6.16}$$

$$\begin{cases} E_\rho = B_{11}J'_1(\chi_{11}t)\cos \varphi' \\ E_\varphi = B_{11} \dfrac{J_1(\chi_{11}t)}{\chi_{11}t}\sin \varphi' \end{cases} \tag{6.17}$$

式(6.16)和式(6.17)中为了表述方便,使用 $t = \rho/a$,$A_{11} = j\omega\mu A\chi'_{11}/a$,$B_{11} =$ $j\beta_{11}B\chi_{11}/a$,其中 a 为喇叭口面的半径,A、B 为计算常数,$\chi'_{11} = 1.841\,84$ 是 $J'_1(x)$ 的首个解,$\chi_{11} = 3.831\,706$ 为 $J_1(x)$ 的首个根,$\beta_{11} = \sqrt{k^2 - (\chi/a)^2}$。通过式(6.16)与式(6.17)给出的口面电场的公式,可以通过口面场法对远场辐射特性进行推导,从而进行合理的模式选择。

图 6.48 给出了双模圆锥喇叭的结构示意图。

馈源由三部分组成,分别为圆波导传输段、张角过渡段和 TE_{11} 与 TM_{11} 模式混合辐射段。图中 $a_1 = 3.04$ mm,$l_1 = 10.64$ mm,$l_2 = 9.26$ mm,$l_3 = 33.3$ mm,喇叭的金属壁厚度为 1 mm。通过 a_1 的长度联系圆波导相关理论可计算出圆波导截止频率为 28.88 GHz。图 6.49 给出了本节设计的双模圆锥喇叭天线的反射系数、辐射方向图等仿真结果。

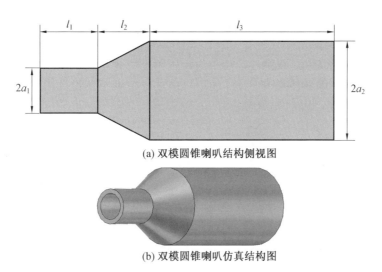

(a) 双模圆锥喇叭结构侧视图

(b) 双模圆锥喇叭仿真结构图

图 6.48　双模圆锥喇叭的结构示意图

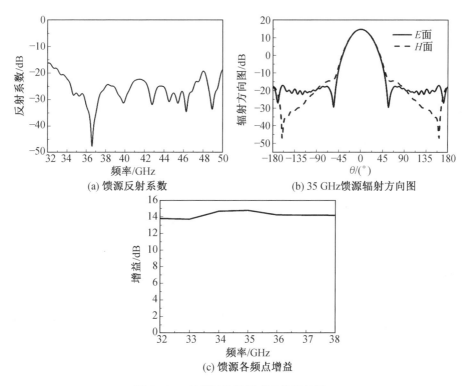

(a) 馈源反射系数

(b) 35 GHz 馈源辐射方向图

(c) 馈源各频点增益

图 6.49　双模圆锥馈源喇叭仿真结果

从图 6.49 中可以看出,馈源喇叭天线在 32 ～ 50 GHz 的频率范围内 S_{11} 低于 -15 dB,在 35 GHz 处,双模圆锥喇叭天线的增益为 14.78 dB,此时天线的副瓣

电平为 -30 dB,且馈源的 E 面方向图与 H 面方向图可在 25 dB 波束宽度内实现高度对称性。同时馈源天线在 $32 \sim 38$ GHz 范围内实现增益的稳定性较高。

为制作实物考虑,在圆波导后端加入了圆矩变化结构,在此结构内部加入两次倒角结构,使电磁波顺利从 Ka 波段标准波导变换至所设计的圆波导中,实现较低的反射系数。整体结构如图 6.50 所示。

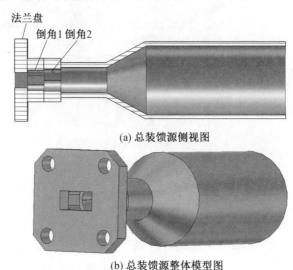

(a) 总装馈源侧视图

(b) 总装馈源整体模型图

图 6.50　总装馈源喇叭天线结构图

如图 6.50 所示,整体结构由标准法兰盘、圆矩变换结构和双模圆锥喇叭组成,在实际测试时在法兰盘后端安装波导同轴转换结构即可实现馈电。

图 6.51 给出了总装馈源喇叭天线的仿真结果。通过图 6.51(a) 可知,总装之后的双模圆锥喇叭天线在 $32 \sim 38$ GHz 频率范围内反射系数低于 -10 dB,图 6.51(b) 给出了天线的辐射方向图,馈源天线在中心频点 35 GHz 的增益为

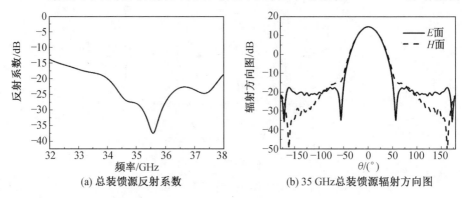

(a) 总装馈源反射系数

(b) 35 GHz 总装馈源辐射方向图

图 6.51　总装馈源天线反射系数结果

14.78 dB。可见总装之后的馈源方向图与单独双模圆锥喇叭天线方向图一致，说明在加入实际馈电结构后对天线指标几乎无影响。至此线极化双模圆锥馈源喇叭天线优化完毕。

6.4.4   极化转换波束扫描反射阵列天线设计

本节在极化转换理论的基础上设计了反射阵列单元结构，同时设计了双模圆锥喇叭形式的线极化反射阵列馈源天线，在前文基础上对线极化－圆极化波束扫描反射阵列进行了实际建模仿真与优化。

本章设计的极化转换形式的波束扫描反射阵列天线依然采用第 2 章所介绍的可应用于波束扫描反射阵列的多焦点相位补偿方案[9-11]。设计阵列之初，首先将各个单元的反射相位与尺寸的对应关系整合成数据库，通过 Python 计算出每个单元所处位置需要补偿的相位数值，在数据库中选取相位与每个单元所需补偿相位相差最小的值，从而与每个单元位置进行一一对应。之后通过 CST Microwave Studio 的宏功能将 Python 所生成的脚本文件导入，实现自动建模。反射阵列天线仿真时，馈源仍然采用近场源导入的形式，从而简化仿真模型，并解决馈源在机械扫描多角度范围移动过程中波导馈电平面与坐标轴面不平行从而报错的问题。

在最初仿真中，根据多焦点原理建立的反射阵面示意图如图 6.52 所示，在阵列中，阵面由 25×25 共 625 个单元构成，采用单元交错排列的方式，机械扫描以阵面中心为中心点，绕着 x 轴做 $\pm 30°$ 的圆弧运动，焦径比初步拟定为 $F/D=1$，以频点 35 GHz 作为目标中心频点进行仿真。

在初级仿真过程中，仿真了扫描角度分别为 $0°$ 和 $10°$ 的反射阵列仿真结果，如图 6.53 所示。通过结果可以看出反射阵列天线在馈源移动过程中副瓣逐渐升高，此时通过图中可以看到，在馈源移动 $10°$ 时，天线整体的副瓣电平已经达到了 -12 dB，根据仿真经验来看，随着馈源扫描角度的增加，天线的副瓣将会继续恶化，所以可以判断此时天线结构的设计存在一些问题，需要进一步改进。

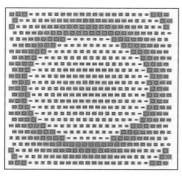

图 6.52   反射阵面示意图

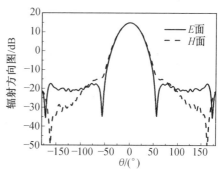

图 6.53   初级仿真结果

在反射阵列天线中,在单元形式与馈源不改变的前提下,可以优化的参量有焦径比、馈源的扫描方式等。通过调节以上参量可以对天线性能进行改善。进一步采用小规模阵列形式提高天线的仿真效率,反射阵列天线采用 15×15 的单元形式,反射阵列焦径比 $F/D = 0.6$,此时天线的 $0° \sim 30°$ 扫描角的辐射方向图结果如图 6.54 所示。

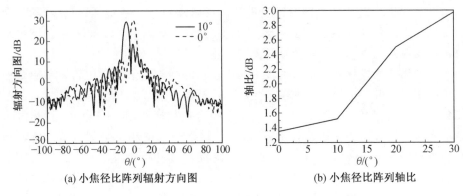

(a) 小焦径比阵列辐射方向图　　　　　　(b) 小焦径比阵列轴比

图 6.54　焦径比波束扫描阵列 35 GHz 仿真结果

此时可以通过图 6.54 得出结论,在天线 $\pm 30°$ 的扫描范围内,反射阵列天线在中心频点 35 GHz 处的增益变化为 -1.7 dB,副瓣电平最高为 -17 dB,3 dB 轴比均可达到要求。但在扫描角度为 $30°$ 时,天线的轴比接近 3 dB,在实际制作过程中,由于加工精度与装配误差等问题,无法做到与仿真模型一样精确,所以在实际测量中,天线轴比可能会变得更差,需要进一步改进。表 6.7 给出了小焦径比天线阵列的仿真结果。

表 6.7　小焦径比设计的天线仿真结果

扫描角度 /(°)	增益 /dB	副瓣电平 /dB	轴比 /dB	口面利用效率 /%
0	26.7	-30.0	1.35	93.7
10	26.5	-27	1.52	89.6
20	25.9	-17.4	2.5	78
30	25.0	-23.6	2.975	63.4

结合仿真结果的图表可知,天线在中心频点 35 GHz 处在 $0°$、$10°$、$20°$、$30°$ 的扫描过程中,天线增益分别为 26.7 dB、26.5 dB、25.9 dB、25.0 dB,天线的增益变化为 1.7 dB,可得出结论:极化转换波束扫描反射阵列天线在各角度扫描范围内可保持增益的稳定。

轴比仿真结果如图 6.55 所示,整理仿真结果时可发现 $0° \sim 30°$ 扫描中各频点轴比的变化规律。通过观察各个频点的仿真结果可以得出结论,天线在低频时轴比性能要优于高频。通过图 6.55 可以得出结论,在不同扫描角度的位置,波束扫描反射阵列天线在低频段时轴比要明显优于高频。所以根据此种规律做出一定的改良。

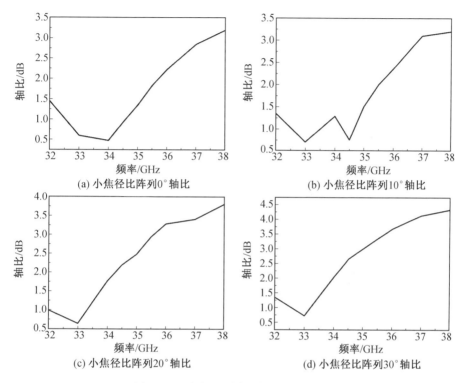

(a) 小焦径比阵列0°轴比

(b) 小焦径比阵列10°轴比

(c) 小焦径比阵列20°轴比

(d) 小焦径比阵列30°轴比

图 6.55　小焦径比阵列各个频点轴比

为了提升轴比性能,需要再重新对单元进行仿真。此时仿真目标通过改变单元的 x 轴方向的边长,使两正交极化的反射相位在 36 GHz 处相位差的值为 90°,目的是希望在中心频点 35 GHz 处,馈源处在各个扫描角度时可以保证良好的轴比性能。但是与此同时,在选取单元反射相位进行单元反射相位数据库的建立时,依然选择中心频点 35 GHz 的反射相位。

也就是说在正交极化的相位差优化时,这个只需要调节单元 x 轴方向的边长对单元正交极化的相位差进行优化,单元 y 轴方向的边长无须改变。此种单元本书称之为优化单元。此时天线仿真结果如图 6.56 与表 6.8 所示。

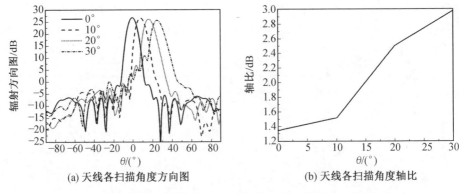

(a) 天线各扫描角度方向图　　　　(b) 天线各扫描角度轴比

图 6.56　波束扫描反射阵列天线仿真结果（选用优化单元）($f = 35$ GHz）

表 6.8　优化单元的反射阵列天线仿真结果

扫描角度 /(°)	增益 /dB	副瓣电平 /dB	轴比 /dB	口面利用效率 /%
0	26.7	−27.8	0.7	93.8
10	26.6	−28	0.88	91.6
20	26.1	−19.2	1.4	81.7
30	25.1	−18.9	2.15	64.9

　　结合仿真结果的图表可知,天线在中心频点 35 GHz 处在 0°、10°、20°、30° 的扫描过程中,天线增益分别为 26.7 dB、26.6 dB、26.1 dB、25.1 dB,天线的增益变化为 1.6 dB,可得出结论:极化转换波束扫描反射阵列天线在各角度扫描范围内可保持增益的稳定。反射阵列天线的副瓣电平在各扫描角度分别为 −27.8 dB、−28 dB、−19.2 dB、−18.9 dB。且圆极化波束扫描反射阵列天线轴比在上述扫描角度中分别为 0.7 dB、0.88 dB、1.4 dB、2.15 dB,均小于 3 dB,且在各个扫描位置的 3 dB 波束宽度内轴比均低于 2.5 dB。符合圆极化天线的要求。反射阵列天线在各个扫描角度的口面利用效率分别为 93.8%、91.6%、81.7%、64.9%。

　　为简化优化时间,天线首先采用 15×15 的小阵列对波束扫描反射阵列天线的性能进行验证,单元周期为 3.6 mm,此时天线阵列大小为 54 mm×54 mm,天线阵列过小无法进行实际的应用。故在此仿真优化经验的基础上建立大阵列为实际应用做出准备。

　　天线最终选取 25×25 共 625 个反射阵列单元的规模,此种极化转换式的波束扫描反射阵列天线中反射阵面的边长为 90 mm×90 mm,焦径比根据之前经验选取较小焦径比 $F/D = 0.6$,线极化馈源在以阵面中心点为圆心、半径长度 54 mm 沿 x 轴做扫描角度 ±30° 的机械扫描运动,同时也采用了交错排列方式。

　　图 6.57 给出了极化转换波束扫描天线的阵列结构实际仿真模型图与单元排布细节。从图 6.57 中可以看出,馈源喇叭的电场方向与正方形阵面的对角线是平行关系,在仿真模型中近场源在导入时电场的方向与 y 轴方向平行,故将近场

源绕 z 轴旋转 $45°$ 即可实现电场的斜 $45°$ 入射,之后将近场源沿 z 轴平移 54 mm 即可模拟馈源实际工作位置。在扫描不同角度时需将近场源在仿真模型中绕 y 轴做 $\pm 30°$ 的扫描运动。

　　下面将根据各个频点给出极化转换式波束扫描反射阵列天线的仿真结果。图 6.58 给出了天线在中心频点 35 GHz 处馈源处在 $0°$、$10°$、$20°$、$30°$ 各个扫描角

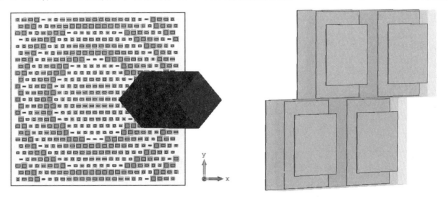

图 6.57　反射阵列总体模型与单元排布示意图

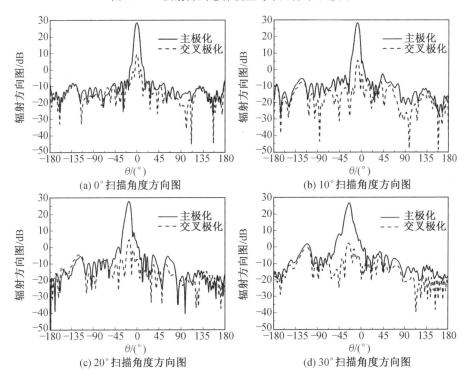

图 6.58　反射阵列天线 35 GHz 仿真结果

度的辐射方向图与交叉极化的仿真结果。因阵面为对称分布,故在此不再给出对称角度的仿真结果。

图 6.59 给出了极化转换形式的圆极化波束扫描反射阵列天线在 35 GHz 中心频点的辐射方向图。图 6.59 与表 6.9 给出反射阵列天线在不同扫描角度下的增益变化、轴比(AR)与副瓣电平的仿真结果。

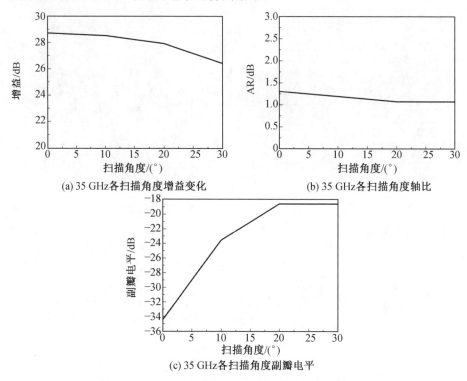

(a) 35 GHz各扫描角度增益变化

(b) 35 GHz各扫描角度轴比

(c) 35 GHz各扫描角度副瓣电平

图 6.59　波束扫描反射阵列天线 35 GHz 仿真结果

表 6.9　反射阵列天线仿真结果(35 GHz)

扫描角度 /(°)	增益 /dB	副瓣电平 /dB	轴比 /dB	口面利用效率 /%
0	28.7	−34.4	1.3	53.5
10	28.5	−23.6	1.2	51.1
20	27.9	−18.6	1.07	44.6
30	26.4	−18.7	1.08	32.0

结合 35 GHz 仿真结果的图表可知,天线在中心频点 35 GHz 处在 0°、10°、20°、30° 的扫描过程中,天线增益分别为 28.7 dB、28.5 dB、27.9 dB、26.4 dB,在此扫描范围内反射阵列天线的增益变化为 2.3 dB,可得出结论:反射阵列天线在各角度扫描范围内可保持增益的稳定。天线副瓣电平在 0°、10°、20°、30° 扫描角度分别为 −34.4 dB、−23.6 dB、−18.6 dB、−18.7 dB;且圆极化反射阵列天线轴比分别为 1.3 dB、1.2 dB、1.07 dB、1.08 dB,各扫描角度的 3 dB 波束宽度内轴比均低于 1.7 dB,且各扫描角度范围内交叉极化均小于 −15 dB。波束扫描反射阵列天线在各个扫描角度的口面利用效率分别为 53.5%、51.1%、44.6%、32.0%。可见天线在中心频点 35 GHz 处的各个扫描角度范围内性能良好。

　　图 6.60 与表 6.10 给出了极化转换波束扫描反射阵列天线在 33.8 GHz 频点处的各个扫描角度的辐射方向图、增益变化、轴比、副瓣电平仿真结果。

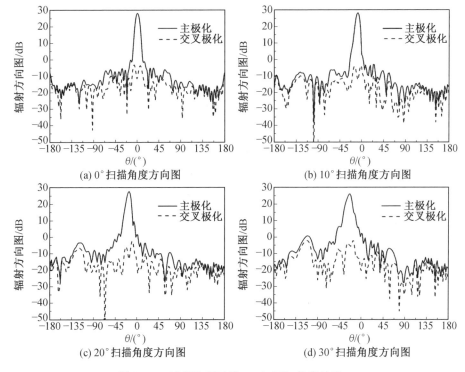

图 6.60　反射阵列天线 33.8 GHz 仿真结果

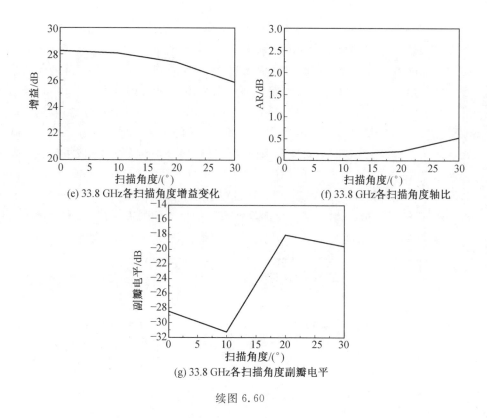

(e) 33.8 GHz各扫描角度增益变化   (f) 33.8 GHz各扫描角度轴比

(g) 33.8 GHz各扫描角度副瓣电平

续图 6.60

表 6.10   反射阵列天线仿真结果($f = 33.8$ GHz)

扫描角度 /(°)	增益 /dB	副瓣电平 /dB	轴比 /dB	口面利用效率 /%
0	28.3	−28.4	0.185	48.8
10	28.1	−31.2	0.165	46.6
20	27.4	−18.0	0.220	40.0
30	25.9	−19.6	0.53	28.1

本节在此基础上将给出天线综合带宽端点 33.8 GHz 与 35.5 GHz 处的仿真结果。结合仿真结果的图表可知,天线在 33.8 GHz 处在 0°、10°、20°、30° 的扫描过程中,反射阵列天线增益分别为 28.3 dB、28.1 dB、27.4 dB、25.9 dB,天线的增益变化为 2.4 dB,说明此种设计的极化转换波束扫描反射阵列天线在各角度扫描范围内可保证稳定增益。波束扫描反射阵列天线在各个扫描角度的口面利用效率分别为 48.8%、46.6%、40.0%、28.1%。反射阵列天线的副瓣电平在各扫描角度分别为 −28.4 dB、−31.2 dB、−18.0 dB、−19.6 dB,且反射阵列整体的轴比分别为 0.185 dB、0.165 dB、0.220 dB、0.53 dB,各扫描角度的 3 dB 波束宽度内轴比均低于 1 dB,且天线在各扫描角度范围内交叉极化均低于 −15 dB,满

足圆极化要求。

图 6.61 与表 6.11 给出了反射阵列天线在 35.5 GHz 处的辐射方向图、增益变化、轴比、副瓣电平等仿真结果。

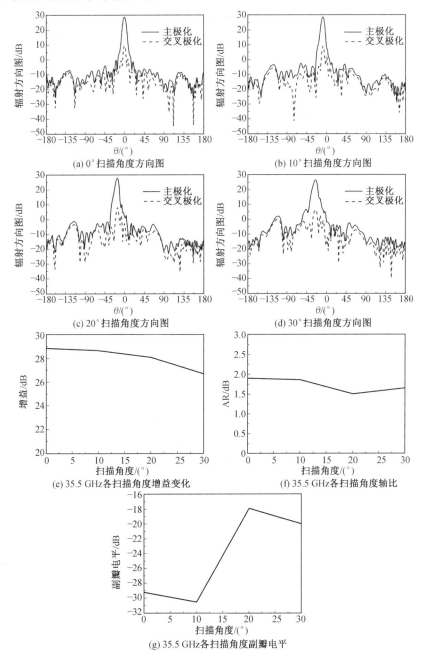

(a) 0° 扫描角度方向图

(b) 10° 扫描角度方向图

(c) 20° 扫描角度方向图

(d) 30° 扫描角度方向图

(e) 35.5 GHz 各扫描角度增益变化

(f) 35.5 GHz 各扫描角度轴比

(g) 35.5 GHz 各扫描角度副瓣电平

图 6.61　反射阵列天线 35.5 GHz 仿真结果

表 6.11　反射阵列天线仿真结果($f = 35.5\ \mathrm{GHz}$)

扫描角度 /(°)	增益 /dB	副瓣电平 /dB	轴比 /dB	口面利用效率 /%
0	28.9	− 29.2	1.9	56.0
10	28.7	− 30.5	1.86	53.5
20	28.1	− 17.9	1.50	46.6
30	26.7	− 20.0	1.65	33.8

结合仿真结果的图表可知,天线在 35.5 GHz 处在 0°、10°、20°、30° 的扫描过程中,反射阵列天线增益分别为28.9 dB、28.7 dB、28.1 dB、26.7 dB,天线的增益变化为 2.2 dB,说明此种设计的极化转换波束扫描反射阵列天线在各角度扫描范围内可保证稳定增益。波束扫描反射阵列天线在各个扫描角度的口面利用效率分别为 56.0%、53.5%、46.6%、33.8%。反射阵列天线的副瓣在各扫描角度分别为— 29.2 dB、— 30.5 dB、— 17.9 dB、— 20.0 dB,且反射阵列天线整体的轴比分别为 1.9 dB、1.86 dB、1.50 dB、1.65 dB,各扫描角度的 3 dB 波束宽度内轴比均低于 2.2 dB,圆极化反射阵列天线的交叉极化电平均低于 − 15 dB,可满足天线的圆极化工作要求。

通过上文对极化转换波束扫描反射阵列天线的各项仿真结果的分析可以看出,反射阵列天线在33.8 ～ 35.5 GHz 的 1.7 GHz 频带范围内,当馈源以阵面为圆心,绕 x 轴进行 ±30° 的扫描过程中,可保证增益变化不超过 2.3 dB、副瓣电平不高于 − 17.9 dB、轴比低于 2 dB 的良好性能。说明本课题所设计的极化转换形式的波束扫描反射阵列天线具有在毫米波远距离遥感成像系统中实际应用的能力。

下面把传统的单焦点设计的极化转换反射阵列天线与本课题设计的基于多焦点相位分布的极化转换波束扫描反射阵列天线的各项仿真结果做出对比。图 6.62 将给出两种设计方案不同相位分布的对比图和实际仿真模型阵面的对比图。

图 6.63 给出了使用传统单焦点相位补偿方案与多焦点相位补偿方案的极化转换波束扫描反射阵列天线在 ±30° 扫描范围内中心频点 35 GHz 处的辐射方向图对比与增益变化量的对比仿真结果。

通过图 6.63 对比可知,在中心频点 35 GHz 采用传统单焦点相位补偿方案设计的波束扫描反射阵列天线在 0°、10°、20°、30° 的扫描范围中,反射阵列天线的增益分别为 28.7 dB、28.3 dB、27.3 dB、25.2 dB,增益变化为 3.5 dB。而对于本课题主要涉及的多焦点相位补偿方案波束扫描反射阵列在中心频点 35 GHz 处,馈源处在 0°、10°、20°、30° 的扫描角度时,反射阵列天线的增益分别为 28.7 dB、

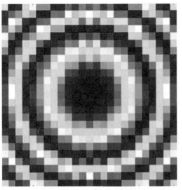

(a) 单焦点相位设计

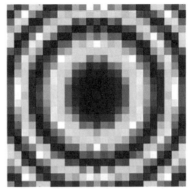

(b) 多焦点相位设计

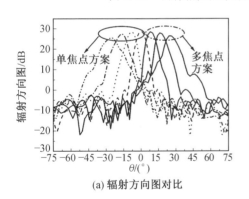

(c) 单焦点阵面设计

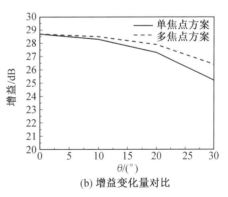

(d) 多焦点阵面设计

图 6.62　两种相位设计的相位分布与仿真阵面对比

(a) 辐射方向图对比

(b) 增益变化量对比

图 6.63　两种设计方案仿真结果对比($f = 35$ GHz)

28.5 dB、27.9 dB、26.4 dB,增益变化为2.3 dB。可见两者增益变化量相差1.2 dB,故可以证明在极化转换形式的波束扫描反射阵列天线中,多焦点相位补偿方案较传统单焦点相位补偿方案对馈源在扫描过程中增益的稳定性更加可靠。

6.5 本章小结

本章介绍了口径利用效率和馈源尺寸对全金属反射阵列的影响,详细推导了波导单元高度与深度的计算过程,并对十字单元波导进行了设计仿真;再使用Python和CST构建了全金属反射阵列,并对其不同频率下的方向图进行了仿真分析,然后叙述了双频反射阵列的单元结构以及阵列单元的相位补偿、高低频单元之间的互耦效应,并完了馈源天线的设计,建立阵列模型分析了双频反射阵列在不同频率下的方向图、轴比等参数;最后详细介绍了极化转换原理,设计了极化转换单元以及线极化馈源、极化转换波束扫描反射阵列天线,并对其参数进行了仿真分析。

本章参考文献

[1] BERRY D, MALECH R, KENNEDY W. The reflectarray antenna[J]. IEEE Transactions on Antennas and Propagation,1963,11(6):645-651.

[2] PHELAN H R. Spiraphase reflectarray for multitarget radar[J]. Microwave Journal,1977,20:67-68.

[3] MALAGISI C S. Microstrip disc element reflect array[C]. EASCON'78; Electronics and Aerospace Systems Convention. 1978:186-192.

[4] 钟顺时. 天线理论与技术[M]. 2 版. 北京:电子工业出版社,2015.

[5] NGUYEN-TRONG N, CHEN S J, FUMEAUX C. A high-gain single-layered circularly polarized spiral series-fed patch antenna array[C]//2022 International Symposium on Antennas and Propagation (ISAP). October 31-November 3, 2022. Sydney, Australia. IEEE, 2022:531-532.

[6] BHUVANESWARI B, MALATHI K. Double layer patch antenna array using novel EBG structure for reducing mutual coupling losses[C]// TENCON 2010 IEEE Region 10 Conference. November 21-24, 2010. Fukuoka, Japan. IEEE, 2010:1225-1229.

[7] YANG P, DANG R R, LI L P. Dual-linear-to-circular polarization converter based polarization-twisting metasurface antenna for generating dual band dual circularly polarized radiation in Ku-band[J]. IEEE

Transactions on Antennas and Propagation，2022，70(10)：9877-9881.

[8] 郑文泉，万国宾，甘启宇，等. 一种新型双频微带反射阵的设计[J]. 电波科学学报，2014，29(6)：1057-1062.

[9] LIU Y, CHENG Y J, LEI X Y,et al. Millimeter-wave single-layer wideband high-gain reflectarray antenna with ability of spatial dispersion compensation[J]. IEEE Transactions on Antennas and Propagation，2018，66(12)：6862-6868.

[10] 庄亚强，王光明，张小宽，等. 基于梯度超表面的反射型线－圆极化转换器设计[J]. 物理学报，2016，65(15)：71-77.

[11] LI Y Z, BIALKOWSKI M E，ABBOSH A M. Single layer reflectarray with circular rings and open-circuited stubs for wideband operation[J]. IEEE Transactions on Antennas and Propagation，2012，60(9)：4183-4189.

第7章

波束扫描反射阵列天线

7.1 引　言

反射阵列天线由于其独特的结构性能,在设计时可以通过调节各个单元的尺寸,产生所需的辐射方向图,较易实现波束扫描性能[1]。波束扫描天线是指在同一天线中实现多个不同的波束指向[2]。本章就圆极化波束扫描反射阵列天线、全金属双极化波束扫描反射阵列天线的原理、设计及性能进行详细的介绍,并以具体设计实例介绍对应类型反射阵列天线的设计流程。

7.2 圆极化波束扫描反射阵列天线

近年来,天线与微波领域的技术发展迅猛,电子设备所使用的频段向毫米波扩展,而毫米波成像技术也因为其独有的辐射小、成像分辨率较高等诸多优点,得到了国内外学者的广泛研究[3]。毫米波在特定的大气窗口频段内,可以对云层、大雾、尘埃等进行透射,具有红外线与X射线等不能比拟的独到优势,同时可实现不受天气干预、不受时段限制的工作能力,因此毫米波成像技术在远距离遥感成像领域有着巨大的发展潜力[4]。而在遥感毫米波成像系统中,天线是系统核心之一,天线的性能可以决定系统的工作效率与精准度[5]。

根据新型遥感毫米波成像系统的发展需求,设计一种具有高增益、低旁瓣,同时具有波束扫描功能的高性能天线已成为实际需求[6]，又因圆极化电磁波在毫米波成像技术中具有去除伪影的独特优势，所以本节以此为要求，对天线的性能指标进行分析，探究波束扫描反射阵列天线的工作机理，设计了圆极化形式的波束扫描反射阵列天线[7]。

7.2.1　圆极化波束扫描反射阵列单元结构设计

1. 十字形旋转单元设计

本节所设计的圆极化波束扫描反射阵列天线，采用的是圆极化单元与圆极化馈源相结合的方式，采用旋转十字形单元作为圆极化反射单元，对旋转型反射阵列单元的原理进行推导和证明。

如图 7.1(a) 所示，单元在 x 方向与 y 方向的臂长分别为 d_x、d_y，且 d_x 与 d_y 不等长。设定入射波为左旋圆极化电磁波，方向为 z 轴负方向。此时入射电磁波可表示为

$$\boldsymbol{E}^{\mathrm{i}} = (\boldsymbol{u}_x + \mathrm{j}\boldsymbol{u}_y)a\mathrm{e}^{-\mathrm{j}kz}\,\mathrm{e}^{-\mathrm{j}\omega t} \tag{7.1}$$

式中　a——电磁波的幅度值。

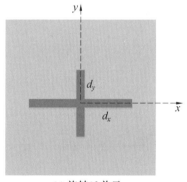

(a) 旋转0°单元

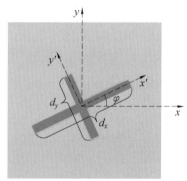

(b) 旋转φ单元

图 7.1　旋转型反射阵列单元

根据电磁波反射理论得到反射波 $\boldsymbol{E}^{\mathrm{r}}$ 可表示为

$$\boldsymbol{E}^{\mathrm{r}} = (\boldsymbol{u}_x + \mathrm{j}\boldsymbol{u}_y)a\mathrm{e}^{-\mathrm{j}kz}\,\mathrm{e}^{-\mathrm{j}\omega t} \tag{7.2}$$

假定理想情况下单元损耗为 0。此时当 $d_x = d_y$ 时，通过式(7.2)可使反射波变为右旋圆极化电磁波。当两臂的相位延迟差为 180° 时，即 $kl_x = kl_y + \pi/2$，反射波可表示为

$$\boldsymbol{E}^{\mathrm{r}} = (-\boldsymbol{u}_x\mathrm{e}^{2\mathrm{j}kd_x} - \mathrm{j}\boldsymbol{u}_y\mathrm{e}^{2\mathrm{j}kd_y})a\mathrm{e}^{\mathrm{j}kz}\,\mathrm{e}^{-\mathrm{j}\omega t} \tag{7.3}$$

此时反射波仍为左旋圆极化电磁波，与入射波相同。

当单元旋转角度为 φ 时，如图 7.1(b) 所示，设立新坐标轴 x'、y'。此时坐标轴分量变为 $\hat{u}_{x'}$、$\hat{u}_{y'}$，入射波的表达式为

$$E^{r} = e^{j2kd_y}(\boldsymbol{u}_x - j\boldsymbol{u}_y)ae^{jkz}e^{-j\omega t} \tag{7.4}$$

据此可写出反射波表达式为

$$E^{r} = -(\boldsymbol{u}_{x'}e^{2jkd_{x'}} + j\boldsymbol{u}_{y'}e^{2jkd_{y'}})ae^{jkz}e^{-j\omega t}e^{j\varphi}e^{j2kd_y} \tag{7.5}$$

通过数学变换,式(7.5)可转化为

$$E^{r} = -\frac{1}{2}\big[(\boldsymbol{u}_x - j\boldsymbol{u}_y)(e^{2jkd_{x'}} - e^{2jkd_{y'}})e^{2j\varphi} +$$

$$(\boldsymbol{u}_x + j\boldsymbol{u}_y)(e^{2jkd_{x'}} + e^{2jkd_{y'}})\big]ae^{jkz}e^{-j\omega t}e^{j2kdy} \tag{7.6}$$

而通过式(7.6)可以发现此时反射波中既存在左旋圆极化电磁波,又存在右旋圆极化电磁波,并且右旋圆极化电磁波的存在与旋转角度无关。如果可以改变 d_x 与 d_y 的长度,使 $kd_x = kd_y \pm \pi/2$,即可去掉右旋圆极化,从而保证出射波只有左旋圆极化并保证交叉极化性能良好。即

$$E^{r} = (\boldsymbol{u}_x - j\boldsymbol{u}_y)ae^{2jkz}e^{-j\omega t}e^{2j\varphi} \tag{7.7}$$

通过式(7.7)可知,当单元旋转 φ 时,反射相位对应为 2φ。单元的转动角度与对应的反射相位为一次函数变化关系。

十字形旋转单元由金属地板、介质板、十字形贴片组成。介质板选用的材质为罗杰斯 RT5880,相对介电常数 $\varepsilon_r = 2.2$,选取 $d = 0.508$ mm 的板材厚度。单元周期边长为 3.6 mm,十字形贴片的宽度为 0.5 mm,金属厚度为 0.035 mm。结构如图 7.2 所示。

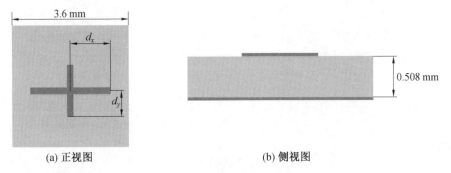

(a) 正视图　　　　　　　　　　　　　(b) 侧视图

图 7.2　旋转十字形单元结构图

单元仿真使用 CST 软件中的周期(unit cell)边界条件,并使用 Floquet 端口进行激励。十字形单元的模型中 x 方向臂长 d_x 与 y 方向臂长 d_y 长度不相等,通过分析可知,x 方向与 y 方向的反射相位差值要达到 $180°$。在实际仿真中,当线极化电磁波入射时,通过改变 x 方向的臂长会引起 x 方向的反射相位发生变化,此时观察 y 方向的反射相位发现变化较小,如图 7.3 所示,可知 x 方向与 y 方向的极化隔离度较高。

根据图 7.3,只需在曲线变化线性度较好的范围内选取两个不同长度的十字形臂长,使其相位差达到 $180°$,则可保证单元的交叉极化良好。据图选取 x 方向

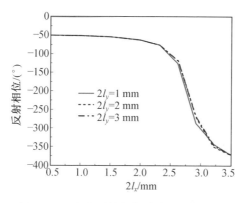

图 7.3　x 方向反射相位随臂长变化曲线

臂长为 3.02 mm，y 方向臂长为 2.6 mm。

　　通过旋转十字形贴片得到单元在左旋圆极化电磁波入射时在 34 GHz、35 GHz、36 GHz 的反射相位，如图 7.4 所示，从图中可判断，单元的反射相位与频率的线性度较高，对提高反射阵列天线的带宽有利。对于单元的交叉极化性能，在圆极化天线中，交叉极化低于 −15 dB 时，可确定其符合圆极化指标。根据前文所述旋转极化单元理论，左旋圆极化出射为主极化，右旋圆极化出射为交叉极化。交叉极化仿真结果以旋转 25° 为例，在图 7.5 中给出了当单元旋转 25° 时天线的主极化与交叉极化。从图中可知，天线的交叉极化低于 20 dB，符合圆极化单元要求。

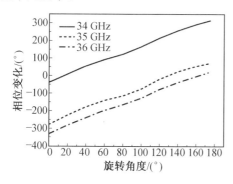

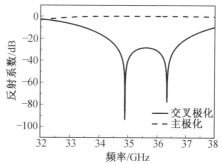

图 7.4　不同频点处单元反射相位　　　　图 7.5　旋转 25° 单元交叉极化

2. 圆极化馈源设计

（1）波纹喇叭。

本节设计的圆极化馈源由波纹喇叭和圆极化器组成。波纹喇叭剖面结构与尺寸图如图 7.6 所示，图中波纹开槽结构 l_1 为辐射端，圆波导结构 l_2 为传输端，各部分具体尺寸在图中标明。其中辐射端内有多个开槽结构。波纹喇叭较传统喇

叭天线相比,具有天线方向图对称性高、交叉极化较低的特点,是反射阵列天线
馈源的最佳选择之一[8]。

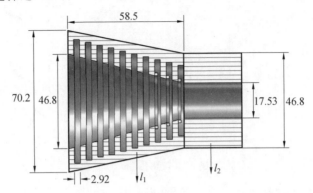

图 7.6　波纹喇叭剖面结构与尺寸图(单位:mm)

　　圆波导从截面上看是金属管道,其截面为内部空心的,其内部可以传输 TE
与 TM 模式的电磁波。图 7.7 给出了圆波导的几何结构图。因为圆波导为圆柱
形结构,所以对圆波导的分析需要采用柱坐标系[9]。根据波导场分布理论,圆波
导内部的横向场分量可由纵向分量导出:

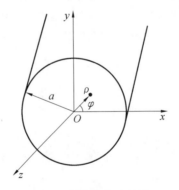

图 7.7　圆波导柱坐标图

$$E_\rho = -\frac{\mathrm{j}}{k_\mathrm{c}^2}\left(\beta\frac{\partial E_z}{\partial \rho} + \frac{\omega\mu}{\rho}\frac{\partial H_z}{\partial \varphi}\right) \tag{7.8}$$

$$E_\varphi = -\frac{\mathrm{j}}{k_\mathrm{c}^2}\left(\frac{\beta}{\rho}\frac{\partial E_z}{\partial \varphi} - \omega\mu\frac{\partial H_z}{\partial \rho}\right) \tag{7.9}$$

$$H_\rho = -\frac{\mathrm{j}}{k_\mathrm{c}^2}\left(\frac{\omega\varepsilon}{\rho}\frac{\partial E_z}{\partial \varphi} - \beta\frac{\partial H_z}{\partial \rho}\right) \tag{7.10}$$

$$H_\varphi = -\frac{\mathrm{j}}{k_\mathrm{c}^2}\left(\omega\varepsilon\frac{\partial E_z}{\partial \rho} + \frac{\beta}{\rho}\frac{\partial H_z}{\partial \varphi}\right) \tag{7.11}$$

　　其中,$k_\mathrm{c}^2 = k^2 - \beta^2$,在此数学模型中,设置电磁波沿 $\mathrm{e}^{-\mathrm{j}\beta z}$ 方向传播,即 z 轴正方向

为电磁波传播方向。

对于 TE 模式的电磁波来说，$E_z = 0$，H_z 满足波动方程 $\nabla^2 H_z + k^2 H_z = 0$。
$H_z(\rho, \varphi, z) = h_z(\rho, \varphi)\mathrm{e}^{-\mathrm{j}\beta z}$，所以波动方程可以写为

$$\left(\frac{\partial^2}{\partial \rho^2} + \frac{1}{\rho}\frac{\partial}{\partial \rho} + \frac{1}{\rho^2}\frac{\partial^2}{\partial \varphi^2} + k_{\mathrm{c}}^2\right)h_2(\rho, \varphi) = 0 \tag{7.12}$$

对于式 (7.12) 可用分离变量法进行求解，从而 $h_2(\rho, \varphi)$ 可表示为

$$h_2(\rho, \varphi) = R(\rho)P(\varphi) \tag{7.13}$$

将式 (7.13) 代入式 (7.12) 可得

$$\frac{1}{R}\frac{\mathrm{d}^2 R}{\mathrm{d}\rho^2} + \frac{1}{R}\frac{\mathrm{d}R}{\mathrm{d}\rho} + \frac{1}{\rho^2 P}\frac{\mathrm{d}^2 P}{\mathrm{d}\varphi^2} + k_{\mathrm{c}}^2 = 0 \tag{7.14}$$

式 (7.14) 可改写为

$$\frac{\rho^2}{R}\frac{\mathrm{d}^2 R}{\mathrm{d}\rho^2} + \frac{\rho}{R}\frac{\mathrm{d}R}{\mathrm{d}\rho} + \rho^2 k_{\mathrm{c}}^2 = -\frac{1}{P}\frac{\mathrm{d}^2 P}{\mathrm{d}\varphi^2} \tag{7.15}$$

通过式 (7.15) 可看出方程等式左边是关于 ρ 的多项式，方程右边是关于 φ 的多项式，等式在方程两端为同一常数时成立，故将此常数设为 k_{φ}^2。

于是可得出

$$\frac{-1}{P}\frac{\mathrm{d}^2 P}{\mathrm{d}\varphi^2} = k_{\varphi}^2 \tag{7.16}$$

将等式变换可得

$$\frac{\mathrm{d}^2 P}{\mathrm{d}\varphi^2} + P k_{\varphi}^2 = 0 \tag{7.17}$$

并且可得

$$\rho^2\frac{\mathrm{d}^2 R}{\mathrm{d}\rho^2} + \rho\frac{\mathrm{d}R}{\mathrm{d}\rho} + (\rho^2 k_{\mathrm{c}}^2 - k_{\varphi}^2)R = 0 \tag{7.18}$$

式 (7.17) 的通解可由下式表示：

$$P(\varphi) = A\sin n\varphi + B\cos n\varphi \tag{7.19}$$

因为 h_z 的解是 φ 的周期函数，所以 $h_2(\rho, \varphi) = h_2(\rho, \varphi \pm 2m\pi)$。式 (7.18) 的通解可表示为

$$R(\rho) = C\mathrm{J}_n(k_{\mathrm{c}}\rho) + D\mathrm{Y}_n(k_{\mathrm{c}}\rho) \tag{7.20}$$

$\mathrm{J}_n(k_{\mathrm{c}}\rho)$ 与 $\mathrm{Y}_n(k_{\mathrm{c}}\rho)$ 分别是第一类 Bessel 函数（贝塞尔函数）和第二类 Bessel 函数形式。在 Bessel 函数形式中，$\mathrm{Y}_n(k_{\mathrm{c}}\rho)$ 在 $\rho = 0$ 时趋于无穷大，不符合实际应用情况。故可判定 $D = 0$。此时 h_z 可表示为

$$h_z(\rho, \varphi) = (A\sin n\varphi + B\cos n\varphi)\mathrm{J}_n(k_{\mathrm{c}}\rho) \tag{7.21}$$

当 $\rho = a$ 时，$E_{\varphi}(\rho, \varphi) = 0$，由式 (7.9) 可由 H_z 计算出 E_{φ}：

$$E_{\varphi}(\rho, \varphi, z) = \frac{\mathrm{j}\omega\mu}{k_{\mathrm{c}}}(A\sin n\varphi + B\cos n\varphi)\mathrm{J}'_n(k_{\mathrm{c}}\rho)\mathrm{e}^{-\mathrm{j}\beta z} \tag{7.22}$$

式(7.22)中$J'_n(k_c\rho)$表示J_n对自变量的微商。因为当$\rho=a$时，$E_\varphi(\rho,\varphi)=0$，所以可得出结论$J'_n(k_c a)=0$。

设$J'_n(k_c\rho)$的根为p'_{nm}，即$J'_n(p'_{nm})=0$，则可得出截止波数k_c必定满足

$$k_c=\frac{p'_{nm}}{a} \tag{7.23}$$

至此根据圆波导理论，圆波导截止波数$k_c=\dfrac{p'_{mn}}{a}$已经求出，a为圆波导半径，TE模式与TM模式下的p'_{nm}的具体数值由表7.1和表7.2给出[10]。根据此两表，可计算出所选工作频率的圆波导半径尺寸。当$n=1,m=1$时，可知$p'_{11}=1.841$。本节设计的天线工作的中心频率为35 GHz，波导基模为TE_{11}模式，通过计算可得a的取值为$a>2.51$ mm。即当$a>2.51$ mm时，35 GHz的电磁波可通过圆波导进行传输。

表7.1 圆波导TE模的p'_{nm}值

n	p'_{n1}	p'_{n2}	p'_{n3}
0	3.832	7.016	10.174
1	1.841	5.331	8.536
2	3.054	6.706	9.970

表7.2 圆波导TM模的p'_{nm}值

n	p'_{n1}	p'_{n2}	p'_{n3}
0	2.405	5.520	8.654
1	3.832	7.016	10.174
2	5.135	8.417	11.620

当波纹喇叭在辐射段内部引入槽缝结构后，内部电磁场的边界条件发生改变。电磁波将激励起高次模，此结构可满足TE模式与TM模式电磁波的边界条件，改变电场与磁场的分布，TE模与TM模将会达到平衡状态，此时天线内部传播的电磁波为TE_{11}模式，此种模式下电场与磁场呈现高度对称的分布状态，从而得出结论：引入波纹结构可使喇叭天线获得对称的辐射方向图。与此同时可保证天线的低交叉极化性能。在图7.6中靠近喇叭传输段的前三级槽缝中加入了环形阶梯，这样可以进一步使模式混合至平衡状态，从而减小天线的反射系数，提升天线性能。

图7.8与图7.9给出了波纹喇叭的仿真结果。从图7.8可看出，波纹喇叭在30~40 GHz范围内，S_{11}低于-15 dB。天线的E面方向图和H面方向图由图

7.9 可看出,天线在中心频点 35 GHz 处,增益为 14.1 dB,在 15 dB 波束宽度内,天线辐射方向图一致。中心频点 35 GHz 处,天线副瓣电平为 －25.3 dB。图7.10 给出了波纹喇叭仿真模型中在各个频点的相位中心的相对位置,可从仿真软件中进行观测,可知波纹喇叭相位中心变化波动约为 0.5 mm,稳定度较高,波纹喇叭指标满足反射阵列天线的馈源标准。

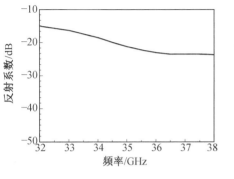

图 7.8　波纹喇叭反射系数

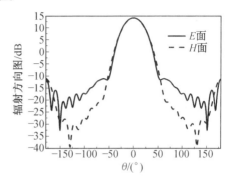

图 7.9　波纹喇叭辐射方向图

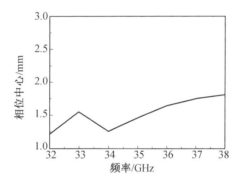

图 7.10　波纹喇叭相位中心

（2）隔板极化器。

Chen Minghui 等人在 20 世纪 70 年代提出了隔板圆极化器,并使用模式匹配法对其进行了理论验证与推导[10]。隔板圆极化器相比于插片式圆极化器具有频带宽、轴比低、端口隔离度高的优点。并且隔板圆极化器结构简单、体积较小,易于与后续馈电系统相连接。隔板圆极化器最大的优点是不需要在后端加入正交模耦合器（OMT）,通过本身的双输入端口即可实现双极化工作。本节设计的隔板圆极化器结构如图 7.11 所示。圆极化器由同等厚度的五阶阶梯与方波导管结合而成。

隔板圆极化器可等效成一个四端口网络元件,由方形波导管和五阶阶梯隔板组成,通过改变阶梯的长度与高度使出射波实现圆极化。对于隔板圆极化器的分析方式一般采用模式匹配法,模式匹配法可以计算由四端口的广义散射矩阵引出的耦合矩阵[12]。

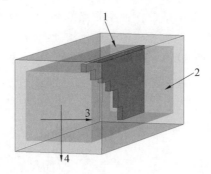

图 7.11　圆极化器示意图

采用反向推理的方式,当 3 端口入射一个圆极化 TE_{10} 模式的电磁波时,可以分解为相位差为 $90°$ 的相互垂直的 TE_{01} 模与 TE_{10} 模。同理当 1 端口与 2 端口输入的电磁波为 TE_{10} 模式,电磁波在经过方波导内部的隔板时,可以分为两部分: TE_{10} 模式与 TE_{01} 模式。对于分解的 TE_{10} 模电磁波来说,当其通过圆极化器时传输特性未发生变化,对于 TE_{01} 模电磁波来说,当其通过内部隔板时,电磁波的相位相关信息将发生变化,传输常数也将因为不对称的阶梯结构发生变化。通过调整阶梯的高度与长度,可以使 TE_{01} 模电磁波的相位与 TE_{10} 模电磁波相差 $90°$[5]。圆极化器场模式分布原理图可根据图 7.12 具体观察得到。

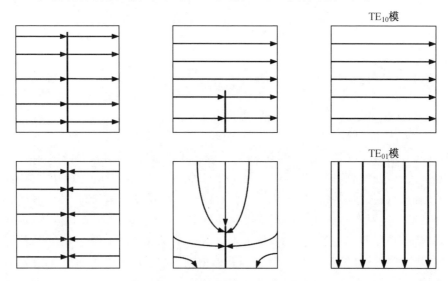

图 7.12　圆极化器场模式分布原理图

当 1 端口与 2 端口同时馈入同振幅同相位的线极化 TE_{10} 模式的电磁波时,电磁波通过圆极化器辐射出 TE_{10} 模式的线极化电磁波。当 1 端口与 2 端口同时馈入同振幅、相位相差 $180°$ 的电磁波时，电磁波通过隔板圆极化器辐射出 TE_{01} 模式的线极化电磁波。通过叠加原理得出，当 1 端口输入 TE_{10} 模式的线极化电磁波时，调整隔板的高度与长度即可使 TE_{10} 模式与 TE_{01} 模式电磁波相位相差 $90°$，而两者保持相同最大振动幅度，合成圆极化电磁波。

（3）隔板圆极化器的四端口网络分析。

圆极化器的 S 参数矩阵可由下式进行表示：

$$\boldsymbol{S} = \begin{bmatrix} S_{11} & S_{12} & S_{13} & S_{14} \\ S_{21} & S_{22} & S_{23} & S_{24} \\ S_{31} & S_{32} & S_{33} & S_{34} \\ S_{41} & S_{42} & S_{43} & S_{44} \end{bmatrix} \tag{7.24}$$

由微波网络理论，此结构四端口器件具有对称特性，即 $S_{ij} = S_{ji}$，且由圆极化器原理可得 $S_{23} = S_{13}$，$S_{14} = -S_{24}$，则式（7.24）可改写为

$$\boldsymbol{S} = \begin{bmatrix} S_{11} & S_{12} & S_{13} & S_{14} \\ S_{12} & S_{22} & S_{23} & -S_{14} \\ S_{13} & S_{23} & S_{33} & S_{34} \\ S_{14} & -S_{14} & S_{34} & S_{44} \end{bmatrix} \tag{7.25}$$

又因为此网络为无耗网络，故其同样满足幺正性，即 $\boldsymbol{S}^* \boldsymbol{S} = \boldsymbol{I}$。故 S 参数满足

$$\begin{cases} |S_{11}|^2 + |S_{12}|^2 + |S_{13}|^2 + |S_{14}|^2 = 1 \\ |S_{22}|^2 + |S_{12}|^2 + |S_{13}|^2 + |S_{14}|^2 = 1 \\ |S_{14}|^2 + |S_{14}|^2 + |S_{34}|^2 + |S_{44}|^2 = 1 \\ |S_{13}|^2 + |S_{13}|^2 + |S_{33}|^2 + |S_{34}|^2 = 1 \end{cases} \tag{7.26}$$

通过式（7.26）可发现，$|S_{11}|^2 = |S_{22}|^2$，由圆极化器结构可看出，由于隔板厚度较薄，在计算 3 端口的反射系数 S_{33} 时，可认为 $S_{33} = 0$，且 $|S_{13}| = \dfrac{\sqrt{2}}{2}$。

通过式（7.26）可知

$$\begin{cases} S_{34} = 0 \\ |S_{14}|^2 = \dfrac{1}{2}(1 - |S_{44}|^2) \end{cases} \tag{7.27}$$

将式（7.27）代入式（7.26）可得

$$|S_{12}|^2 = \dfrac{1}{2} |S_{44}|^2 - |S_{11}|^2 \tag{7.28}$$

通过式（7.28）可知，1 端口与 2 端口的隔离度不影响 3 端口，降低 4 端口的回波损耗可以提升 1、2 端口的隔离度。

通过分析可知隔板圆极化器的圆极化波是由 TE_{10} 模与 TE_{01} 模电磁波合成

的,若 S_{13} 与 S_{14} 的幅度不一致或相位差不满足 $90°$,则会造成圆极化器轴比(AR)的升高。由电场的幅度不一致产生的轴比 $AR_1 = 20\lg \left| \dfrac{S_{14}}{S_{13}} \right|$,由相位差不满足 $90°$ 产生的轴比 $AR_2 = 20\lg \left| \dfrac{S_{13} + S_{11}}{S_{14} - S_{13}} \right|$。

隔板圆极化器的方波导内壁边长为 62 mm,波导管总长度为 30.1 mm,各阶梯厚度相同,隔板厚度为 0.5 mm。圆极化器的横截面图如图 7.13 所示。各阶梯的高度与长度通过 CST Studio Suite 2017 优化功能设定对 3 端口和 4 端口(在仿真软件中为 3 端口的 1 模式与 2 模式)的相位差和幅度目标值进行优化,从而调节各阶梯长度与高度,找到符合目标值的参数。具体尺寸如图 7.13 所示。

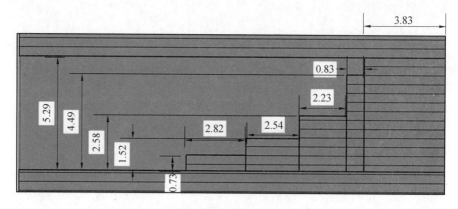

图 7.13　圆极化器的模截面图(单位:mm)

(4)圆极化器的仿真结果分析。

图 $7.14 \sim 7.16$ 分别给出了隔板圆极化器的反射系数、1 端口与 2 端口的隔离度、轴比。由图中可知,圆极化器的反射系数在 $32 \sim 37$ GHz 范围内低于 -25 dB。圆极化器的交叉极化电平在 $32 \sim 38$ GHz 范围内低于 -18 dB,轴比性能表现良好,在 $31 \sim 38$ GHz 轴比低于 0.5 dB。

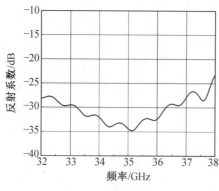

图 7.14　圆极化器反射系数

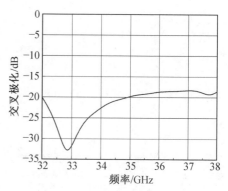

图 7.15　圆极化器交叉极化

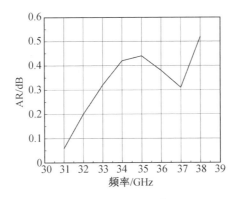

图 7.16　圆极化器轴比

（5）整体仿真结果。

整体圆极化馈源由四部分组成：波纹喇叭、方圆过渡装置、隔板圆极化器和方波导口转标准波导切角弯结构。方圆过渡装置是用来连接方波导的圆极化器和圆波导的波纹喇叭；方波导口转标准波导切角弯在实际应用中用来连接标准波导进行馈电。将四者组合如图 7.17 所示。

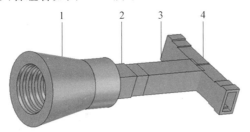

图 7.17　整体圆极化波纹喇叭馈源结构图

1— 波纹喇叭；2— 方圆过渡装置；3— 隔板圆极化器；4— 方波导口转标准波导切角弯结构

方圆过渡装置（图 7.18）是将方波导与圆波导相连接的阻抗匹配装置，为保证波纹喇叭与圆极化器组合之后还能够有较低的反射系数。方圆过渡装置采用了内部使用倒角渐变的结构，实现合理过渡。

(a) 侧视图

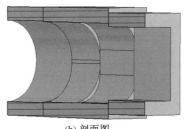

(b) 剖面图

图 7.18　方圆过渡装置

通过优化两级渐变的倒角大小以降低反射系数,图 7.19 给出了方圆过渡装置的反射系数。

在设计方圆过渡装置之后,需将波纹喇叭、方圆过渡装置与圆极化器组合进行联合仿真来验证其合理性。此时圆极化馈源波纹喇叭结构如图 7.20 所示。

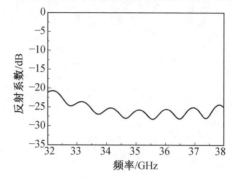

图 7.19   方圆过渡装置的反射系数

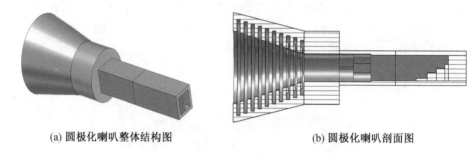

(a) 圆极化喇叭整体结构图   (b) 圆极化喇叭剖面图

图 7.20   圆极化馈源波纹喇叭结构图

此时馈源喇叭的反射系数、俯仰面方向图、相位中心、增益及轴比在图 7.21 中给出。从图 7.21 可看出,圆极化波纹喇叭天线在 $32 \sim 36.9$ GHz 的频率范围内,天线反射系数低于 -15 dB。天线在中心频点 35 GHz 处增益为 14.04 dB,副瓣电平为 -27 dB。在 $32 \sim 38$ GHz 频率范围内,相位中心相对位置稳定,各个频点误差波动不超过 1 mm,且天线在带宽内增益也较为稳定,误差不超过 1 dB,轴比低于 1 dB。

在实际工作中,设计使用了方波导转标准波导的接口。此结构可看作是对称式的波导 E 面切角弯结构。其结构如图 7.22 所示。从图 7.22 中可以看出,此接口的上端开口处与圆极化器相连接,左右两端分别与标准波导连接。由于馈源天线工作于 Ka 波段,故采用国标 BJ320 波导与馈源喇叭天线进行对接,国标 BJ320 波导截面宽边为 3.556 mm,长边为 7.112 mm。

此结构在中心处采用三级阶梯式的过渡使电磁波辐射入隔板圆极化器,实现阻抗匹配,三级台阶的尺寸通过优化得出。当分别从两端口进行馈电,则可实

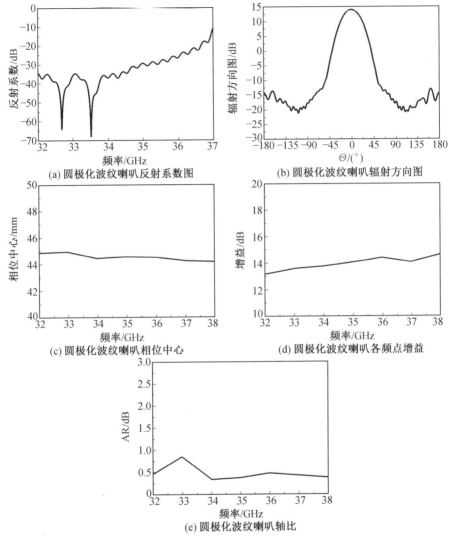

(a) 圆极化波纹喇叭反射系数图

(b) 圆极化波纹喇叭辐射方向图

(c) 圆极化波纹喇叭相位中心

(d) 圆极化波纹喇叭各频点增益

(e) 圆极化波纹喇叭轴比

图 7.21　圆极化波纹喇叭仿真结果

现左旋圆极化与右旋圆极化的双极化工作状态。各部分具体尺寸在图 7.23 和图 7.24 中给出。

　　将此标准波导转换接头与圆极化器相连进行组合式仿真,仿真结果如图 7.25 所示。从图中可知此结构在 32～36.5 GHz 内反射系数小于 −18 dB。在完成各个组件的仿真并在各项指标都得到保证之后,将各部分进行总装。

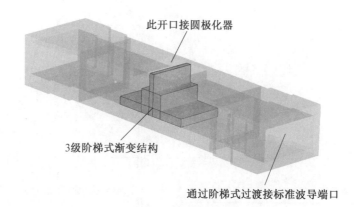

图 7.22　方波导转标准波导整体结构图

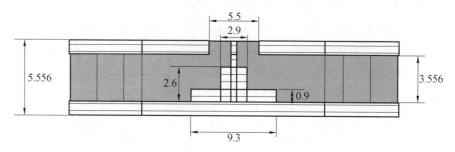

图 7.23　方波导转标准波导剖面尺寸图(单位:mm)

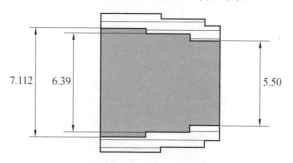

图 7.24　方波导转标准波导接头剖面尺寸图(单位:mm)

　　总装圆极化馈源模型仿真结果如图 7.26 所示。从图中可得出以下结论:圆极化馈源喇叭在 32 ～ 37 GHz 频率范围内反射系数低于 — 20 dB,增益稳定在 14 dB 左右,交叉极化低于 — 30 dB。圆极化馈源天线在频带内轴比性能较好,不同频点轴比均低于 0.75 dB。天线在频带内可保证相位中心稳定,不同频点相位中心误差不超过 1 mm。

　　至此,圆极化馈源天线设计与优化完毕,从结果中可看出,总装圆极化馈源波纹喇叭天线取得了较好的结果。

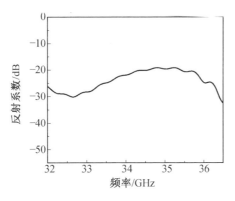

图 7.25　标准波导转换接头与圆极化器组合的反射系数

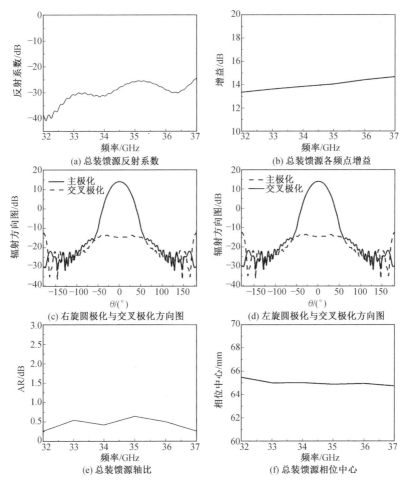

图 7.26　总装馈源天线仿真结果

3. 反射阵列天线设计

根据多焦点相位分布原理,设计圆极化波束扫描反射阵列天线,对采用多焦点相位补偿的圆极化波束扫描反射阵列天线进行验证。通过单元仿真结果建立单元旋转角度与反射相位的数据库,运用编程软件计算每个阵元所处位置需要进行的相位补偿量,之后在 CST Microwave Studio 仿真软件中写入 VB 脚本文件,通过宏功能对反射面进行建模,实现自动建模,提高建模速度。

(1) 反射阵列天线仿真。

反射阵列天线简化模型如图 7.27 所示。天线阵列由 $15d = 0.508$ mm 的 15 个旋转型微带单元组成,尺寸为 $l_x \times l_y = 54$ mm $\times 54$ mm。阵列以原点为中心,馈源口面距离反射阵面中心为 54 mm,即焦径比 $F/D = 1$,馈源按照图中所示的圆弧轨迹以阵面中心点为原点,在 xOz 平面沿 x 轴方向以 54 mm 为半径进行 $\pm 30°$ 的扫描。

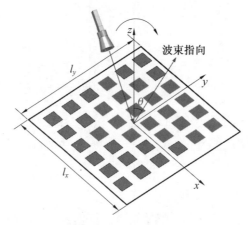

图 7.27 圆极化波束扫描反射阵列天线简图

图 7.28 给出了阵面的实际仿真模型,单元采用交错排布的方式可有效地减小栅瓣,如图 7.29 所示。而对于圆极化馈源天线在仿真阵列时不使用模型,直接对阵面进行馈电照射,在仿真阵列时将喇叭的仿真结果作为近场源进行导入,将此近场源模拟馈源喇叭对阵面进行照射,如图 7.30 所示。

此种方式有两个好处:① 简化阵列模型;② 在馈源扫描的过程中,馈源的馈电位置不能保证所处的每一个位置都能与坐标系垂直,无法在电磁仿真软件中使用波导馈电。馈源天线与反射阵列均采用时域有限差分求解器进行仿真。

图 7.28　圆极化波束扫描反射阵面　　　图 7.29　单元交错排列示意图

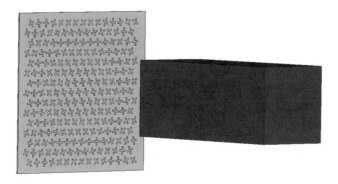

图 7.30　近场源仿真模型

图 7.31 给出了在中心频点 35 GHz 处 0°、10°、20°、30° 扫描角度的辐射方向图,并给出了圆极化波束扫描反射阵列天线的增益、轴比在不同扫描角度的仿真结果。

通过图 7.31 可知,在 35 GHz 处,反射阵列天线在 0°、10°、20°、30° 扫描角度的增益分别为 26.2 dB、26.0 dB、25.5 dB、24.8 dB,增益变化为 1.4 dB。天线的轴比分别为 1.19 dB、1.45 dB、1.30 dB、1.35 dB,均低于 3 dB,且在各扫描角度的 3 dB 波束宽度内轴比均小于 2 dB。反射阵列天线的副瓣电平分别为 −19.1 dB、−15.1 dB、−14.0 dB、−14.3 dB,均低于 −14 dB。各个扫描点的交叉极化均低于 −15 dB,满足圆极化反射阵列条件。在 35 GHz 处,天线在各扫描角度口面利用效率通过公式计算分别为 83.5%、79.8%、71.1%、60.5%。各项仿真结果可从表 7.3 中更加直观地看出。

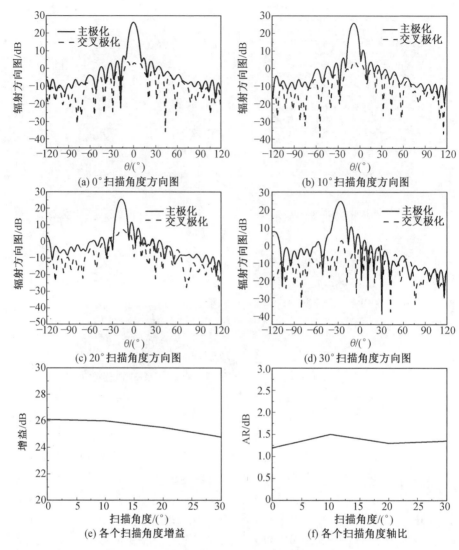

(a) 0°扫描角度方向图

(b) 10°扫描角度方向图

(c) 20°扫描角度方向图

(d) 30°扫描角度方向图

(e) 各个扫描角度增益

(f) 各个扫描角度轴比

图 7.31　35 GHz 仿真结果

表 7.3　各扫描角度仿真结果对比 ($f = 35$ GHz)

扫描角度 /(°)	增益 /dB	轴比 /dB	副瓣电平 /dB	口面利用效率 /%
0	26.2	1.19	−19.1	83.5
10	26.0	1.45	−15.1	79.8
20	25.5	1.30	−14.0	71.1
30	24.8	1.35	−14.3	60.5

图 7.32 给出了在 33 GHz 处天线的辐射方向图与增益、轴比的仿真结果。

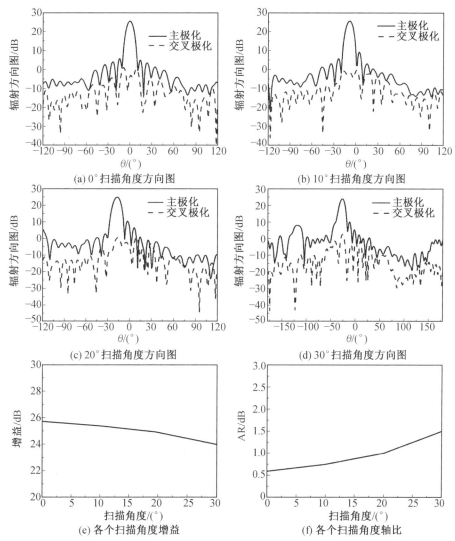

图 7.32   33 GHz 仿真结果

从图 7.32 中可看出，在 33 GHz 处，波束扫描反射阵列天线在 0°、10°、20°、30° 扫描角度的增益为 25.7 dB、25.4 dB、24.9 dB、24.0 dB，天线的增益变化为 1.7 dB，在各角度扫描范围内保持增益的稳定。轴比在各角度分别为 0.59 dB、0.75 dB、1.0 dB 与 1.5 dB，均低于 3 dB，且天线在各个扫描角度的 3 dB 波束宽度内轴比均可保证低于 2.1 dB。天线的副瓣电平分别为 −19.8 dB、−16.3 dB、−14.2 dB、−14.0 dB，且反射阵列的交叉极化仿真结果均小于 −15 dB，可满足圆极化波束扫描反射阵列天线要求。表 7.4 给出了 33 GHz 时不同扫描角度的仿真结果的对比。在 33 GHz 处,天线在各扫描角度口面利用效率通过公式计算分别为 74.5%、69.5%、61.9%、50.3%。

表 7.4 各扫描角度仿真结果对比($f = 33$ GHz)

扫描角度 /(°)	增益 /dB	轴比 /dB	副瓣电平 /dB	口面利用效率 /%
0	25.7	0.59	−19.8	74.5
10	25.4	0.75	−16.3	69.5
20	24.9	1.0	−14.2	61.9
30	24.0	1.5	−14.0	50.3

图 7.33 给出了圆极化波束扫描反射阵列天线在 36 GHz 处的辐射方向图、交叉极化电平、增益与轴比等仿真结果。

从图 7.33 中可看出,在 36 GHz 处,天线在 0°、10°、20°、30° 扫描角度的增益为 26.2 dB、25.9 dB、25.5 dB、24.9 dB,天线的增益变化为 1.3 dB,增益同样保持稳定。反射阵列天线的轴比在各扫描角度分别为 2.2 dB、2.2 dB、2.1 dB 与 2.22 dB,均低于 3 dB,3 dB 波束宽度内轴比低于 2.7 dB,满足圆极化天线轴比指标要求。反射阵列天线的副瓣电平分别为 −17.8 dB、−14.6 dB、−14.1 dB、−14.5 dB。表 7.5 给出了 36 GHz 处不同扫描角度的仿真结果的对比,方便读者更加直观地观察。天线在各扫描角度口面利用效率通过公式计算分别为 83.6%、78.0%、71.1%、61.9%。

表 7.5 各扫描角度仿真结果对比($f = 36$ GHz)

扫描角度 /(°)	增益 /dB	轴比 /dB	副瓣电平 /dB	口面利用效率 /%
0	26.2	2.2	−17.8	83.6
10	25.9	2.2	−14.6	78.0
20	25.5	2.1	−14.1	71.1
30	24.9	2.22	−14.5	61.9

通过以上分析可以得出结论,基于多焦点相位分布的圆极化馈源与圆极化旋转单元组合形式的波束扫描反射阵列天线在 33 ~ 36 GHz 的 3 GHz 频带范围内可保证在 ±30° 的扫描范围内实现增益稳定,轴比低于 3 dB 等指标,所设计的圆极化波束扫描反射阵列天线可应用于毫米波成像系统中。

(2)仿真结果分析。

下面将对基于单焦点设计的波束扫描反射阵列天线的各项仿真结果与多焦点设计的反射阵列天线仿真结果进行对比分析,验证多焦点相位分布的合理性。图 7.34 给出了多焦点相位分布与单焦点相位分布的相位分布图与阵面的实

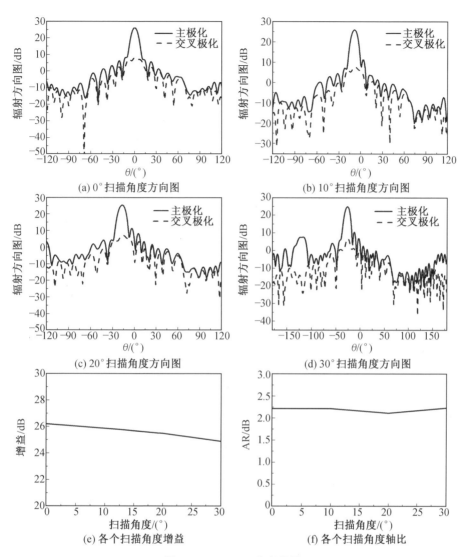

图 7.33　36 GHz 仿真结果

际分布情况。

图 7.35 给出了单焦点设计与多焦点设计的反射阵列天线在中心频点 35 GHz 处在各个扫描角度的方向图、增益变化等对比结果。

通过图 7.35 可以看出，传统意义的单焦点设计方案在 $d=0.508$ mm 的扫描角度中，波束扫描反射阵列天线的增益变化量为 1.8 dB，相比于前面提到的多焦点设计的 1.3 dB 增加了 0.5 dB，说明多焦点相位设计方案在增益稳定度上优于传统单焦点设计，且在 $d=0.508$ mm 扫描角度范围内，多焦点设计的反射阵列的副瓣电平要低于单焦点反射阵列。所以，多焦点设计可以合理地应用在机械扫

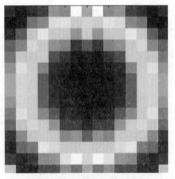

(a) 单焦点相位设计   (b) 多焦点相位设计

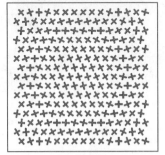

(c) 单焦点阵面设计   (d) 多焦点阵面设计

图 7.34 两种相位设计的相位分布与仿真阵面对比

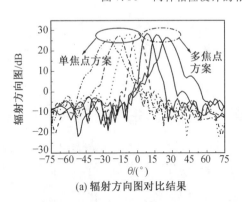

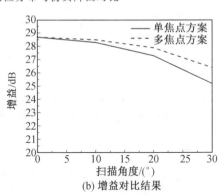

(a) 辐射方向图对比结果   (b) 增益对比结果

图 7.35 两种设计方案仿真结果对比

描反射阵列天线中。

7.2.2 实际测试与分析

对线极化－圆极化形式的波束扫描反射阵列天线和双模圆锥馈源喇叭天线进行实物制作,并对馈源喇叭天线与反射阵列天线进行测试。馈源喇叭采用双模圆锥喇叭、圆矩变换和波导同轴转换结构相结合的方式,材质为铝材料,馈源全身采用镀金工艺以防止氧化。实际结构如图 7.36 所示。

图 7.36　双模圆锥喇叭结构图

测量天线的 S 矩阵参数需要通过矢量网络分析仪进行，故使用安捷伦公司研制的 Agilent N5227A 型号矢量网络分析仪测试，该矢量网络分析仪的工作频率范围为 10 MHz ～ 67 GHz。首先用校准件对矢量网络分析仪进行校准，馈源喇叭天线接在矢量网络分析仪的 1 端口，之后调节频率范围从而观察天线的反射系数。

图 7.37 给出了实际测试方案，对双模圆锥喇叭馈源天线的反射系数、增益和方向图进行测试。在测量馈源喇叭的增益与方向图时，采用信号源与频谱仪结合的方式，可以有效地降低底噪，增强测量精确度。

(a) 反射系数测试方法图　　　　　　(b) 方向图测试方法图

图 7.37　馈源喇叭测试系统图

通过实际测试，馈源喇叭天线的反射系数与方向图和与之对应的仿真结果的对比如图 7.38 所示。

通过实际测试可知，馈源天线的实测增益为 13.9 dB，副瓣电平为 -26.2 dB，方向图在 -25 dB 波束角内对称度较高。馈源实际测量结果与仿真结果拟合度较高，性能较为可靠。

在馈源喇叭天线测试结束之后，将对整体的反射阵列天线进行测试。阵面结构如图 7.39 所示。

阵面采用双层罗杰斯 RT5880 介质板，厚度为 0.508 mm，贴片金属采用沉

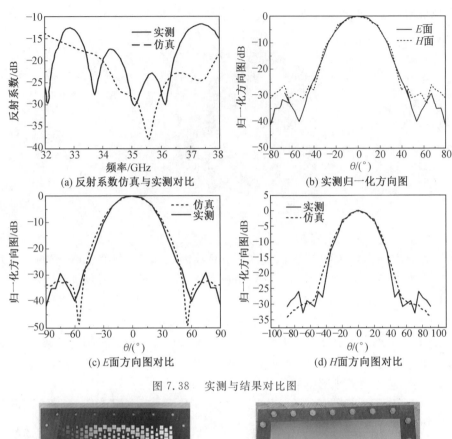

(a) 反射系数仿真与实测对比   (b) 实测归一化方向图

(c) E面方向图对比   (d) H面方向图对比

图 7.38　实测与结果对比图

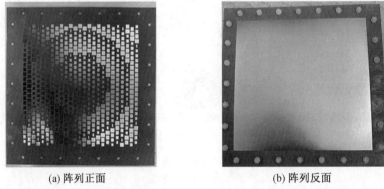

(a) 阵列正面   (b) 阵列反面

图 7.39　阵面结构图

金的形式,双层介质板分开加工之后,使用小号尼龙螺丝对反射面进行固定,以保证双层单元对齐。同时 RT5880 材质较为柔软,采用螺钉固定可加固阵面。

　　搭建的实际测量系统如图 7.40 所示,馈源喇叭口面中心与阵面中心点相距54 mm,接收天线使用 Ka 波段标准喇叭天线。馈源与标准角锥喇叭分别与矢量网络分析仪的 1 端口和 2 端口相连接。

根据天线远区场的计算公式：

$$r_{\min} = \frac{2D_1^2}{\lambda} \tag{7.29}$$

式中　D_1—— 待测天线的口径尺寸；

　　　λ—— 自由空间波长。

天线的口径尺寸为 90 mm，$\lambda = 8.57$ mm，计算最小测试距离约为 2 m，实验室可满足测试需求。

(a) 待测阵列

(b) 整体测试环境

图 7.40　阵列测量系统图

通过调整不同馈源和接收天线的位置，测试不同扫描角度的增益、轴比。各测试结果和仿真结果的对比在图 7.41 中给出。

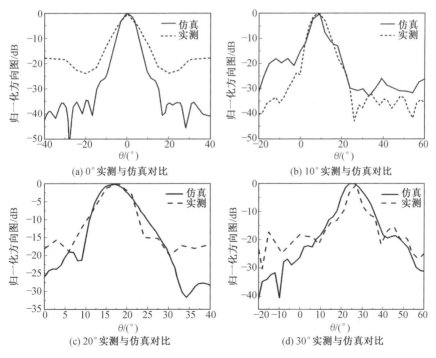

(a) 0° 实测与仿真对比

(b) 10° 实测与仿真对比

(c) 20° 实测与仿真对比

(d) 30° 实测与仿真对比

图 7.41　测试对比结果图

天线在中心频点 35 GHz 处在 0°、10°、20°、30° 的扫描过程中,天线增益分别为 27.2 dB、25.4 dB、25.4 dB、24.0 dB,天线的增益变化为 3.2 dB,天线的副瓣电平分别为 -18 dB、-18.5 dB、-16.0 dB、-15.5 dB。天线的实际测量结果与仿真结果较为一致,说明了仿真的正确性,也证明了反射阵列天线在实际应用中具有良好性能。

对于馈源喇叭天线来说,方向图与增益的实测结果与仿真结果大体相同。对于其反射系数略有不同,产生误差的原因根据分析包括:加工精度的误差,仪器校准时产生了一定偏差,并且由于加入波导同轴转换结构之后会对 S 参数曲线产生一定影响。而对于整体阵列的测试误差稍大,说明在双层阵面组合与馈源位置的摆放会有一定误差,从而产生了测量结果的不同。

7.3　全金属双极化波束扫描天线

随着军事隐身技术、天文研究以及遥感勘测等领域的不断发展,传统无源毫米波成像系统的性能已经不能满足实际应用的需要,利用极化探测技术对无源毫米波成像技术进行补充成为无源毫米波成像技术提高远场探测能力、满足实际应用需要的有效方式之一。本节针对反射阵列设计,采用全金属的非波导形式单元,控制单元结构参数实现对两种极化模式的独立调控,构建具有优异的波束合成能力及大扫描视场的全金属双极化波束扫描反射阵列天线。

7.3.1　双极化金属反射阵列单元结构设计与分析

为了解决反射阵列传统单元形式存在的问题,设计了一种非波导形式的金属反射阵列单元,该单元可以实现水平极化模式和垂直极化模式的单独调控,所设计的金属单元结构如图 7.42 所示,单元参数如表 7.6 所示。金属单元通过控制水平极化模式方柱的高度 h_h 控制单元对水平极化模式的相位响应;通过控制中心金属块的高度 h_v 控制单元对垂直极化模式的相位响应。

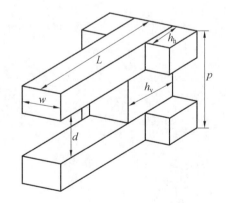

图 7.42　反射阵列单元结构图

表 7.6　反射阵列单元参数表

参数	数值 /mm
L	4
p	1.8
d	0.8
w	0.8

　　为了实现对反射阵列的构建,仿真单元对于两种极化模式的相位响应,两种极化模式的相位响应在 94 GHz 频点随对应调谐金属柱高度变化的结果如图 7.43 所示。可见在选定的高度变化范围内,对应的两种极化模式的相位响应均能覆盖 360°,同时曲线的线性度较好,对于实际加工以及仿真过程中存在的误差具有较低的敏感性,避免由于误差影响波束合成的效果。

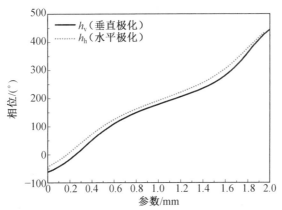

图 7.43　反射阵列单元相位补偿性能

　　为了使最终设计得到的反射阵列具有良好的极化调控性能,需要在单元设计中设计出能独立调控两种极化模式的结构,其中比较重要的影响因素就是两种极化模式的隔离度。测试当调控水平(垂直)极化模式时,垂直(水平)极化模式的相位响应如图 7.44 所示,可见对其中某一种极化模式进行调控时,另一种极化模式的相位响应变化范围较小,对后续组成阵列进行相位补偿的影响较小,两种极化模式的相位平坦度较好,均小于 5°。

　　根据图 7.45 两种极化模式对单元照射时的电场图像,可以看出所设计的单元产生相位延迟的原理类似波导结构,通过控制两种金属块的高度从而控制产生的两种极化模式的照射深度,进而改变其产生的相位延迟,但是金属柱形式的结构稳定性优于波导型金属单元,加工难度降低,对于实现更高频率的反射阵列的搭建有着积极的意义。

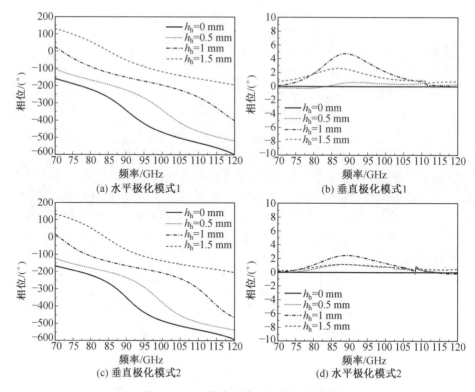

(a) 水平极化模式1 (b) 垂直极化模式1

(c) 垂直极化模式2 (d) 水平极化模式2

图 7.44 反射阵列单元极化相位响应

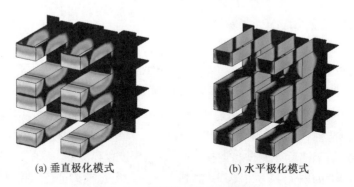

(a) 垂直极化模式 (b) 水平极化模式

图 7.45 反射阵列单元电场图

7.3.2 双极化金属反射阵列设计与分析

在 7.2.1 节中已经分别得到了所设计的金属单元对两种极化模式的相位响应，现设计阵列单元数目为 $N_x \times N_y = 31 \times 31$，单元布置方式采用紧密排布的布置方式，由图 7.46 以及单元发射相位、馈源位置和波束指向的关系得到相位补偿公式。

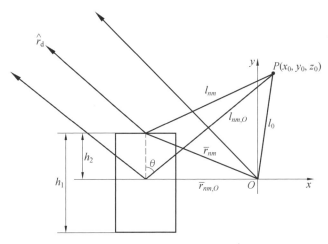

图 7.46　反射阵列单元相位补偿示意图

为了方便实验验证,设计的反射阵列两种极化模式的波束指向分别为 $(\theta,\varphi)=(11,0)$ 和 $(\theta,\varphi)=(0,0)$,计算得到所需补偿的相位如图 7.47 所示。由相位补偿图像可以看出,水平极化模式和垂直极化模式分别经历了 4 次相似的高度变化趋势,对金属反射阵列的相位补偿分别经历了 $0\sim4\pi$ 范围的变化。

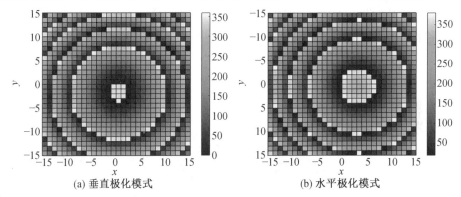

(a) 垂直极化模式　　　　　　　　(b) 水平极化模式

图 7.47　反射阵列相位补偿图

根据图 7.44 中的相位响应曲线,采用拟合的方式,可以得到金属反射单元的相位响应与对应金属柱高度的关系,建立起的反射阵列结构如图 7.48 所示。

(a) 3D示意图　　　　　　(b) 垂直剖面图　　　(c) 水平剖面图

图 7.48　　反射阵列结构示意图

7.3.3　系统联合仿真

为了测试系统性能,采用 7.2 节的波纹喇叭馈源与反射阵列进行联合仿真,为了使仿真进一步简化,将之前测试得到的波纹喇叭的方向图作为反射阵列的馈源,减少仿真所需的计算量,联合仿真的结构示意如图 7.49 所示。所设计的无源毫米波双极化成像系统利用第 9 章提到的宽带正交模耦合器、高性能波纹喇叭以及全金属双极化反射阵列。设定垂直极化模式波束指向为 $(\theta_1,\varphi_1)=(11,0)$;设定水平极化模式波束指向为 $(\theta_2,\varphi_2)=(0,0)$。

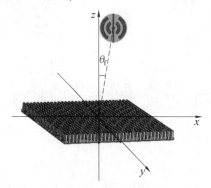

图 7.49　　无源毫米波成像系统结构示意图

将搭建完成的系统进行仿真,仿真结果如图 7.50 所示。根据仿真结果,对于入射波为水平极化模式时,所设计的双极化全金属反射阵列可实现的最大增益为 32.1 dB,同时其 3 dB 波瓣宽度为 3.5°,反射阵列的方向图副瓣电平较低,为 −22 dB。水平极化模式的口径利用效率为 42.2%。

对于入射波为垂直极化模式情况,所设计的双极化全金属反射阵列可实现的最大增益为 32.2 dB,其 3 dB 波瓣宽度为 4°,其副瓣电平为 −18 dB,垂直极化模式的口径利用效率为 43.2%。全金属反射阵列具有低损耗的优点,对于两种模式的合成波束,实际仿真得到的辐射效率均大于 99%,证明所设计的全金属反射阵列有着极低的损耗。

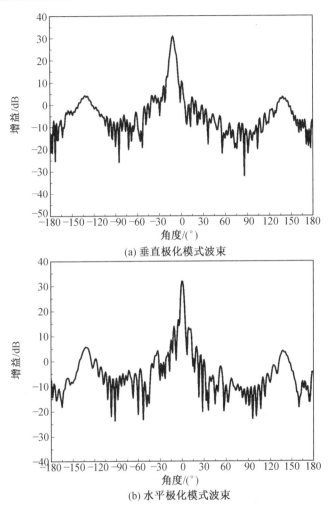

(a) 垂直极化模式波束

(b) 水平极化模式波束

图 7.50　双极化系统仿真结果

　　为了实现波束扫描,对所设计的反射阵列的偏轴性能进行测试,设置馈源偏置±15°,仿真得到的两种极化模式的波束方向图如图 7.51 所示。对于水平极化模式,当馈源偏置±15°时,其波束的最大增益下降均小于 1 dB,同时其 3 dB 波束宽度增加小于 2°。垂直极化模式具有与水平极化模式相似的结果,同时随着馈源偏置角度的变化,波束指向发生相应变化,证明该反射阵列至少具有大于±15°的扫描视场。以下仿真结果证明所设计的系统可以实现 W 波段的无源毫米波成像,同时由于采用双极化的馈源以及独立调控的双极化反射阵列,可以通过合理安排系统准光路的方法实现对扫描视场的扩大化。

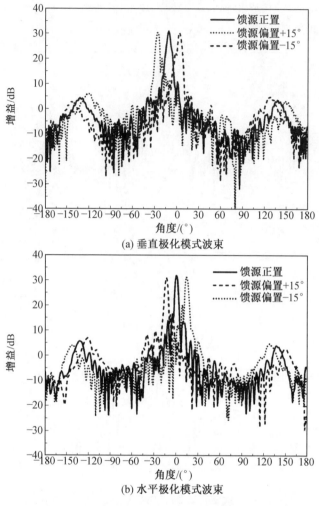

(a) 垂直极化模式波束

(b) 水平极化模式波束

图 7.51　系统扫描性能结果

7.4　本章小结

　　在本章中,首先介绍了波束扫描反射阵列天线的原理,作为应用实例,选定多焦点相位补偿方案,建模仿真了以 35 GHz 为中心频点的反射阵列天线。反射阵列的单元形式为单层不等长十字形微带贴片,馈源由波纹喇叭与隔板圆极化器构成,加工并实际测试了极化转换形式的波束扫描反射阵列天线,结果符合系统要求,可在遥感毫米波成像设备中进行实际应用。然后设计了一种全金属非波导型的全金属反射阵列,从结构的设计、相位补偿性能以及极化独立调控性能全面地介绍了所设计反射阵列的单元,将设计完成的金属单元组建成一个 31 × 31 的阵列,并利用所设计的双极化馈源进行联合仿真,证明了所设计的反射阵列具有良好的波束合成能力、极化独立调控能力以及波束扫描能力。

本章参考文献

[1] YI M, LEE W, SO J, et al. Simple phase-matching equation of a 2D metal-only reflectarray for efficient fan-beam generation[C]//2013 IEEE Antennas and Propagation Society International Symposium (APSURSI), Orlando, FL, USA, 2013: 1348-1349.

[2] CHAHARMIR M R, SEBAK A, SHAKER J, et al. Novel reflectarry for beam steering[C]//2005 Proceedings of the Twenty-Second National Radio Science Conference, 2005. NRSC 2005, Cairo, Egypt, 2005: 17-34.

[3] WEN Y Q, WANG B Z, DING X. Wide-beam SIW-slot antenna for wide-angle scanning phased array[J]. IEEE Antennas and Wireless Propagation Letters, 2016, 15: 1638-1641.

[4] APAYDIN N, SERTEL K, VOLAKIS J L. Nonreciprocal and magnetically scanned leaky-wave antenna using coupled CRLH lines[J]. IEEE Transactions on Antennas and Propagation, 2014, 62(6): 2954-2961.

[5] NAYERI P, YANG F, ELSHERBENI A Z. Bifocal design and aperture phase optimizations of reflectarray antennas for wide-angle beam scanning performance[J]. IEEE Transactions on Antennas and Propagation, 2013, 61(9): 4588-4597.

[6] WU G B, QU S W, YANG S W. Wide-angle beam-scanning reflectarray with mechanical Steering[J]. IEEE Transactions on Antennas and Propagation, 2018, 66(1): 172-181.

[7] TAHSEEN M M, KISHK A A. Multi-feed beam scanning circularly polarized Ka-band reflectarray[C]//2016 17th International Symposium on Antenna Technology and Applied Electromagnetics (ANTEM). IEEE, 2016: 1-2.

[8] MOY H C, SÁNCHEZ E D, ANTONINO D E, et al. Low-profile radially corrugated horn antenna[J]. IEEE Antennas and Wireless Propagation Letters, 2017, 16: 3180-3183.

［9］POZAR D M. 微波工程［M］. 张肇仪，周乐柱，吴德明，等译. 3 版. 北京：电子工业出版社，2006：100-104.

［10］CHEN Minghui，TSANDOULAS G. A wide-band square-waveguide array polarizer［J］. IEEE Transactions on Antennas and Propagation，1973，21(3)：389-391.

［11］BORNEMANN J，LABAY V A. Ridge waveguide polarizer with finite and stepped-thickness septum［J］. IEEE Transactions on Microwave Theory and Techniques，1995，43(8)：1782-1787.

［12］施小波，席晓莉，刘江凡. Ka 频段隔板式圆极化器的设计［C］//2009 年全国天线年会论文集（下）10-13，2009. 中国，成都. 2009：4.

第8章

其他功能反射阵列天线

8.1 引 言

在微波成像、生物医疗及无线能量传输等领域,多采用近场聚焦天线,但是传统形式的天线在近场区具有能量不集中、副瓣高等缺点,因此在近场聚焦天线的设计中采用反射阵列天线,通过控制单元尺寸控制相位合成是实现近场聚焦的有效方式之一。与此同时,在太赫兹和光学频率下,由于导体引入的损耗,反射阵列天线的损耗显著增加。高电导率的导体如金可大大减少这些损失,但是成本较高。采用低成本高损耗的导体会降低反射阵列的性能,影响阵列单元的反射相位响应,所以提出将介质谐振单元应用于反射阵列,以改善在高频所带来的材料损耗,提升反射阵列天线性能。本章首先对近场聚焦反射阵列天线进行详细介绍,包括近场聚焦反射阵列天线的发展概述以及理论原理,以近场点聚焦平面反射阵列天线,详细介绍其设计流程并对其进行性能分析。之后介绍介质谐振反射阵列天线,进行基础的单元仿真,最后仿真完成轨道角动量(orbital angular momentum,OAM)介质谐振反射阵列天线设计。

8.2　近场聚焦平面反射阵列天线

8.2.1　近场聚焦平面反射阵列天线概述

近几年,近场聚焦天线快速发展。所谓聚焦天线,即是将电磁波能量在近场的某个区域内实现聚焦,这在很多场合都有实用价值。除了在 RFID 上的应用,在生物医学和微波工业等领域均有广泛的应用。比如医疗领域的局部微波热疗,聚焦天线可将微波集中到癌细胞上,在不损伤正常细胞的情况下杀死癌细胞。再例如微波无线能源传输系统,将微波作为功率传输手段在 19 世纪就已经被人提出来,如今微波输能的重点已转向了太空活动,为了保证电磁波能量在空间传输时不扩散,电磁波必须像光一样能聚焦到接收装置,例如太阳能发电卫星和小型飞行器供电系统。另外它们也被考虑应用于微波定向能武器和雷达,对微波定向能武器来说,其作用是使其在目标位置的电流分布达到最大;对雷达来说,其作用在于提高回波强度。可以看出,聚焦天线无论在国防还是民用方面,都有着重要的实际意义。本节将它们的适用性扩展到更低频段的 RFID 读写器应用中,通常出现在商场的产品管理系统中,如图 8.1 所示。在这种情况下,目标区域通常在距离天线 2 m 以内。

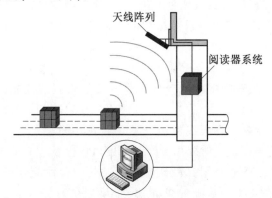

图 8.1　用于商场管理的 2.4 GHz RFID 应用程序的场景

8.2.2　近场聚焦平面反射阵列天线原理

本节介绍了一种平面反射阵列天线的设计,当辐射场集中在阵列孔径的近场区域内时,类似椭球反射器产生,其散射场在被另一焦点处的馈源照射时聚焦于其两个焦点之一,近场聚焦反射阵列可以看作是椭球反射器的平面实现。反射阵列天线越来越多地应用于 RFID 系统、重要的生命探测和非接触式微波探测相关的方面,其中被检测的物体可能位于天线的近场区域内。在目标区域中聚焦的辐射场有助于减少周围结构的散射引起的干扰,并节省系统功率。这种反射阵列天线[1-4] 可以用于 2.45 GHz 频段的 RFID 应用。

过去大部分产生近场聚焦波束的工作使用相控阵天线[5-10] 或使用失焦抛物面反射器[11-12]。基于阵列的解决方案由于复杂的波束形成网络和微带线的影响,功率损耗相对较高。

如果单元数量很大,在实际应用中的灵活性也会限制天线性能。在这种情况下,反射阵列天线是弥补上述缺点的良好选择,因为复杂的波束形成射频电路可以被省略。反射阵列天线是由一组反射单元构成的周期阵列,这些反射单元受到馈源天线的照射,以产生不同的相位延迟,补偿来自馈源相位中心到阵列单元传播的辐射场的相位差异[1]。相位补偿机制使得从阵列散射出的场具有在垂直于天线瞄准方向孔径的等相位。由于不需要复杂的波束形成电路,因此功率损耗最小化。

1. 反射阵列的结构

按照天线增益分类,反射阵列天线属于高增益天线。相比于反射面、透镜天线等传统的高增益天线,反射阵列天线更易实现低剖面、高增益和低成本,其辐射性能非常灵活,便于实现波束赋形和多波束。反射阵列天线的基本结构是由大量无源谐振单元组成的单频或多频周期性阵列,再由一个馈源照射此阵列,通过调节介质板上的每个单元对于入射波的散射相位,反射波在特定的方向上实现同相位,发射出方向性极强的笔形波束。反射阵列天线的结构如图 8.2 所示。

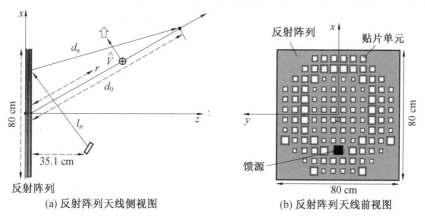

(a) 反射阵列天线侧视图　　　　(b) 反射阵列天线前视图

图 8.2　反射阵列天线的结构

图 8.2(a) 和图 8.2(b) 分别是反射阵列天线结构的侧视图和前视图。反射单元沿 x 和 y 坐标周期性地定位,其圆形边缘边界直径为 80 cm,单元间距为半

个波长,为反射阵列馈电的天线位于 35.1 cm 之外,中心点方向相对于 z 轴成 30°。该阵列类似于椭圆反射器的特性,将其散射聚焦在用于近场通信的第二焦点处,该第二焦点位于目标区域中距离阵列中心大约 100 cm 处。每个反射单元产生不同的相位延迟,用于补偿从馈源辐射的场的相位差。这种相位补偿机制使目标区域中焦点处的散射场的相位叠加与椭球形反射器产生的散射场相等。

如图 8.2(a) 所示,设 l_n 和 d_n 分别是位于 $\bar{r}'$ 的第 n 个反射单元与馈源的相位中心和焦点之间的距离,其中 $n=0$ 处作为相位参考。在这种情况下,d_0 是焦点和阵列中心之间沿着与 z 轴偏离 30° 方向的距离。假设反射阵列位于馈电天线的远区,其具有由下式表示的共极化辐射:

$$E_{co}(\bar{r}_f) = F(\hat{r}_f) \frac{e^{-jkr_f}}{r_f} \tag{8.1}$$

$$F(\hat{r}_f) = Ae^{j\varphi_f} (\cos \theta_f)^q \tag{8.2}$$

式中　$(r_f, \theta_f, \varphi_f)$——给出的球面坐标;

　　　A——复数振幅。

方向图形状由指数 q 控制,该指数通过将式(8.2)与馈源的实际辐射方向图的匹配程度确定[13]。照射第 n 个反射单元并散射回焦点的场的相位可以表示为

$$\Phi_n = \angle F(\hat{r}_n) - kl_n + \varphi_n - kd_n \tag{8.3}$$

式中　$\hat{r}_n$——指向第 n 个反射单元的 $\hat{r}_f$;

　　　k——自由空间波数;

　　　l_n——位于 $\bar{r}'_n$ 的第 n 个反射单元与馈源的相位中心之间的距离;

　　　d_n——位于 $\bar{r}'_n$ 的第 n 个反射单元与馈源的焦点之间的距离;

　　　φ_n——在第 n 个反射单元处产生的相位延迟。

φ_n 用来补偿场相位并使焦点处的场同相相加,即 $\Phi_n = \Phi$ 是常数。该相位常数是通过将其与中心反射单元处产生的相位常数进行对比来创建的。因此,式(8.3)中的 φ_n 可以通过下式表示:

$$\varphi_n = \angle F(\hat{r}_0) - \angle F(\hat{r}_n) + k(l_n + d_n - l_0 - d_0) \tag{8.4}$$

式中　$\hat{r}_0$——位于阵列中心的单元,用作相位参考;

　　　$\hat{r}_n$——指向第 n 个反射单元的 $\hat{r}_f$;

　　　k——自由空间波数;

　　　l_n——位于 $\bar{r}'_n$ 的第 n 个反射单元与馈源的相位中心之间的距离;

　　　d_n——位于 $\bar{r}'_n$ 的第 n 个反射单元与馈源的焦点之间的距离;

　　　l_0——位于阵列中心的用作相位参考的单元与馈源的相位中心之间的距离;

　　　d_0——位于阵列中心的用作相位参考的单元与馈源的焦点之间的距离。

通过这种相位描述,在 r' 处从反射阵列散射的场可以表示为

$$E_{co}^{s}(\bar{r}) = e^{j\Phi} \sum_{n=0}^{N-1} \frac{|F(\hat{r}_n)|}{l_n} G_n(\hat{R}_n) \frac{e^{-jk(R_n-d_n)}}{R_n} \qquad (8.5)$$

其中, $G_n(\hat{R}_n)$ 是与第 n 个反射单元的辐射方向图相关的实函数, $\bar{R}_n = \bar{r} - \bar{r}'_n$。在式 (8.5) 中,交叉极化场分量被忽略。当幅度(或功率密度的幅度的平方)相对于距离的导数消失时,传播路径的最大场强出现。

2. 馈源天线单元

可以用作馈源的天线有很多种,在本节实例中采用微带贴片天线作为馈源天线。与普通天线相比,微带贴片天线具有体积小、成本较低、易于加工、容易共形、便于获得圆极化等优点。微带贴片天线由介质板、介质板一侧的金属片和另一侧的接地板组成,最常见的微带贴片天线如图 8.3 所示。

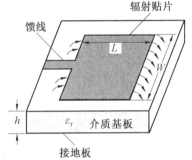

图 8.3　微带贴片天线

微带天线的辐射是由微带天线地板和导体边缘之间的电磁场产生的,可用图 8.3 所示的微带贴片天线模型来简单说明。这是一个矩形的微带贴片天线,辐射贴片长近似为半波长,宽为 W,厚度为 h,介质基板的相对介电常数为 ε_r。可将介质基板、辐射贴片和接地板视为一段长为半波长的低阻抗微带传输线,在传输线的两端断开形成开路。由于基板厚度远远小于半个波长,所以可以假定电场沿着微带结构的宽度和厚度方向没有变化。

微带天线有多种激励方式,其中最常用的是共面微带线馈电和同轴线馈电两种直接激励方式。本节实例采用共面微带馈电,所以将较为详细地介绍这种馈电方式。共面微带线馈电方式又称侧馈,它用与微带辐射贴片集成在一起的微带传输线进行馈电,如图 8.4 所示,可以选择中心馈电或偏心馈电,馈电点的位置取决于激励模式。

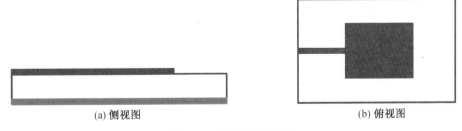

(a) 侧视图　　　　　　　　　　　　　　　(b) 俯视图

图 8.4　共面微带线馈电

侧馈是平面结构,所以相对简单。对于侧馈形式的微带天线,贴片可以看作

是微带线的延伸,因而很容易实现共形。但侧馈微带线的辐射损耗也相对较高,影响微带天线的辐射特性。为了提高辐射贴片的效率,通常要求介电常数尽量小些。另外,为了降低馈线的寄生辐射,通常要求介电常数较大。因此在设计侧馈微带天线时需要综合权衡考虑。

本节采用的馈源天线结构如图 8.5 所示,馈源天线是印刷在 1.6 mm 厚的 FR4 基板上的一个近乎正方形的贴片天线($\varepsilon_r = 4.4$,$\tan \delta = 0.02$),由 50 Ω 微带线激励。

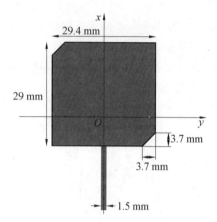

图 8.5 馈源天线结构

通过切角操作,可激发两个正交模式,以实现圆极化,产生左旋圆极化(LHCP)辐射波束,半功率波束宽度约为104°,如图 8.6 所示。反射系数如图 8.7 所示,反射系数低于 -10 dB 的带宽为 $2.4 \sim 2.48$ GHz。

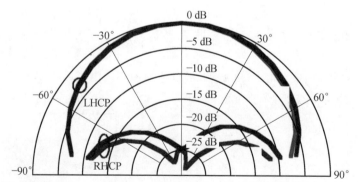

图 8.6 馈源天线在两个主辐射平面上的辐射方向图(共极化和交叉极化分量)

3. 反射单元

微带贴片可以通过改变其尺寸来控制反射场的相位。如图 8.8 所示,每个单元由两个 FR4 基板组成,基板顶面印刷方形贴片。方形贴片的对称性有助于保

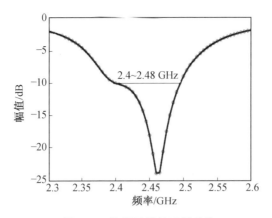

图 8.7　　馈源天线的反射系数

持散射场的轴比。为了增加 2.4 GHz 下的相位变化的线性度,在 FR4 基板和接地层之间使用泡沫塑料插入两个气隙层。

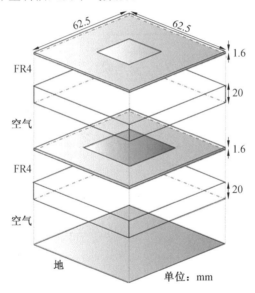

图 8.8　　反射单元(堆叠)

相位相对于贴片尺寸的变化如图 8.9 所示,其中曲线与不同的气隙厚度有关。它们是通过考虑由正入射平面波照射的相同单元的无限阵列的散射而获得的(即它们与反射系数相位相关)。单元间距离被选择为波长的一半,以便仅保留基本传播模式并唯一地确定所需的相位值。可以观察到,较厚的气隙增加了相位变化相对于金属贴片尺寸的线性。在这种情况下,当厚度大约为 20 mm 时出现良好的线性,这使得总厚度大约为 2.4 GHz 波长的一半。上述相位曲线已被用于设计反射阵列。

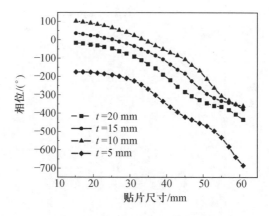

图 8.9　贴片尺寸和相位的关系

当使用平面波照射阵列单元时，ξ 为 $0°$ 和 $90°$ 平面处散射场的共极化方向图如图 8.10 所示，根据入射平面波的波束宽度，可用余弦锥度来模拟式（8.5）中的 $G_n(\hat{R}_n)$。

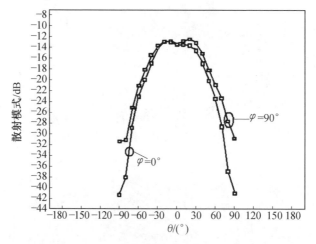

图 8.10　单个反射单元在两个主平面上的共极化散射场

8.2.3　仿真设计实例

本小节介绍了一项数值研究，并通过对原型的测量以及使用 Ansoft HFSS 软件[13] 获得的仿真结果验证了这一点。对于 $F_{co}(\theta,\varphi)$ 和 $G_n(\theta,\varphi)$，余弦锥的指数 q 分别为 2 和 2.5。

首先通过图 8.2 所示传播路径的场强来检查近场聚焦的特性，在分析中选择了不同的 d_0 值。值得注意的是，同相聚焦导致场的等相位叠加，但这并不保证在焦点 Q 处具有最大场强。如图 8.11 所示，场强峰值出现在比 d_0 更短的距离处。

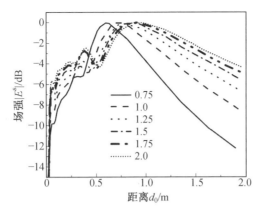

图 8.11　沿传播路径的场强分布

　　为了验证目前的结果，通过考虑进行了式(8.5)和仿真结果(HFSS 数值数据)之间的比较，在 $r=90$ cm 处出现场峰值。按本节前面内容的叙述设计近场聚焦反射阵列实物，如图 8.12 所示。图 8.13(a) 和图 8.13(b) 显示了沿传播路径的归一化场强和波束宽度。

馈源

图 8.12　反射阵列结构照片

　　基于图 8.12 的阵列结构，仿真分析和测量结果之间有很好的一致性。最窄的波束宽度出现在 80 cm 和 100 cm 之间的位置，聚焦区域的直径约为 20 cm。图 8.13(a) 是沿上述传播路径的功率密度的导数。正如预期的那样，最大场强出现在导数等于零的位置。

　　考虑到一致性，图 8.14 显示了 $u-r$ 平面上共极化场分量的归一化场强方向图。值得注意的是，距离 r 是从阵列中心沿着传播路径测量的，而 $\hat{u}$ 是在 $x-z$ 平面上与该路径正交的方向。从图 8.14 可以观察到，沿传播路径的场分布在 $r=$

90 cm 左右呈现出场峰值。

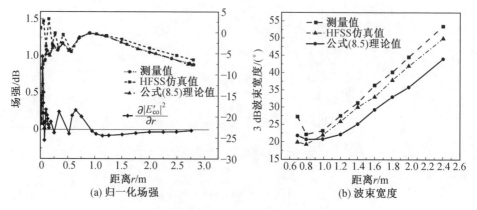

(a) 归一化场强　　　　　(b) 波束宽度

图 8.13　沿传播路径的归一化场强和波束宽度

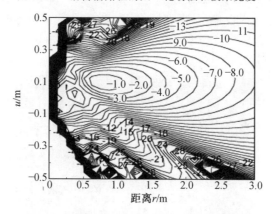

图 8.14　归一化场强的数值计算和测量结果

　　最后,在距离阵列中心 r 为 80 cm 和 90 cm 的 $u-v$ 平面上的归一化场强如图 8.15(a) 和图 8.15(b) 所示,显示了场强峰值出现之前和出现的位置处的场聚焦。

　　本节介绍了一种近场聚焦反射阵列的设计过程,设计了一种用于 RFID 阅读器应用的天线,并对其进行了原型化和实验表征,数值数据和实验结果证实了所提出的反射阵列配置作为近场聚焦天线的可行性。值得注意的是,反射阵列比相控阵天线表现出较小的复杂性,因此在现实应用中是一个有价值的解决方案。

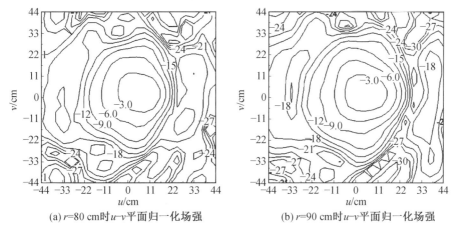

(a) $r=80$ cm时u–v平面归一化场强　　　(b) $r=90$ cm时u–v平面归一化场强

图 8.15　在距离阵列中心不同距离处测量的共极化分量的归一化场强

8.3　涡旋波束反射阵列天线

与微带天线相比,介质谐振天线具有低 Q 值和低导体损耗的优点。近年来,基于毫米波和太赫兹介质谐振器的反射阵列受到越来越多的关注[14]。通过改变介质谐振单元尺寸可得到反射相移曲线,用于反射阵列设计中。目前已有大量低损耗的介质材料可用于太赫兹及光学频段中,可在低成本条件下实现大规模生产,介质谐振反射阵列天线的特点包括宽带、高增益等。本节将围绕介质谐振反射阵列天线的矩形单元结构、穿孔介质谐振单元结构,生成 OAM 的介质谐振反射阵列等内容展开讨论。

8.3.1　介质谐振反射阵列单元结构

1. 介质谐振反射阵列单元结构概述

介质谐振器反射阵列单元在原理上与金属箔和谐振腔类似。由于介质与空气交界处几乎呈开路状态,电磁波在介质内部反射使能量限制在介质中,形成谐振结构。在这种情况下,介质与空气分界面可以近似假定为理想磁导体(PMC),与理想电导体(PEC)边界条件完全相反[15]。在理想导电边界条件情况下,电场平行于边界条件的分量为零,磁场垂直于边界条件的分量为零,电磁波入射到理想导电边界条件上,由于理想导电体介电常数通常都非常大,电磁波会产生反射,无法穿过电壁;而在磁壁上,电场和磁场的传输情况正好相反。对于金属腔体谐振器,由于理想电壁的存在,电磁波将在腔的电壁上进行多次反射,形成驻波,产生电磁谐振,不向外辐射[16]。而处于自由空间的高介电常数的介质谐振器,同样可以产生电磁谐振;当采取合适的馈电方式对介质谐振器激励,使之像天线一样将电磁波能量向外辐射时,介质谐振器也能当作天线在通信系统中应用。

2.矩形介质谐振反射阵列单元结构

在考虑太赫兹波段的加工精度后,采用简单的介质立方体作为单元。如图8.16所示,该构型长宽均为0.7 mm,基板选择PEC,厚度为0.035 mm,介质谐振器选择材料硅,介电常数为11.9[17]。在周期单元的模拟中设置了周期边界,如图8.16所示,端口设置为Floquet端口,进行求解。

(a) 矩形介质谐振反射阵列单元结构   (b) 仿真示意图

图8.16　阵列单元结构

图8.17所示为反射相位和幅度随单元高度 h 的变化曲线。结果表明,通过调节介质高度从0.8 mm到1.7 mm,该单元可以提供360°的相位覆盖。反射幅度的周期性变化由单元厚度的变化决定。

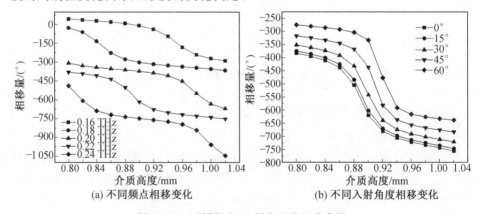

(a) 不同频点相移变化   (b) 不同入射角度相移变化

图8.17　不同频点、入射角度的相移曲线

3.穿孔介质谐振反射阵列单元设计

由于连续可调的介质基片不存在,因此采用人工媒质的设计思想获得连续

渐变的等效介电常数。人工媒质由亚波长结构的人工微结构周期排布组成,其电磁响应可以通过底层的微结构灵活调节。单元设计采用介质基片开孔结构,调节材料的等效介电常数。开孔直径越大,等效的介电常数越小。将这种开孔结构等效为一种均匀媒质,通过散射参数反演算法可以计算出所选材料的等效电磁本构系数。同时为了改善理想介质单元相移曲线的线性度和平行性,在介质单元上层设置一匹配层,来改善单元的宽带相移特性。在介质基板两端定义 2 个平面波端口。将开孔介质基板视作等效介电常数为 ε、磁导率为 μ 的均匀介质基板,则该二端口网络对应一个传输矩阵 $\boldsymbol{T}$,其解析式为

$$\boldsymbol{T} = \begin{bmatrix} \cos(nkd) & -\dfrac{z}{k}\sin(nkd) \\[2mm] \dfrac{z}{k}\sin(nkd) & \cos(nkd) \end{bmatrix} \tag{8.6}$$

式中　n——介质基板折射率;

　　　z——波阻抗。

n 和 z 与 ε、μ 之间的关系式如下:

$$\varepsilon = nlz, \quad \mu = nz \tag{8.7}$$

在工程计算及工程实践中,根据二端口网络传输矩阵与散射矩阵的突变关系,可以得到折射率和阻抗 z 用散射参数表达的计算公式:

$$n = \frac{1}{kd}\arccos\left[\frac{1}{2S_{21}}(1 - S_{11}^2 + S_{21}^2)\right] \tag{8.8}$$

$$z = \sqrt{\frac{(1 + S_{11})^2 - S_{21}^2}{(1 - S_{11})^2 - S_{21}^2}} \tag{8.9}$$

根据超材料结构对电磁波的散射系数,就可以得到该超材料平板的等效介电常数和等效磁导率。

每个反射阵列单元包含 2×2 个孔,基片厚度为 2 mm,介质基板材料选取为 Arlon AR 100,对应的介电常数 $\varepsilon = 10$。同时为了改善理想介质单元相移曲线的线性度和平行性,在介质单元上层设置厚度为 4 mm 的匹配层,含匹配层的单元结构如图 8.18 所示。

根据匹配层的介电常数 ε_m 与下层介电常数 ε 的关系式 $\varepsilon_m = \sqrt{\varepsilon}$,可以建立下层介质基板的开孔半径 R 与上层匹配层开孔半径 R_m 之间的关系式。使用多项式拟合技巧,得到匹配层开孔半径与下层介质开孔半径 R 之间的关系式为

$$R_m = 0.005\,7 \times R^4 - 0.051\,8 \times R^3 +$$
$$0.251\,1 \times R^2 - 0.034\,4 \times R + 1.826\,4 \tag{8.10}$$

在介质开孔结构中,空气和介质的占空比直接影响等效媒质的电磁响应。当 R 的变化范围在 $0.25 \sim 2.5$ mm 之间时,反射阵列单元介质的占空比变化范

（a）主视图　　　　　　（b）剖视图

图 8.18　穿孔介质谐振阵列单元

围为 0.21～0.99，最后得到相移曲线如图 8.19 所示，含匹配层开孔结构单元的相移曲线线性度较好，且相移范围超过了 360°。

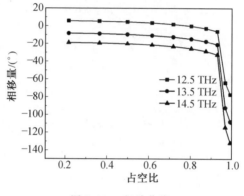

图 8.19　相移曲线

8.3.2　基于反射阵列生成 OAM 原理概述

1. OAM 发展现状

随着无线通信技术的迅猛发展，无线传输的数据量呈现爆炸式增长。然而，可以利用的频谱资源有限，如何合理而高效地利用频谱资源、提高信道容量至关重要。传统的研究一直致力于密集编码和信道复用等技术，在现有复用条件下通信系统的容量已接近极限。另外，一直以来忽略了对无线通信载体电磁波本身的深入研究与高效利用[18]。基于携带轨道角动量（OAM）的电磁波为解决此问题提供了一个崭新的革命方法。根据经典电磁理论，电磁波能同时运载能量和动量，其中动量包含线动量和角动量，而角动量又可分解为自旋角动量和轨道角动量。自旋角动量所呈现的极化特性已广为研究运用，而 OAM 呈现的螺旋相位波前特性有待挖掘。含有 OAM 的涡旋电磁波理论上存在无穷阶的模态，且各个模态的涡旋波束具有正交特性，以不同模态的 OAM 作为信息载体，可实现同频同时传输不同信号而又互不干扰，为提升系统频谱利用率提供了一个全新的自由度,在量子通信、雷达探测等众多领域均具有广阔的应用前景[19]。

目前,在微波毫米波领域,国内外学者提出的产生带有 OAM 涡旋电磁波的方法主要由螺旋结构、阵列天线、超表面和反射阵列等结构实现。螺旋结构产生 OAM 电磁波的方法主要包括螺旋相位板和螺旋抛物面等。螺旋抛物面产生 OAM 波束的基本原理是通过改变电磁波传播的路径长度来获得不同方位角上相位延迟以产生螺旋相位波前。这种方法对加工精度要求非常高,在微波段还存在着尺寸和质量较大的缺点,且难以产生多种模态的 OAM 涡旋波束,其应用价值受到较大限制。组阵产生 OAM 的方法主要有圆形相控阵列天线和时间调制阵列天线等。圆形天线阵列是目前为止常用的产生 OAM 波束的方式,其原理是基于对圆形阵列单元馈电实现的。超表面产生 OAM 的方法可分为传输式和反射式两种。由于超表面很容易实现对电磁波相位的调控,因此基于超表面产生 OAM 模式具有得天独厚的优势,能获取更高的增益、模式纯度和近远场的灵活调控[20]。基于反射阵列天线生成 OAM 的原理与超表面类似,通常阵列具有大量的反射相移特性的半波长周期单元,通过调节单元结构参数或角度位置参数实现阵面相位分布波束赋形,因此,反射阵列天线适用于产生高增益、波束发散角小的 OAM 波束。此外,基于极化正交、口径复用等特性与反射阵、OAM 结合,可产生具有多模 OAM 的多波束与共波束反射阵列天线。

2. OAM 的物理表征

OAM 作为电磁波的一个物理量,其独特的物理特性使携带不同 OAM 模态的电磁波之间相互正交,多模 OAM 的高效共生机理是在研究其物理模型和多模叠加表征的基础上进行的。从 OAM 电磁波的表达式出发,以高斯波束来表征入射波,见式(8.11)。经过螺旋相位板等 OAM 生成器后,电场振幅及相位会发生变化,入射的高斯波束获得一个额外的振幅因子和相位因子,会转化为 OAM 电磁波,可表达为式(8.12)。

$$E(r,z) = E_0 \frac{w_0}{w} \exp \frac{-r^2}{w^2(z)} \cdot$$

$$\exp\left[-jkz - jk\frac{r^2}{2R(z)} + j\zeta(z)\right] \quad (8.11)$$

$$E(r,z) = A(r)E_0 \frac{w_0}{w} \exp \frac{-r^2}{w^2(z)} \cdot$$

$$\exp(-jl\varphi)\exp\left[-jkz - jk\frac{r^2}{2R(z)} + j\zeta(z)\right] \quad (8.12)$$

式中　E_0——电场在原点的值;

w_0——高斯波束的束腰宽度;

r——电场中心到观测点的距离;

z—— 电场中心到观测点的垂直距离；

k—— 自由空间波束；

$R(z)$—— 波束的曲率半径；

$\zeta(z)$——Gouy 相位；

$A(r)$—— 螺旋相位板的振幅变化因子；

$\exp(-\mathrm{j}l\varphi)$—— 螺旋相位板的相位变化因子；

l——OAM 模态数。

由于电场表达式中附加了额外的相位信息 $\exp(-\mathrm{j}l\varphi)$，其相位平面不再呈现出圆对称性。多个模态叠加的相位分布是本领域目前和未来研究的重要关切点，对不同模态以及两种模态叠加的多种情况进行数值计算与仿真，在螺旋相位板处和透过相位板传播一定距离处的部分相位分布如图 8.20 和图 8.21 所示。

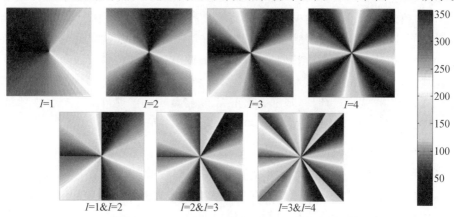

图 8.20 OAM 生成器件所需电场相位分布

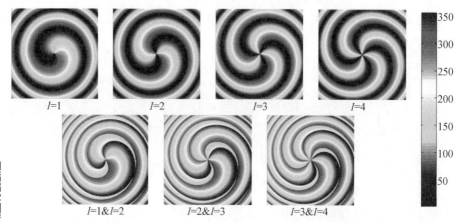

图 8.21 携带 OAM 的涡旋电磁波传播过程中电场相位分布

3. OAM 反射阵列生成方式

基于反射阵列天线生成携带 OAM 涡旋电磁波,仅需在传统反射阵列天线设计的基础上引入一个螺旋相位因子。反射阵列天线是由馈源发射的球面波束照射到具有大量单元的阵面上,结合周期结构的反射阵列单元提供的满足生成特定出射波需求的相位,通过每个单元产生的辐射场在阵面上空叠加,从而产生一束高增益的平面波辐射。反射阵列天线结合了传统抛物面天线和相控阵天线的特点,调节阵列单元结构可以调节反射波的相位变化,可使反射波束具有任意的相位波前,因此利用反射阵列单元的相移特性可以较方便地构造一个螺旋的相位波前结构,使得反射波束具有 OAM 特性。设计 OAM 反射阵列天线与反射阵列天线的基本步骤一致,不同之处在于 OAM 反射阵列天线的阵面单元排布方式发生改变,其生成原理示意图如图 8.22 所示。馈源天线发射的球面电磁波经过空间相位延迟到达反射阵面,阵面各个位置的单元提供补偿的反射相位,形成具有 $\exp(-\mathrm{j}l\varphi)$ 的相位因子,即产生了具有 OAM 特性的涡旋电磁波。基于不同的反射单元相位分布,可生成具有不同 OAM 模式的涡旋电磁波。

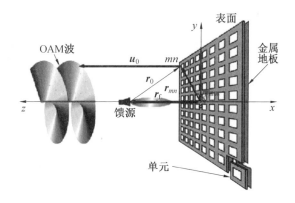

图 8.22　OAM 反射阵列天线的原理示意图[21]

根据图 8.22 所示,将馈源喇叭的相位中心放置在 $\boldsymbol{r}_{\mathrm{f}}$ 处,当馈源发出的电磁波照射到 mn 的反射阵列表面时,经过单元的相位补偿后反射波束具有轨道角动量,可得辐射电场的表达式为

$$E(\theta,\varphi) = \sum_{m=1}^{M} \sum_{n=1}^{N} F(\boldsymbol{r}_{mn} \cdot \boldsymbol{r}_{\mathrm{f}}) A(\boldsymbol{r}_{mn} \cdot \boldsymbol{u}_0) \cdot$$
$$A(\boldsymbol{u}_0 \cdot \boldsymbol{u}) \cdot \mathrm{e}^{-\mathrm{j}k(\,|\,\boldsymbol{r}_{mn}-\boldsymbol{r}_{\mathrm{f}}\,|\,-\boldsymbol{r}_{mn}\cdot\boldsymbol{u}_0)\pm\mathrm{j}l\varphi+\mathrm{j}\varphi_{mn}} \qquad (8.13)$$

式中　F——馈源喇叭的方向图函数;

　　　A——单元辐射场的函数。

由于 OAM 涡旋具有 $\exp(-\mathrm{j}l\varphi)$ 的相位因子,所以第 mn 个单元的反射相位表达式为

$$\varphi_{mn} = k(|\boldsymbol{r}_{mn} - \boldsymbol{r}_{\text{f}}| - \boldsymbol{r}_{mn} \cdot \boldsymbol{u}_0) \pm l\varphi_{mn} \qquad (8.14)$$

式中　　$\boldsymbol{u}_0$——反射波束方向；

$\boldsymbol{r}_{\text{f}}$——馈源相位中心的位置矢量；

$\boldsymbol{r}_{mn}$——第 mn 个单元中心的位置矢量；

φ_{mn}——mn 个单元的方位角；

l——OAM 的模式数。

此方法借鉴了阵列天线综合理论,利用单元的相位补偿来实现环形阵列天线中馈电网络的作用。此方法的具体过程可由图 8.23 表示。根据上一节的分析,正馈的馈源喇叭发射出的电磁波照射到反射阵列的第 mn 个单元上会有一个 $k(|\boldsymbol{r}_{mn} - \boldsymbol{r}_{\text{f}}|)$ 的相位延迟,所以用 φ_l 来补偿此照射的相位延迟以形成一个平面相位波前,然后 φ_{R} 是用来形成 $\exp(-\text{j}l\varphi)$ 的螺旋相位因子部分,两个部分叠加在一起就是一个反射阵列天线产生 OAM 涡旋电磁波的整个过程。图 8.23 中用模式 $l = 2$ 的 OAM 涡旋电磁波来表示整个 OAM 反射阵列天线的设计过程,简洁易懂。

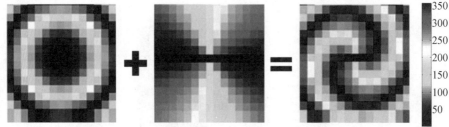

图 8.23　模式为 2 的 OAM 反射阵列天线的设计过程示意图[21]

反射阵列结构可由图 8.22 表示,由于馈源喇叭辐射出的是一束低增益的球面波,为了产生高增益的波束,反射阵面第一步要做的就是抵消喇叭相位中心到反射阵面各个单元处的空间相位差。其中,反射阵列中各个阵元所需的相位差可以表示为

$$\varphi^{\text{element}}(x_i, y_i) = k_0 [d_i - \sin \theta_0 \times (\cos \varphi_0 \times x_i + \sin \varphi_0 \times y_i)] \qquad (8.15)$$

式中　　$\varphi^{\text{element}}(x_i, y_i)$——第 (i, j) 个单元所需的相位补偿;

k_0——自由空间波数;

d_i——馈源相位中心到第 i 个单元的距离;

θ_0, φ_0——出射波束的波束角。

当每单元具有如式(8.15)所给的相位补偿时,反射阵列天线就能产生一束高增益的平面波。为了使反射阵列天线能产生 OAM 电磁波,在进行馈源波束空间相位差的补偿之后,还要对反射阵面进行 OAM 波束赋形。考虑到补偿馈源空间相位差后的反射阵列天线的辐射场为高增益笔形波束,该笔形波束的主瓣可以看作束腰宽度很小的高斯波束。通过前一小节的分析，可知通过给高斯波束附加额外的 $\exp(-\mathrm{j}\varphi)$ 相位便可以得到 OAM 电磁波。结合之前反射阵列每个单元所需的相位补偿，再对相位补偿后的单元附加额外的相位 $\exp(-\mathrm{j}\varphi)$，整个 OAM 反射阵列的阵面相位分布便可以获得，即

$$\varphi^{\text{element}}(x_i, y_i) = k_0 \left[d_i - \sin\theta_0 \times (\cos\varphi_0 \times x_i + \sin\varphi_0 \times y_i) \right] + l \times \arctan(y_i l x_i) \tag{8.16}$$

8.3.3　OAM 介质谐振反射阵列天线设计

反射阵列所采用单元采用谐振介质形式，工作频率为 10 GHz。反射单元呈正方体，单元周期取四分之一波长 $P = 7.5$ mm，介质材料均为 Arlon AD 1000，相对介电常数 $\varepsilon_r = 10.2$，镀层金属厚度为 $mt = 0.035$ mm，通过改变介质层的厚度 st 来控制反射单元相位。反射单元的结构如图 8.24 所示。

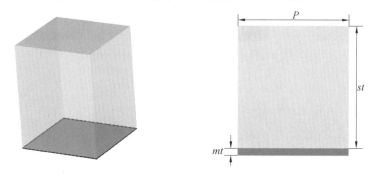

图 8.24　介质谐振反射单元结构示意图

利用单元仿真使用 CST 软件中的周期（unit cell）边界条件，并使用 Floquet 端口进行激励。仿真得到 10 GHz 处该反射单元的反射相位随介质层厚度 st 的变化曲线如图 8.25 所示。该反射单元的反射相位差值大于 $360°$，满足反射阵列单元的相位要求。

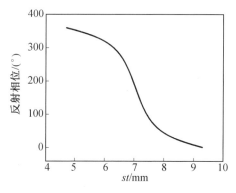

图 8.25　介质谐振反射单元的反射相位

基于上述设计的介质谐振反射单元和平面反射阵列天线产生 OAM 波束原理，设计工作中心频率为 10 GHz、模式数 $l=2$ 的 OAM 平面反射阵列天线。反射阵列的阵元个数为 16×16，天线口径大小为 120 mm×120 mm。馈源位于阵列正上方，即馈源 0° 入射，焦径比为 0.615，波束指向为 z 轴正方向。由式（8.16）计算平面反射阵列天线产生 OAM 波束所需要的补偿相位。图 8.26 展示了反射阵列各单元所需的补偿相位计算过程。所得到的 32×32 单元介质谐振反射阵列结构如图 8.27 所示。

 +  =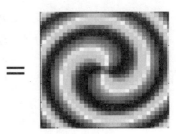

图 8.26　OAM 反射阵列的相位补偿分布

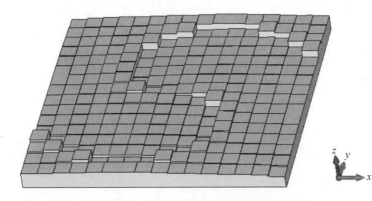

图 8.27　OAM 介质谐振反射阵列结构图

该反射阵列在 10 GHz 的电场幅度和相位分布如图 8.28(a) 和图 8.28(b) 所示，该反射阵列产生的电场相位分布呈现出顺时针螺旋结构，且围绕传输中心轴一圈，电场的相位变化为 360°，电场的幅度分布均匀，呈现出较好的环形分布。该阵列产生的远场方向图如图 8.29 所示。

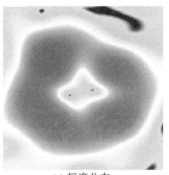

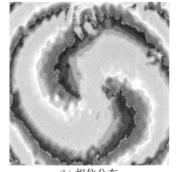

(a) 幅度分布   (b) 相位分布

图 8.28   OAM 介质谐振反射阵列的电场分布

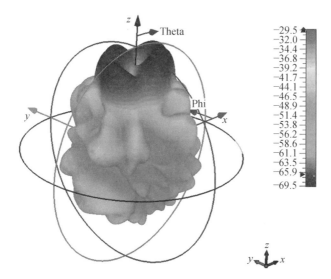

图 8.29   OAM 介质谐振反射阵列的远场方向图

8.3.4   太赫兹介质反射阵列天线加工

对于太赫兹频段器件,加工工艺复杂,难度、成本较高。目前大部分太赫兹天线使用的材料成本较高,采取的加工工艺较为复杂且成本较高。常规介质谐振天线采用的是机加工方式实现,然而在太赫兹频段,天线尺寸较小,加工精度要求高,传统机加工方式无法满足精度需求。所以,目前太赫兹介质反射阵列基本采用 3D 打印技术实现。

3D 打印技术是一种快速成型方式,使用多种聚合物材料或金属材料,通过层叠累加并固化成型的方法进行加工,广泛应用于各领域,对于复杂结构的部件有较大优势,且后期加工简单,制备周期较短,降低了器件加工周期及成本。目前,

3D打印技术的原理是逐层堆叠,生成单个物理层并将它们组合在一起。可以使用各种类型的材料,如金属、塑料、陶瓷及生物相容材料。

在太赫兹光谱(0.1～10 THz),相应的波长为30 μm～3 mm,3D打印技术精度最高可达16 μm,可以满足在这个范围内打印精度需求。与传统的加工技术相比,3D打印的一个显著特点就是它避免了用钻孔或切割方法去除材料,可减少不必要的耗材。因此,3D打印可用于大规模任意形状器件的低成本快速成型。目前常见的3D打印技术有五种,分别为选择性激光烧结(selective sintering and melting)、粉末黏合(powder binder bonding)、聚合(polymerization)、熔融沉积成型(fused deposition modeling)和分层实体制造(laminate object manufacturing)。这几种方法均是先生成单个物理层,再结合相邻层一起形成一个对象,表8.1为这几种方法的特点比较。

表 8.1　各类 3D 打印技术对比

分类	选择性激光烧结	粉末黏合	聚合	熔融沉积成型	分层实体制造
使用材料	聚合物、金属、陶瓷	聚合物、金属、陶瓷	聚合物	聚合物	纸、塑料、金属
加工温度	高温	材料决定	室温	200～300 ℃	材料决定
精度	低	中等	高	低	低
强度	强	中等	中等	强	中等
是否可打印悬垂结构	是	是	需要支撑材料	需要支撑材料	是
是否可打印多种材料	否	否	是	是	否

目前,3D打印技术所使用的材料主要是工程塑料、橡胶类材料、光敏树脂、陶瓷材料和金属材料等。其中一些工程塑料和光敏树脂具有较低介质损耗,可用于太赫兹天线加工中。目前市场上常用的3D打印耗材为ABS、PLA、光敏树脂、尼龙、玻璃等。普通的PLA和ABS材料介电常数在2.5～3.0之间,介电常数相对稳定,打印结构强度较大,加工精度较低(大于$\pm$0.3 mm),并且打印器件表面较粗糙,有一定的丝状纹理,打印成本较低,容易变形,无法用于此太赫兹介质反射阵列加工当中。光敏树脂介电常数与PLA和ABS相比稍高,在2.7～4.1之间,打印精度为0.1 mm,表面粗糙度良好,性能优于ABS和PLA。光敏树脂光滑度高,性能稳定,还可用于生物医疗器械中,但是其耐温性不高、强度一般,介质损耗较大。尼龙是一种白色的聚酰胺材料,具有耐高温、韧性好、强度高等特

性,且介质损耗较小。在 150 ~ 500 GHz 频段范围内,这几种材料的介电常数在 2.6 ~ 3.2 之间,介电常数都较低,且随频率变化时,材料的介电常数特性变化较小,比较稳定。在树脂、塑料、尼龙、玻璃纤维、韧性材料和 ABS 中,尼龙材料具有最低的介电常数(2.64)和最高的透射率(220 GHz 约为 60%)。在此频段范围内,尼龙材料具有最小的介质损耗,在太赫兹频段,信号源产生的信号能量小,因此要求天线损耗低,减少不必要的能量损失。

8.4　本章小结

在本章中,首先介绍了近场聚焦反射阵列天线的优点及应用场景,并且设计了微带贴片的阵列单元,利用此单元设计了应用于 RFID 阅读器的反射阵列天线,并对其进行了原型化和实验表征,数值数据和实验结果证实了所提出的反射阵列配置作为近场聚焦天线的可行性。之后介绍了应用在毫米波、太赫兹频段的介质谐振阵列单元的特点,以及生成涡旋波束的阵列原理,通过该原理设计了一种简单但涡旋波束反射阵列天线,证明了介质谐振阵列单元的可行性,并在章节末尾简单介绍了太赫兹频段天线加工常用的 3D 打印技术。

本章参考文献

[1] HUANG J. Reflectarray antenna[M]. IEEE Press：Encyclopedia of RF and Microwave Engineering,2007.

[2] HSU S H, HAN C, HUANG J, et al. An offset linear-array-fed Ku/Ka dual-band reflectarray for planet cloud/precipitation radar[J]. IEEE Trans Antennas Propag, 2007, 55(11)：3114-3122.

[3] ARREBOLA M, ENCINAR J A, BARBA M. Multifed printed reflectarray with three simultaneous shaped beams for LMDS central station antenna/precipitation[J]. IEEE Trans Antennas Propag, 2008, 56(6)：1518-1527.

[4] ENCINAR J A. Design of two-layer printed reflectarrays using patches of variable size[J]. IEEE Trans Antennas Propag, 2001, 49(10)：1403-1410.

[5] LIU Z M, HILLEGASS R R. A 3-patch near field antenna for conveyor bottom read in RFID sortation application[J]. Proc IEEE Antennas Propagation Symp., 2006：1043-1046.

［6］ BUFFI A，SERRA A A，NEPA P，et al. A focuse planar microstrip array for 2.4 GHz RFID readers[J]. IEEE Trans Antennas Propag，2010，58(5)：1536-1544.

［7］ BOGOSANOVIĆ M，WILLIAMSON A. Antenna array with beam focused in near-field zone[J]. Electron. Lett.，2003，39(9)：704-705.

［8］ BOGOSANOVIĆ M，WILLIAMSON A. Microstrip antenna array with a beam focused in the near-field zone for application in noncontact microwave industrial inspection[J]. IEEE Trans. Instrum. Meas.，2007，56(6)：2186-2195.

［9］ STEPHAN K D，MEAD J B，POZAR D M，et al. A near field focused microstrip array for a radiometric temperature sensor[J]. IEEE Trans Antennas Propag，2007，55(4)：1199-1203.

［10］ RAHMAT S Y，LEE S W. Directivity of planar array feeds for satellite reflector applications[J]. IEEE Trans Antennas Propag，1983，31(3)：463-470.

［11］ GRAHAM W. Analysis and synthesis of axial field patterns of focused apertures[J]. IEEE Trans Antennas Propag，1983，31(4)：665-668.

［12］ RAHMAT S Y，LEE S W. Directivity of planar array feeds for satellite reflector applications[J]. IEEE Trans Antennas Propag，1983，31(3)：463-470.

［13］ GUO S，ZHAO D，WANG B Z，et al. Shaping electric field intensityvia angular spectrum projection and the linear superposition principle[J]. IEEE Transactions on Antennas and Propagation，2020，68(12)：8249-8254.

［14］ JAMALUDDIN M H. Dielectric resonator antenna reflectarray in Ka-band[J].2010 IEEE Antennas and Propagation Society International Symposium，Toronto，ON，Canada，2010：1-4.

［15］ LI B，MEI C Y，ZHOU Y，et al. A 3D-printed wideband circularly polarized dielectric reflectarray of cross-shaped element[J]. IEEE Antennas and Wireless Propagation Letters，2020，19(10)：1734-1738.

［16］ DA W M，BIN L，YING Z. Design and measurement of a 220 GHz wideband 3D printed dielectric reflectarray[J]. IEEE Antennas and Wireless Propagation Letters，2018，17(11)：2094-2098.

［17］ 王艳妮，孙学宏，刘丽萍，等. 一种毫米波 UWB 多模态 OAM 介质谐振器阵列天线[J]. 无线电工程，2023，53(2)：439-448.

［18］王艳妮，孙学宏，刘丽萍. 基于介质谐振器的轨道角动量天线设计［J］. 电子测量技术，2022，45(17)：14-21.

［19］YUAN Y，ZHANG K，WU Q. A high efficiency metasurface-engineered antenna for multiplexing OAM beam generation［C］. 2022 IEEE-APS Topical Conference on Antennas and Propagation in Wireless Communications (APWC)，Cape Town，South Africa，2022：047-047.

［20］常伟，孙学宏，刘丽萍，等. OAM 介质谐振器阵列天线的研究［J］. 电子技术应用，2018，44(8)：90-93.

［21］SHIXING Y，LONG L，GUANGMING S，et al. Design，fabrication，and measurement of reflective metasurface for orbital angular momentum vortex wave in radio frequency domain［J］. Appl Phys Lett，2016，108(12)：121903.

第 9 章

反射阵列天线馈源设计

9.1 引 言

  馈源作为反射阵列天线的初级辐射器，反射阵列天线的口径效率会随着馈源方向图函数的改变而发生变化，馈源的带宽也会对整个阵列的带宽产生一定影响，要想获得理想的阵列特性，必须选择合适的馈源。随着对反射阵列天线馈源研究的深入，现有技术在实现馈源具有较宽工作频带的同时，希望实现多极化、多频的系统性能。围绕这一主题，本章从馈源喇叭的设计方法、线性多极化技术、圆极化技术以及多频技术几方面进行介绍，并以双频多极化高增益馈源系统的设计为实例，详细介绍了各技术在系统实际设计中的应用。

9.2 馈源喇叭设计方法

9.2.1 角锥喇叭天线及圆锥喇叭天线的设计

  喇叭天线是天线领域最为常见的天线之一。如果制造得足够精确，角锥喇叭天线的增益可以非常准确地被计算出来，误差不超过 1/10 dB，因此这种天线可以作为计算其他微波天线增益的标准天线。同时因为结构简单，设计步骤少，也可以作为很好的馈源天线，应用于各种反射面天线之中[1-3]，在本设计中，选用喇叭天线作为所设计的反射阵列天线的馈源。本节将集中介绍与馈源喇叭天线相关的基本理论。

求解喇叭天线的内场分布,可假设喇叭天线的内场与无限长波导相同,因此从波导到喇叭的过程就是 TE_{10} 模式的平面波到扇形喇叭的圆柱面波或者角锥喇叭的近球面波的过程。图 9.1 所示为 H 面和 E 面喇叭。

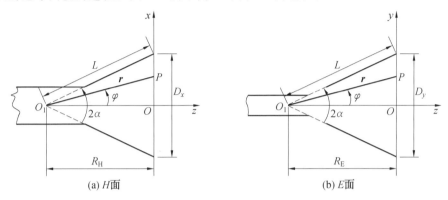

图 9.1　角锥喇叭结构示意图

喇叭天线的方向图可以用近似方法计算,在相位变化不大的情况下,一般是 E 面喇叭最大相差不超过 $\pi/2$,H 面喇叭最大相差不超过 $3\pi/4$。这时可以认为矩形口径上的电场是同相分布的:

$$E_y = E_0 \cos \frac{\pi x}{D_1} \tag{9.1}$$

则可计算得到 E 面和 H 面喇叭方向图计算方法为

$$
\begin{cases}
F_E(\theta) = \dfrac{1+\cos\theta}{2} \dfrac{\sin\left(\dfrac{\pi D_y}{\lambda}\sin\theta\right)}{\dfrac{\pi D_y}{\lambda}\sin\theta} \\[4mm]
F_H(\theta) = \dfrac{1+\cos\theta}{2} \dfrac{\cos\left(\dfrac{\pi D_x}{\lambda}\sin\theta\right)}{1-\left(\dfrac{2}{\pi}\dfrac{\pi D_x}{\lambda}\sin\theta\right)^2}
\end{cases}
\tag{9.2}
$$

如果在 θ 比较小的情况下,$1+\cos\theta \approx 2$,可简化上面的表达式得到方向图的主瓣宽度为

$$
\begin{cases}
2\theta^\circ_{0.5E} \approx 51\dfrac{\lambda}{D_y} \\[4mm]
2\theta^\circ_{0.5H} \approx 67.6\dfrac{\lambda}{D_y}
\end{cases}
\tag{9.3}
$$

这个公式可以用来大致估算喇叭天线的方向图波瓣宽度,用来辅助得到特定波束宽度方向图的喇叭口径大小。

假设喇叭天线的效率为 100%，则 E 面和 H 面喇叭的增益系数为

$$\begin{cases} G_{\mathrm{E}} = \dfrac{64 D_x R_{\mathrm{E}}}{\pi \lambda D_y} \left[C^2(W) + S^2(W) \right] \\ G_{\mathrm{H}} = \dfrac{4\pi D_y R_{\mathrm{H}}}{\lambda D_x} \left\{ \left[C(u) - C(v) \right]^2 + \left[S(u) - S(v) \right]^2 \right\} \end{cases} \tag{9.4}$$

式中

$$\begin{cases} u = \dfrac{1}{\sqrt{2}} \left[\dfrac{\sqrt{\lambda R_{\mathrm{H}}}}{D_x} + \dfrac{D_x}{\sqrt{\lambda R_{\mathrm{H}}}} \right] \\ v = \dfrac{1}{\sqrt{2}} \left[\dfrac{\sqrt{\lambda R_{\mathrm{H}}}}{D_x} - \dfrac{D_x}{\sqrt{\lambda R_{\mathrm{H}}}} \right] \\ W = \dfrac{D_y}{\sqrt{2\pi R_{\mathrm{E}}}} \end{cases} \tag{9.5}$$

$C(x)$——菲涅尔余弦积分；

$S(x)$——菲涅尔正弦积分。

利用 E 面和 H 面喇叭的方向图可以得出角锥喇叭的增益系数为

$$G_{\mathrm{A}} = \frac{\pi}{32} \left(\frac{\lambda}{D_y} G_{\mathrm{H}} \right) \left(\frac{\lambda}{D_x} G_{\mathrm{E}} \right) \tag{9.6}$$

圆锥喇叭与角锥喇叭具有相似的性能。圆锥喇叭是一种结构简单、性能稳定的馈源天线，其结构如图 9.2 所示，其激励起的主模为 TE_{11} 模式，其口径场的相位近似平方律分布，同时圆锥喇叭口径与自由空间的匹配较为良好，可以不考虑反射波，但圆锥喇叭口径边缘的绕射较易形成比较大的副瓣及后瓣，很难得到轴对称形式的方向图，即 E 面方向图与 H 面方向图并不相同。

  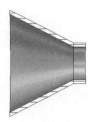

(a) 透视图　　　　　　　(b) 主视图　　　　　　　(c) 剖视图

图 9.2　圆锥喇叭结构图

9.2.2　波纹喇叭的设计方法

波纹喇叭是通过内壁开槽形成的，其可以得到更加对称的辐射方向图，波纹喇叭是一种混合模喇叭，内部可以传输多种模式，同时具有相位中心稳定度高、交叉极化电平和副瓣电平表现较低的优点。由于喇叭内部传播的是混合模 HE_{11}

模,在波导内壁的任意处,具有相同截止频率和相速的 TM 波与 TE 波分量都会保持与频率无关的相位关系,可以拓展天线的工作带宽。波纹喇叭按照口径面形状可以分为波纹圆锥喇叭和波纹角锥喇叭,其中较为常用的是波纹圆锥喇叭。波纹圆锥喇叭又可分为径向开槽波纹圆锥喇叭、标量波纹圆锥喇叭和轴向开槽波纹圆锥喇叭。

1. 径向开槽波纹圆锥喇叭

径向开槽波纹圆锥喇叭张角较小,内部波纹槽与喇叭轴线垂直,通常在喇叭张角小于 20° 时使用,其波瓣宽度受口径面大小影响,由于张角较小,口径面上相位偏差较小,相位中心通常靠近喇叭口面,交叉极化较低,可以通过优化波纹曲线来控制径向开槽波纹圆锥喇叭的方向图[4-6]。其结构及性能仿真结果如图 9.3 所示,可以发现径向开槽波纹圆锥喇叭具有优异的交叉极化性能以及旋转对称的方向图。

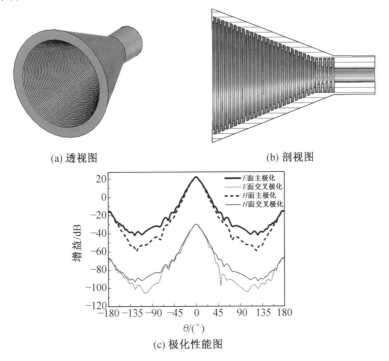

(a) 透视图　　　　　　　　　　　(b) 剖视图

(c) 极化性能图

图 9.3　径向开槽波纹圆锥喇叭结构及仿真器性能

2. 标量波纹圆锥喇叭

标量波纹圆锥喇叭的张角通常在 20°～ 50° 之间,波纹槽垂直于喇叭张角方向,其波瓣宽度主要由张角大小控制,而受口径大小的影响较小。波瓣宽度与半张角呈近似的线性关系,其结构如图 9.4 所示。同时由于口径面上相位常数较大,对于给定张角的标量波纹圆锥喇叭,其口径面存在最佳尺寸。相对小张角波纹喇叭,标量波纹圆锥喇叭具有更宽的带宽。

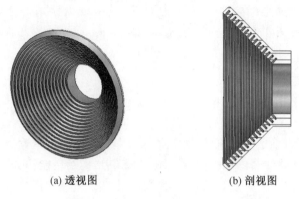

(a) 透视图   (b) 剖视图

图 9.4   标量波纹圆锥喇叭结构示意图

3. 轴向开槽波纹圆锥喇叭

轴向开槽波纹圆锥喇叭包括法兰盘扼流槽波纹喇叭[7],波纹开槽方向与喇叭中心轴平行。轴向开槽波纹圆锥喇叭具有很宽的工作频带、良好的圆对称方向图、稳定的相位中心、较低的副瓣电平以及优异的交叉极化性能,常用于反射面天线馈源。对于扼流槽波纹喇叭,其扼流槽直径可由下式计算得到[8]:

$$f\left(\frac{2\pi\rho}{\lambda}\right) = \frac{2\mathrm{J}_1(2\pi\rho\sin\theta_0/\lambda)}{2\pi\rho\sin\theta_0/\lambda} \tag{9.7}$$

如图 9.5 所示的轴向波纹圆锥喇叭在 W 波段具有较高的主极化增益和较低的交叉极化水平,同时以天线口径面为中心,在波段内的相位中心位置如图 9.5(d) 所示,可见轴向波纹圆锥喇叭在维持相位中心稳定方面同样具有优异的性能。

9.2.3   介质杆天线的设计

介质杆天线主要由传输波导和介质棒组成,在低频时介质不会发生明显的谐振,但在工作于高频段时,电磁能量向介质杆处汇聚,天线工作于表面波状态,等效扩大口径面尺寸。同时在毫米波段,介质杆天线可以进一步缩小尺寸,降低质量,得益于其小截面结构和易于进行馈电网络的设计,常见截面形状包括矩形截面和圆形截面,其结构示意图如 9.6 所示。应用于反射面系统馈源中,可以有效降低馈源对反射面遮挡的影响,提高馈源波束的集中度,进而提高反射面系统的能量利用效率。介质杆天线的波束宽度和增益主要受介质杆长度影响,增加介质杆长度可以有效提高天线增益,但是同时会使波束宽度增加。

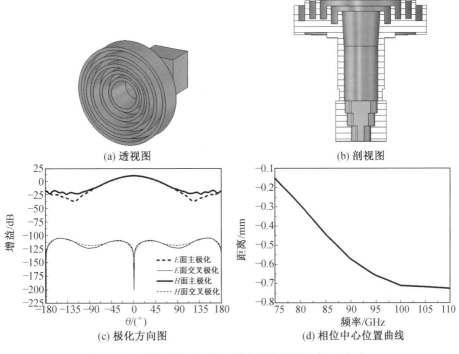

(a) 透视图　　　　　　　　　　　　　　　(b) 剖视图

(c) 极化方向图　　　　　　　　　　　　(d) 相位中心位置曲线

图 9.5　　轴向波纹圆锥喇叭结构示意图及性能测试图

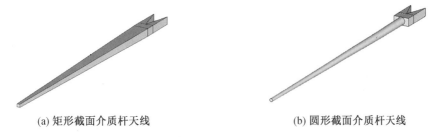

(a) 矩形截面介质杆天线　　　　　　　　　　(b) 圆形截面介质杆天线

图 9.6　　介质杆天线结构示意图

9.3　正交模耦合器的设计

　　正交模耦合器(orthomode transducer，OMT)又被称为极化双工器或正交模变换器，用来分离或合成相同频段内的正交模式，是馈源实现双线极化性能的有效方式之一。正交模耦合器通常表现为三个物理端口，但是其输出端口传输一对正交极化信号，提供两个电气端口，因此在电气方面表现为四端口器件，其基本等效结构如图 9.7 所示。

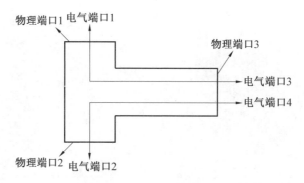

图 9.7   OMT 电气性能等效原理图

OMT 理想情况下的散射矩阵为

$$\boldsymbol{S}=\begin{bmatrix} 0 & 0 & e^{j\theta_1} & 0 \\ 0 & 0 & 0 & e^{j\theta_2} \\ e^{j\theta_2} & 0 & 0 & 0 \\ 0 & e^{j\theta_1} & 0 & 0 \end{bmatrix} \tag{9.8}$$

式中　　θ_1 和 θ_2——端口 1 和端口 3 与端口 2 和端口 4 之间的相移滞后。

OMT 根据其带宽范围通常可以分为窄带 OMT 和宽带 OMT。

衡量 OMT 性能的主要指标有:

(1) 回波损耗(return loss,RL)。回波损耗值的大小反映端口间的匹配程度,在设计时通常越大越好,但在实际设计过程中为了获得较宽的工作频带,一般要求在频带内端口的回波损耗大于 10 dB 即可,对于频带范围和回波损耗的确定,要根据实际应用场景进行取舍。

(2) 端口隔离度。OMT 的端口隔离度定义为某一极化通道内传输功率与泄漏到另一极化通道内的功率之比。在双极化系统设计中,对输出端口间隔离度的要求一般在 30 dB 以上。在某些特定的应用场景,往往需要更高的端口隔离度。

(3) 插入损耗。在 OMT 的设计过程中,要尽量降低其插入损耗。但随着频率的升高,导体的趋肤深度相应增加,插入损耗会随导体损耗的增加而变大。为了改善 OMT 在高频段插入损耗的性能表现,常采用在波导表面电镀银或金的方式来提高波导表面的电导率。

(4) 交叉极化。波导内的不连续性会导致高次模的产生,而处于工作频段内的高次模会降低 OMT 的性能,因此需要避免高次模的存在,同时还能改善两个正交模式间的交叉极化性能。在设计过程中,通常要求交叉极化水平大于 20 dB。

9.3.1　窄带 OMT

窄带 OMT 常采用非对称式结构设计,难以消去高次模,因此频带范围受到限制,其相对带宽通常在 10% 左右。典型结构有锥变分支型 OMT、短路公共波导型 OMT、膜片分支型 OMT[9-11],其各自结构简化如图 9.8 所示。窄带 OMT 由于其结构相对简单,通常具有较小的物理尺寸,同时在设计过程中,往往侧重某一方向性能的提升。

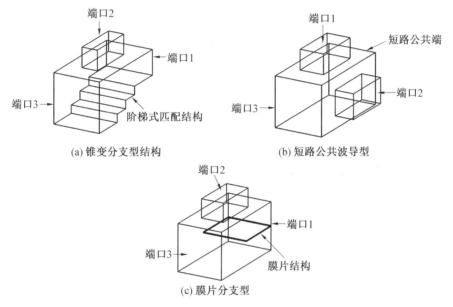

图 9.8　窄带 OMT 的典型结构

9.3.2　宽带 OMT

宽带 OMT 指设计的正交模耦合器的相对工作带宽大于 20%,由于对称式结构对高次模有明显抑制作用,利于拓宽工作频带,因此其结构通常采用对称式设计。 但对称式结构 OMT 的尺寸往往较大,结构复杂,其典型结构为[12-14]Turnstile 型、Biofot 型及脊结构 OMT。除此之外,利用特殊的设计方式也能实现非对称式 OMT 的宽带性能。

1. Turnstile 型 OMT

Turnstile 型 OMT 最早由 Meyer 等人提出,设计了 Turnstile 结构即十字转门结构,双极化模式由公共端口输入,经过 Turnstile 结构后分别进入 4 个端口,两组模式相互正交,相对的两个端口为同一极化模式,最终两组通路中的能量分别经由设计的 Y 型结合成输出,其结构示意图如图 9.9 所示。由于其结构的高度对称,通路中的 TE_{11}/TM_{11} 模式被抑制,拓展其带宽,可使 Turnstile 型 OMT 的理论最大单模传输带宽达 66%。

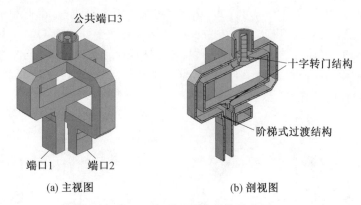

公共端口3

十字转门结构

阶梯式过渡结构

端口1　　端口2

(a) 主视图　　　　　　　　　　(b) 剖视图

图 9.9　Turnstile 型 OMT 结构示意图

2. Biofot 型 OMT 及脊结构 OMT

Biofot 型 OMT 将 Turnstile 型 OMT 的一对端口进行折叠平行放置,并采用金属膜片或金属柱将端口隔开,由于其拓扑结构对于水平和垂直极化均是对称的,对于通道内的 TE_{11}/TM_{11} 模式有着良好的抑制作用,因此拓展了工作频带。为了降低其加工难度,也有采用容性窄窗结构来取代容性柱或金属膜片结构,如图 9.10 所示,但是其带宽性能会受到一定影响。

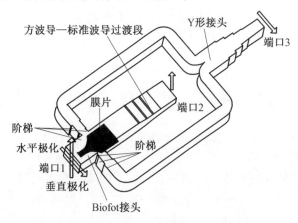

方波导—标准波导过渡段

Y形接头

端口3

膜片

端口2

阶梯

水平极化

阶梯

端口1

垂直极化

Biofot接头

图 9.10　Biofot 型 OMT 结构示意图

Biofot 型 OMT 由于需要在公共波导中轴线上加入金属膜片或金属柱,具有较大的加工难度,因此提出了同时去除金属柱以及金属膜片结构而采用在公共波导中轴线上加入对称双脊台阶结构的方式,如图 9.11 所示。

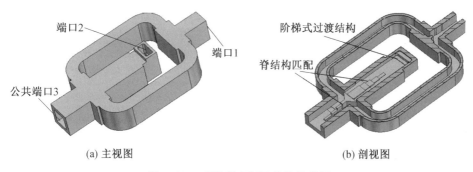

(a) 主视图　　　　　　　　　　　　　(b) 剖视图

图 9.11　双脊型 OMT 结构示意图

9.3.3　多频 OMT

　　正交模耦合器被广泛应用于多极化天线系统中,同时也可以设计成多频工作,实现多个相距较远的独立频段的同时传输。在通信系统中,常采用双频设计形式,利用两个相互正交的极化波分别发射和接收不同频段的信号,同时利用两信号极化方向相互正交的特性来实现收发信号之间的隔离。多频 OMT 可以实现系统在多个频段内工作,以获得不同的性能。如图 9.12 所示,双频 OMT 工作在微波和毫米波双波段,可以实现两个波段的信息采集[15]。

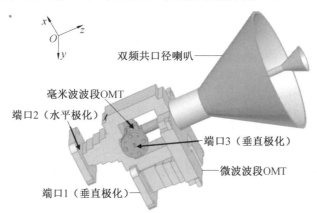

图 9.12　双频馈源系统结构示意图[15]

9.4　圆极化器的设计

　　喇叭天线是最常用的一类天线,具有很多优点,比如结构简单,设计方便,方向图简单且易于控制。但常见的角锥喇叭、圆锥喇叭等喇叭天线均为线极化。

为了实现喇叭天线的圆极化,需要在喇叭的波导段加入移向元件,形成波导式圆极化器,将输入的线极化波转换成圆极化波,从而喇叭辐射出的电磁波也变为圆极化波。以下介绍几种常用的波导式圆极化器。

9.4.1　介质插片式圆极化器

介质插片式圆极化器是在波导内部插入一块介质插片,介质插片可以选取各种形状,如图 9.13 所示。假设入射波与介质插片成 45° 角,当入射波照射到介质插片时,入射波被分解为两个等幅、同相的正交分量,其中一个垂直于介质插片,另一个平行于介质插片。垂直分量的传播常数受到介质插片的影响小,平行分量的传播常数受到介质插片的影响大,两个分量通过圆极化器后就会产生一个相位差,当相位差为 90° 时,会在输出端口形成圆极化波。

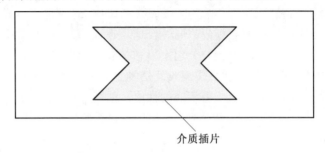

介质插片

图 9.13　圆波导介质插片式圆极化器示意图

9.4.2　金属膜片式圆极化器

金属膜片式圆极化器是在波导内对称地插入两排金属膜片,如图 9.14 所示。假设入射波与对称的膜片呈 45° 入射,当入射波照射到金属膜片时,入射波被分解为两个等幅、同相的正交分量,其中一个垂直于金属膜片,另一个平行于金属膜片。当两个分量通过圆极化器时,金属膜片对垂直的分量呈现并联电容特性,使垂直分量相位滞后;金属膜片对平行的分量呈现并联电感特性,使水平分量相位超前。两个分量在经过圆极化器后会产生一个相位差,当相位差为 90°

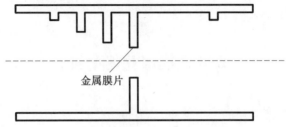

金属膜片

图 9.14　方波导的金属膜片式圆极化器结构示意图

时,会在输出端口形成圆极化波。

9.4.3　金属螺钉式圆极化器

金属螺钉式圆极化器一般应用于圆波导中,其结构是在圆波导内壁对称地插入两排金属螺钉,如图 9.15 所示。其原理与金属膜片式圆极化器类似,假设入射波与金属螺钉呈 45° 入射,经过金属螺钉后,入射波的线极化波被分解成两个分量的线极化波,一个分量垂直于金属螺钉,另一个分量平行于金属螺钉。当两个分量通过圆极化器时,金属螺钉对垂直的分量呈现并联电容特性,使垂直分量相位滞后;金属螺钉对平行的分量呈现并联电感特性,使水平分量相位超前。两个分量在经过圆极化器后会产生一个相位差,当相位差为 90° 时,会在输出端口形成圆极化波。

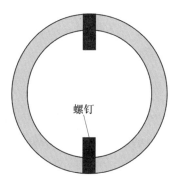

图 9.15　圆波导的金属螺钉式圆极化器结构

9.4.4　隔板式圆极化器

隔板式圆极化器是在波导中插入一个阶梯状的隔板,阶梯一般是四阶或者五阶,阶梯的高度从波导口由内逐级递减,如图 9.16 所示。隔板会将波导分成两个输入端口,在选择好合适的隔板阶梯的前提下,从两个端口输入的线极化波在经过隔板后会形成 90° 的相位差,在输出端口形成圆极化波。

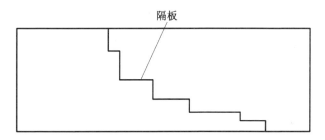

图 9.16　圆波导的隔板式圆极化器结构示意图

9.5　双频多极化高增益馈源系统

双频多极化高增益馈源系统主要包括馈源天线和馈电网络两大部分。图 9.17 给出了工作于双线极化模式的 28/60 GHz 双频多极化馈源系统框图。图中双频馈源形式采用同轴波纹喇叭，由用于低频辐射的波纹喇叭和用于高频辐射的介质棒天线组成。

对于低频 28 GHz 辐射，系统主要由馈源天线、同轴正交模耦合器（同轴 OMT）、波导开关、电桥、负载组成，其中同轴正交模耦合器负责低频 28 GHz 的同轴波导结构馈电，也就是给轴向槽同轴波纹喇叭馈电。高频 60 GHz 的组件除了将同轴正交模耦合器替换为正交模耦合器（OMT）外，其他组件基本一致，其中正交模耦合器负责给高频圆波导结构馈电，也就是给介质棒天线馈电。高低频保持一致的组件不仅包括框图中的波导开关、负载、电桥，还有整体结构所需要的 E 面切角弯、H 面阶梯弯、扭波导等，这些组件都具有同样的结构和功能，只是对应频段不同，尺寸和性能分别适用于高低频。

对于线极化工作模式下的低频 28 GHz 馈电系统，单刀双掷型的波导开关可以直接将水平极化和垂直极化的激励接入系统，并屏蔽圆极化端口激励。信号经过正交模耦合器转换为同轴波导中的高次模 TE_{11} 模传输，再通过波纹喇叭以 HE_{11} 混合模辐射到自由空间，双极化信号彼此正交隔离。高频 60 GHz 的线极化馈电过程类似，同样通过单刀双掷型的波导开关接入线极化激励并屏蔽圆极化激励。双极化高频信号馈入正交模耦合器，转换为介质棒天线馈电圆波导的基模 TE_{11} 模，最后经过介质棒结构以 HE_{11} 混合模辐射到自由空间。在双线极化工作模式下，正交极化可以以不同信号馈入，彼此正交互不影响。

图 9.17 给出了工作于双圆极化模式的 28/60 GHz 双频多极化馈源系统框图。与双线极化工作模式相比，只需要将每个频率各对应的一对单刀双掷波导开关调整为圆极化模式，即可进行圆极化激励。

以 28 GHz 为例，在右旋圆极化端口加以激励，也就是在电桥的端口馈入 TE_{10} 模，在电桥的输出端口形成等分且相位相差 90° 的两组激励馈入同轴正交模耦合器，在同轴结构中形成正交相差 90° 的两组 TE_{11} 模，也就是圆极化模式，经过波纹喇叭辐射，左旋圆极化就是通过电桥的另一个端口馈入形成反向的 90° 相位差。60 GHz 的圆极化辐射形成原理与 28 GHz 类似，只是终端馈源天线换成了同轴波纹喇叭结构中的介质杆天线。可以看出双频的辐射彼此独立，可以分别工作于不同的模式。

本节将分别介绍馈源系统中的馈源天线、双频馈电网络中的核心部件同轴

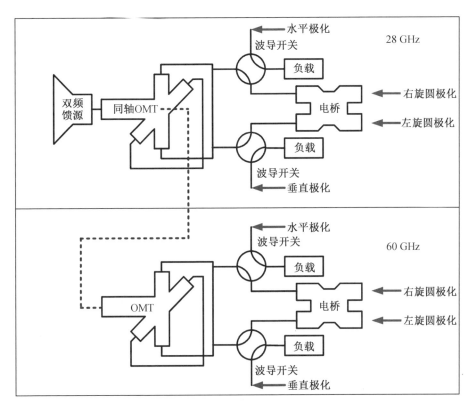

图 9.17　馈源系统框图

正交模耦合器、正交模耦合器以及其他所需部件。

9.5.1　同轴波纹喇叭

同轴波纹喇叭主要由轴向槽波纹喇叭和阶梯型介质棒天线两大部分组成，分别负责 28 GHz 和 60 GHz 的辐射，此外还包括四个阻抗匹配环和一组扼流槽，同轴波纹喇叭的外部结构图与剖面图如图 9.18 所示，并在图 9.19 中给出了该馈源天线的尺寸标注图。

下面依次介绍轴向槽波纹喇叭、阶梯型介质棒天线、阻抗匹配环、扼流槽的作用和设计方法。

1. 轴向槽波纹喇叭

轴向槽波纹喇叭馈电端口馈入 TE_{11} 模电磁波，波纹结构由轴向槽组成。轴向槽可以使波纹喇叭张口处传播混合模 HE_{11} 模，其中混合模式间存在相等的相位关系，可以获得近乎对称的 E 面和 H 面方向图。由于对方向图带宽没有极致的要求，本设计中采用的 6 组尺寸相同的轴向槽，通过对轴向槽尺寸进行合理的

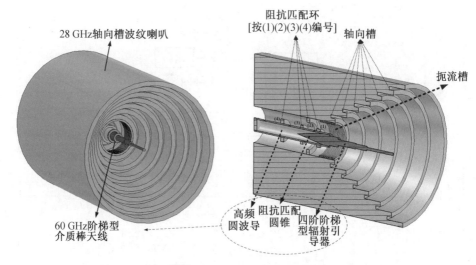

图 9.18　同轴波纹喇叭的外部结构图与剖面图

优化,可以在 28 GHz 获得 17 dB 增益,与此同时实现高度对称的 E 面和 H 面辐射方向图。由于用于调整高频辐射的介质棒结构基本不会对低频辐射产生影响,所以该部分的设计过程可以先不考虑介质棒天线,优化单一的轴向槽波纹喇叭即可。

2.阶梯型介质棒天线

阶梯型介质棒天线由高频圆波导和阶梯型介质棒组成。其中,为了在保证高频 60 GHz 的信号传输的同时,尽可能降低低频 28 GHz 同轴波导结构反射系数的优化难度,圆波导的直径需要在保证基模截止频率小于 60 GHz 的前提下尽可能小,即需要尽可能获得较高的同轴内外径之比。而阶梯型介质棒使用介电常数为 3.0 的 PPE 材料(聚丙乙烯),包括阻抗匹配圆锥(阻抗匹配渐变段)和四阶阶梯型辐射引导器(终端辐射渐变段)两部分。阻抗匹配圆锥使电磁波在圆波导中的空气和介质结构的分界面形成平滑的阻抗过渡,从而实现 60 GHz 阻抗匹配获得良好的反射系数,一般来说该部分的长度需要足够大才能获得足够低的反射系数。对于终端辐射渐变段,采用四阶阶梯型的结构能够获得较高的设计自由度,其尺寸参数(包括四组圆台结构的直径和长度)对高频 60 GHz 方向图影响较大,配合扼流槽、4 个阻抗匹配环做整体参数优化可以获得 17 dB 增益与对称的 E 面和 H 面方向图。

3.阻抗匹配环

阻抗匹配环结构具有电抗特性,可以调节同轴结构到自由空间之间不连续性造成的阻抗失配,用于优化负责低频 28 GHz 辐射的同轴波纹喇叭的反射系

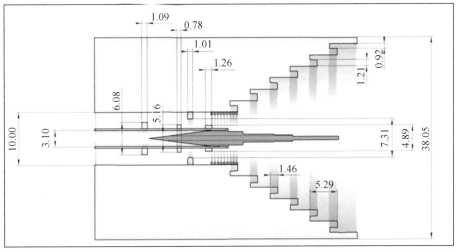

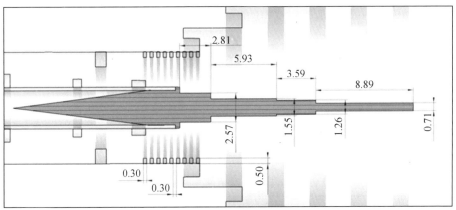

图 9.19　同轴波纹喇叭尺寸标注图(单位:mm)

数,同时对于高频 60 GHz 信号进入同轴结构的传输具有屏蔽作用。设计时先使用三个阻抗匹配环(第一匹配环、第二匹配环、第三匹配环),就可以实现良好的反射系数。

　　但阻抗匹配环结构的存在同时也会导致高频(60 GHz)方向图的恶化,恶化通常主要体现在不对称,以及更严重的方向图裂瓣问题。其原因在于:在加载阻抗匹配环的情况下,对于用于高频(60 GHz)辐射的介质棒天线,其后向溢出的辐射能量原本会直接进入波纹喇叭的同轴结构并衰减掉,这种情况下不会对高频 60 GHz 的正向辐射产生影响;而加入阻抗匹配环结构后,对于高频辐射进入同轴的传输具有屏蔽作用,具体来说,后向辐射的能量会在该处形成驻波和反射,产生高次模,同时在同轴波导内部形成感应电流,从而造成二次辐射,导致对原本 60 GHz 方向图产生恶化效果。

4. 扼流槽

扼流槽的作用一定程度上与波纹结构类似,可以扼制上述造成高次模二次辐射的感应电流,从而消除高频 60 GHz 方向图恶化的效果,经过尺寸优化可以在 60 GHz 获得对称的 E 面和 H 面方向图。但是扼流槽的引入同时也会破坏原本三组阻抗匹配环的低频(28 GHz)阻抗匹配效果。此时只需要再加入第四组阻抗匹配环(如图 3.3 中标号)即可修复低频的阻抗匹配效果。而且在高频辐射时,向同轴结构中逆向传输的 60 GHz 能量已经基本被前三组阻抗匹配环屏蔽,而第四组阻抗匹配环位于前三组阻抗匹配环的后方,几乎不会对高频 60 GHz 的方向图造成任何影响。

至此,双频馈源完成优化,下面给出该双频馈源的辐射性能数据。

28 GHz 和 60 GHz 频点处 S_{11} 分别在 -60 dB 和 -40 dB 附近,-10 dB 波束宽度内方向曲线基本重合,方向图获得了较高的对称度。而且,28 GHz 增益为 17.00 dB,60 GHz 增益为 17.06 dB,双频相位中心相距仅 0.58 mm,几乎重合。28 GHz 的 E 面和 H 面副瓣电平分别为 -35.5 dB 和 -35.5 dB,60 GHz 的 E 面和 H 面副瓣电平分别为 -25.4 dB 和 -32.3 dB。

28 GHz 和 60 GHz 的 E 面和 H 面的 3 dB 与 10 dB 波束宽度详细数据见表 9.1。28 GHz 和 60 GHz 最大辐射方向上的相对交叉极化值的仿真结果分别为 -41 dB 和 -35 dB。对该馈源天线采用理想圆极化馈电,28 GHz 和 60 GHz 最大辐射方向上轴比仿真结果分别为 0.164 dB 和 0.043 dB。以上结果表明,该馈源天线在各项指标上都达到了优异的数据。

表 9.1　同轴波纹喇叭的方向图仿真结果

频率 /GHz	增益 /dB	E 面波束宽度		H 面波束宽度		副瓣电平 /dB	
		3 dB	10 dB	dB	10 dB	E 面	H 面
28	17.00	24.9°	57.2°	26.1°	56.2°	-35.5	-35.5
60	17.06	25.0°	55.7°	27.1°	51.2°	-25.4	-32.3

需要指出的是,只需在后级加入可实现极化切换的馈电系统,便可实现全极化工作模式,即水平极化、垂直极化、左旋圆极化和右旋圆极化。

9.5.2　馈电网络初级组件

构建双频多极化馈电网络所需的初级组件主要包括:28 GHz 同轴十字转门、60 GHz 十字转门、ET 接头、E 面切角弯、H 面阶梯弯、扭波导、波导开关、电桥、负载,除了同轴十字转门和十字转门外,其他部件均需同时设计 28 GHz 版本和 60 GHz 版本。需要说明的是,28 GHz 同轴十字转门与 60 GHz 十字转门由于端口结构不同,所以需要单独设计。而其他组件的双频结构完全相同,只需对 28 GHz 的组件进行优化,而 60 GHz 的组件则通过对应的 28 GHz 组件进行等比缩放,即可获得所需的结构和性能,缩放比例为高低频率之比 28/60。28 GHz 的所有组件中的矩形波导尺寸截面均为 8.8 mm×4.4 mm,对应的 60 GHz 组件采用的矩形波导截面尺寸为缩放后的 4.106 7 mm×2.053 3 mm。同轴正交模耦合器同轴端口的外径和内径与同轴波纹喇叭的同轴结构尺寸对应,分别为 10 mm 和 3.7 mm。正交模耦合器圆波导端口直径与同轴波纹喇叭结构中介质棒天线的圆波导端口直径一致,均为 3.1 mm。下面对所需初级组件的结构设计与仿真结果依次做介绍。

1. 同轴十字转门(28 GHz)

在同轴结构的基础上设置两层圆柱体作为散射体进行阻抗匹配优化。端口 5 设置同轴波导结构的高次模 TE_{11} 模,端口 1～4 均设置矩形波导基模 TE_{10} 模。在仿真时,可以设置端口 5 极化方向与端口 1 和端口 3 对应的分支矩形波导的轴线平行,如图 9.20 所示。理想情况下,在对端口 5 馈电时,端口 1 和端口 3 由于极化对应,所以应各接收 −3 dB 的能量,而端口 2 和端口 4 由于极化隔离应基本没有能量接收。

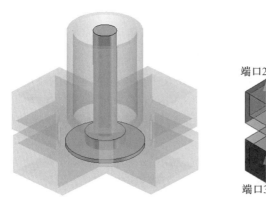
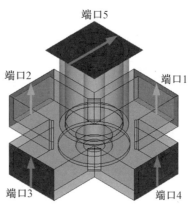

图 9.20　同轴十字转门结构图与端口极化设置(28 GHz)

优化后十字转门的仿真结果为,端口 5 的反射系数 S_{55} 在 28 GHz 低于 −40 dB,S_{15} 与 S_{35} 基本一致且接近 −3 dB,而 S_{25} 与 S_{45} 小于 −70 dB,可以看出仿真结果与设计期望吻合程度良好。

2. 同轴十字转门(60 GHz)

图 9.21 给出了 60 GHz 十字转门的结构图与端口极化设置,区别于同轴十字转门,十字转门的阻抗匹配散射体采用四阶圆柱结构,端口 5 设置圆波导的基模 TE_{11} 模。其优化方法及指标与同轴十字转门类似,端口 5 的极化方向对应端口 1

和 3,对端口 5 进行激励,优化目标同样为尽可能低的反射系数 S_{55}、尽可能低的极化隔离端口 S 参数(S_{25} 与 S_{45})、相等且接近 -3 dB 的 S_{15} 和 S_{35}。

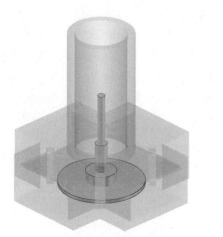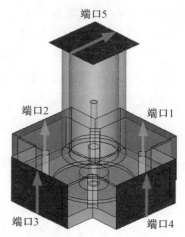

图 9.21　十字转门结构图与端口极化设置(60 GHz)

测试十字转门的仿真结果为,S_{55} 在 60 GHz 达到了 -20 dB 以下,S_{15} 与 S_{35} 基本一致且接近 -3 dB,S_{25} 与 S_{45} 小于 -70 dB,达到了不错的性能指标。

3. ET 接头(28/60 GHz)

ET 接头可以看作一个 3 dB 功分器,在对端口 1 进行激励时,电磁能量经过散射体一分为二,分别在端口 2 和端口 3 接收到 -3 dB 的能量。图 9.22 给出了 ET 接头的结构图与端口设置图,散射体采用三阶长方体结构,并在端口 1 和散射体之间引入两阶矩形波导短边长度渐变。工作于 28 GHz 和 60 GHz 的 ET 接头仿真结果,在双频都获得了小于 -40 dB 的反射系数 S_{11},而 S_{21} 与 S_{31} 均接近 -3 dB。

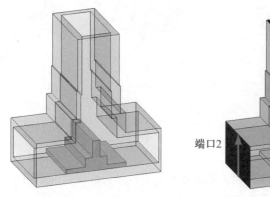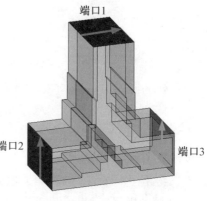

图 9.22　ET 接头结构与端口设置

在设计过程中,首先需要完成 28 GHz 的 ET 接头优化仿真,将 28 GHz 的 ET 接头以 28/60 的比例进行缩放即可得到 60 GHz 的 ET 接头的模型尺寸,可以在双频中心频带附近获得近似的 S 参数性能。由于双频 ET 接头结构一致,所以只给出通用结构示意图。其余所有初级部件(包括 E 面切角弯、H 面阶梯弯、扭波导、波导开关、电桥、负载)的设计均采用了此方法,这里不再赘述。

4. E 面切角弯(28/60 GHz)

E 面波导直角转弯只需要进行切角操作即可以获得良好的反射系数,其结构如图 9.23 所示,对 E 面波导直角转弯处的腔体外侧进行切角(倒角)操作,优化切角(倒角)尺寸即可较为容易地获得最佳性能。双频的反射系数 S_{11} 在中心频率都低于 -50 dB,双频的传输系数 S_{21} 都接近 0 dB。

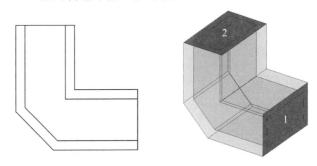

图 9.23　E 面切角弯结构与端口设置

5. H 面阶梯弯(28/60 GHz)

H 面切角弯结构的反射系数性能一般,而采用阶梯形匹配结构的 H 面阶梯弯则可以获得接近 E 面切角弯的反射系数。所设计的 H 面阶梯弯如图 9.24 所示,采用了三阶阻抗匹配阶梯结构,整体结构沿 90° 直角转弯的角平分线所在平面呈镜面对称。

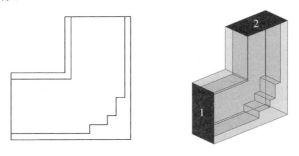

图 9.24　H 面阶梯弯结构与端口设置

双频 E 面切角弯优化后的仿真结果为,对端口 1 进行馈电,28 GHz 反射系数 S_{11} 在中心频率低于 -60 dB,60 GHz 反射系数 S_{11} 在中心频率低于 -40 dB,双频

的传输系数 S_{21} 都接近 0 dB。

6. 扭波导(28/60 GHz)

在馈源系统总装的空间结构设计中,需要能够使矩形波导传输模式的极化方向扭转 $45°$ 的结构,并且要同时保持极低的反射系数。平滑旋转渐变的矩形波导扭曲结构即可满足极化扭转以及低反射的需求,但由多阶矩形波导节逐节旋转一定角度组成的扭波导,可以在满足性能需求的同时提供更小的纵向尺寸,有利于系统的紧凑集成。图 9.25 给出了所设计扭波导的示意图,采用 5 级波导节,每一节相对上一节旋转 $11.25°$,从而实现 $45°$ 的极化旋转,每节长度在 1/4 工作波长左右。优化后,28 GHz 与 60 GHz 的双频中心频率处的反射系数 S_{11} 均低于 -50 dB,传输系数 S_{21} 均接近 0 dB。

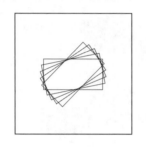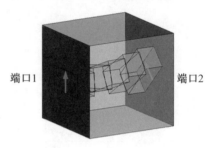

图 9.25   扭波导结构与端口极化示意图

7. 波导开关(28/60 GHz)

在多极化馈电系统中,需要单刀双掷波导开关进行线极化和圆极化馈电网络之间的切换,图 9.26 给出了波导开关的结构和端口示意图。波导开关结构中包含一个转子,通过旋转转子 $90°$ 即可切换不同的端口通断状态。图 9.26(a)中,端口 1 与端口 2 导通,相应的端口 3 与端口 4 导通,同时端口 1、2 与端口 3、4 之间完全屏蔽。而对于图 9.26(b),端口 1 与端口 4 导通,相应的端口 2 与端口 3 导通,同时端口 1、4 与端口 2、3 之间完全屏蔽。

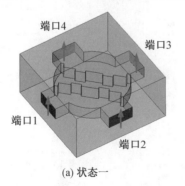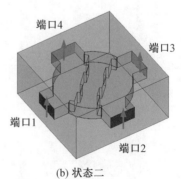

(a) 状态一   (b) 状态二

图 9.26   波导开关结构的端口设置与两种工作装置示意图

由于结构的对称性,28 GHz 与 60 GHz 的反射系数 S_{11} 均低于 -25 dB,传输系数 S_{21} 均接近 0 dB。

8. 电桥(28/60 GHz)

在所设计的多极化馈电系统中,将采用 3 dB 电桥来实现圆极化模式激励。图 9.27 给出了 3 dB 电桥的结构与端口设置,设端口 1、2 为馈电端口,端口 3、4 为接收端口。当对端口 1 进行单独馈电时,端口 4 为直通口、端口 3 为耦合口,而端口 2 为隔离口;对端口 2 进行单独馈电时,端口 3 为直通口、端口 4 为耦合口,而端口 1 为隔离口。对馈电口进行激励时,设计目标为:直通口和耦合口各获得 -3 dB 的能量,而且耦合口相位滞后于直通口 90°,与此同时隔离口没有能量接收。

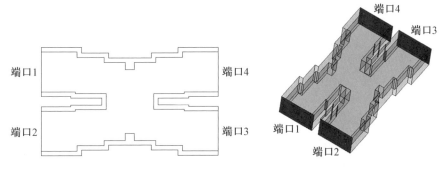

图 9.27　电桥的结构与端口设置

在馈源系统整体结构中,电桥的 1、2 端口将分别作为不同极化旋向的激励端口,而 3、4 端口接收的能量则会通过波程相同的波导结构路径接入同轴正交模耦合器(或正交模耦合器)的两个输入端,并在其输出端的同轴波导(或圆波导)耦合成为彼此正交的混合 TE_{11} 模式传输并通过双频馈源辐射,而 3、4 端口的 $\pm 90°$ 相位差将决定辐射模式为左旋圆极化或右旋圆极化。

9. 负载(28/60 GHz)

图 9.28 给出了负载结构图,采用尖劈形吸波材料进行能量吸收,吸波材料采用 ECCOSORB LS-22,如图中蓝色部分。双频负载的反射系数仿真结果,28 GHz 与 60 GHz 均获得低于 -40 dB 反射系数。

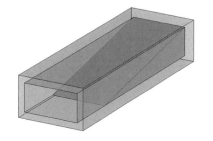

图 9.28　负载结构图

9.5.3 同轴正交模耦合器与正交模耦合器

28 GHz同轴正交模耦合器的组件包括同轴十字转门、E面切角弯、ET接头，将已经设计完成的组件进行组合即可。图9.29给出了同轴正交模耦合器的整体结构图与剖面图。其功能可以简单描述为，通过ET接头将同轴十字转门的1、3端口与2、4端口同相合并为两个端口，也就是图9.30中的2、3端口。在馈源系统用于发射时，端口2、3馈入的双极化TE_{10}模将经过相同的波程在1端口耦合成彼此正交的混合TE_{11}模。

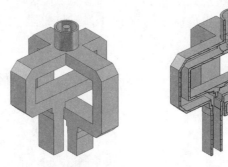

图9.29 同轴正交模耦合器整体结构图与剖面图

在验证同轴正交模耦合器的性能时，可将同轴波导端口1极化方向设置为与波导端口2相同，这样在对端口1馈电时，只有极化相同的端口2能够接收到能量，而端口3隔离。同轴正交模耦合器的仿真结果，反射系数S_{11}在28 GHz小于-40 dB，S_{21}基本等于0 dB，S_{31}小于-100 dB，可以看出同轴正交模耦合器性能良好。

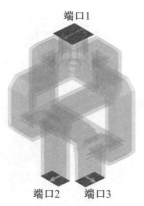

图9.30 同轴正交模耦合器端口极化设置

60 GHz正交模耦合器的组件包括十字转门、E面切角弯、ET接头。正交模耦合器和同轴正交模耦合器的作用与原理类似，只是端口1替换为了圆波导，传

输模式仍然是 TE_{11} 模。在验证正交模耦合器的性能时,同样可以将圆波导端口 1 极化方向设置为与波导端口 2 相同,正交模耦合器的仿真结果,反射系数 S_{11} 在 28 GHz 小于 -40 dB,S_{21} 基本等于 0 dB,S_{31} 小于 -60 dB,可以看出正交模耦合器性能良好。在进行馈电系统级联时,需要将 28 GHz 同轴正交模耦合器模型中同轴十字转门的同轴内导体进行内部金属掏空,以形成对应 60 GHz 传输的圆波导结构,从而能够在前后两端分别级联同轴波纹喇叭中的介质棒天线以及后级 60 GHz 正交模耦合器。

9.5.4　双频多极化馈源系统设计实例

完成馈源系统所需组件的设计仿真后,根据馈源系统框图(图 9.17)调用馈源系统组件模型,并通过合理的空间结构设计,即可完成馈源系统的总装。图 9.31 给出了双频多极化馈源系统总装俯视图,从图中可以清晰地看出各部分所用到的组件,整体结构形式较为合理紧凑,适用于系统集成。图 9.32 给出了总装透视图,图中馈源系统双频处于圆极化工作状态。

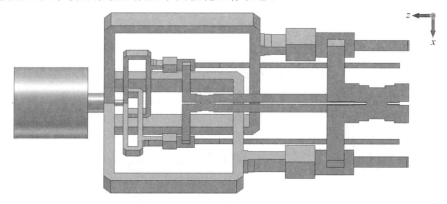

图 9.31　双频多极化馈源系统总装俯视图

双频多极化馈源系统的馈电端口极化说明如图 9.33 所示,包括分别对应 28 GHz 和 60 GHz 的相互正交的双线极化以及左旋圆极化和右旋圆极化,共 8 个端口。

图 9.34 给出了同轴波纹喇叭 — 同轴正交模耦合器 — 正交模耦合器级联结构的剖面(phi $= 135°$)示意图。同轴波纹喇叭和同轴正交模耦合器的同轴端口对接,实现 28 GHz 馈电网络对波纹喇叭的馈电,同时将介质棒天线圆波导端口与同轴正交模耦合器同轴内导体形成的圆波导联通;正交模耦合器的圆波导端口对接同轴正交模耦合器内导体形成的圆波导端口,从而实现对 60 GHz 介质棒天线的馈电。

28 GHz 波导开关处的级联结构如图 9.35 所示,给出了扭波导、电桥、负载和线极化馈电端口的连接形式。

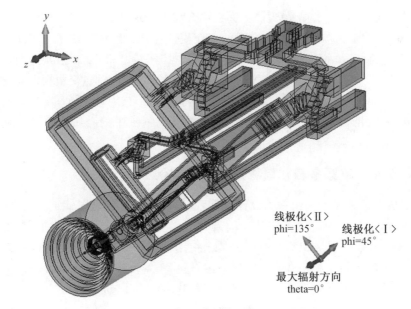

图 9.32 双频多极化馈源系统总装透视图

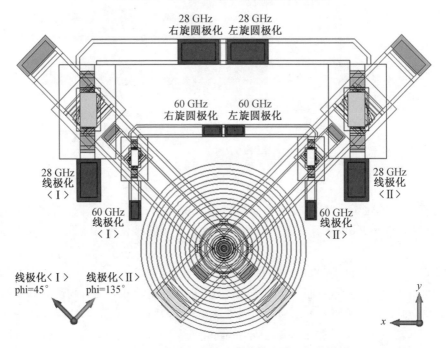

图 9.33 双频多极化馈源系统馈电端口极化说明

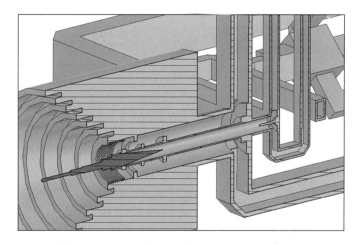

图 9.34　同轴波纹喇叭 — 同轴正交模耦合器 — 正交模耦合器级联结构

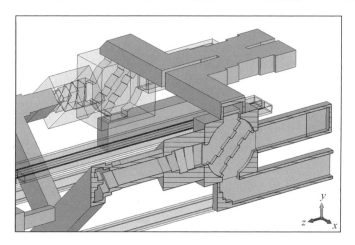

图 9.35　波导开关处的级联结构

9.5.5　馈源系统仿真结果

图 9.36 给出了馈源系统 28 GHz 四种极化工作方式的反射系数,在 28 GHz 均小于 −20 dB。图 9.37 给出了辐射方向图,四种极化方式增益均为 17 dB,线极化与圆极化在 −10 dB 波束宽度内分别保持了良好的交叉极化与轴比。线极化 Ⅰ、Ⅱ 最大辐射方向上的相对交叉极化分别为 −62.9 dB 和 −64.1 dB,右旋圆极化和左旋圆极化最大辐射方向上轴比分别为 0.66 dB 和 0.54 dB。

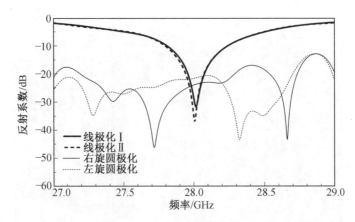

图 9.36　低频 28 GHz 对应的四种极化端口反射系数

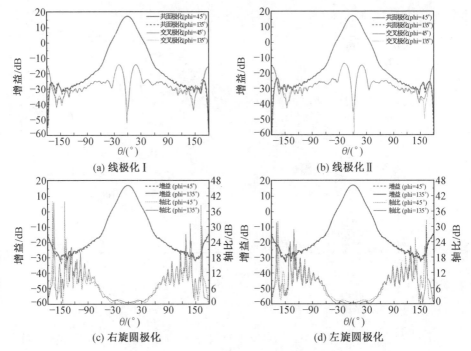

(a) 线极化 Ⅰ

(b) 线极化 Ⅱ

(c) 右旋圆极化

(d) 左旋圆极化

图 9.37　28 GHz 四种极化模式下的辐射方向图

图 9.38 给出了馈源系统 60 GHz 四种极化工作方式的反射系数,在 60 GHz 均小于 -20 dB。

图 9.39 给出了辐射方向图,四种极化方式增益均为 17 dB,线极化与圆极化在 -10 dB 波束宽度内分别保持了良好的交叉极化与轴比。线极化 Ⅰ、Ⅱ 最大辐射方向上的相对交叉极化分别为 -63.9 dB 和 -67.4 dB,右旋圆极化和左旋圆极化最大辐射方向上轴比分别为 0.62 dB 和 0.69 dB。

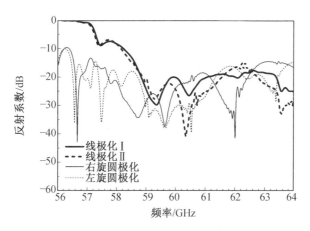

图 9.38　高频 60 GHz 对应的四种极化端口反射系数

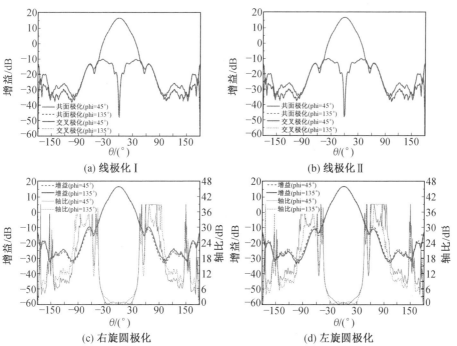

(a) 线极化 I

(b) 线极化 II

(c) 右旋圆极化

(d) 左旋圆极化

图 9.39　60 GHz 四种极化模式下的辐射方向图

9.6　本章小结

　　本章就馈源喇叭天线设计、线性多极化技术、圆极化技术及多频技术进行了详细的介绍。针对喇叭天线、正交模耦合器以及圆极化器的典型结构及其性能特点进行了分析,并完整介绍了以轴向开槽波纹喇叭和多频 Turnstile 型 OMT 为系统馈源网络组件的双频多极化馈源系统设计实例,为读者设计多频多极化馈源系统提供了借鉴意义。

本章参考文献

[1] CHAN K. Quad band corrugated horn and smooth-wall profiled horn as reflector antenna feeds[C]//2021 IEEE International Symposium on Antennas and Propagation and USNC-URSI Radio Science Meeting (APS/URSI), Singapore, Singapore, 2021: 1773-1774.

[2] BAHADORI K, RAHMAT S Y. Tri-mode horn feeds revisited: cross-pol reduction in compact offset reflector antennas[J]. IEEE Transactions on Antennas and Propagation, 2009, 57(9): 2771-2775.

[3] JACOBS O B, ODENDAAL J W, JOUBERT J. Elliptically shaped quad-ridge horn antennas as feed for a reflector[J]. IEEE Antennas and Wireless Propagation Letters, 2011, 10: 756-759.

[4] LI S, LIU Z, CAO W, et al. Design of a Ku-band corrugated horn with good-symmetrical pattern[C]//2018 12th International Symposium on Antennas, Propagation and EM Theory (ISAPE), Hangzhou, China, 2018: 1-3.

[5] BRAY M. Dual X/Ka-band corrugated feed horn for deep space telecommunications[C]//2016 IEEE International Symposium on Antennas and Propagation (APSURSI), Fajardo, PR, USA, 2016: 1549-1550.

[6] VISHNU G J, CHAUDHARY S, PUJARA D. Performance comparison of a corrugated horn with a spline profile horn for plasma diagnostics[C]//2017 Nirma University International Conference on Engineering (NUiCONE), Ahmedabad, India, 2017: 1-4.

[7] 陈木华. 90°波纹喇叭[J]. 无线电工程，1991，21(4)：51-56，73.

[8] NAWAZ W，ALI A K M S. Improvement of gain in dual fed X band isoflux Choke horn antenna for use in LEO satellite mission[C]//2015 Fourth International Conference on Aerospace Science and Engineering (ICASE)，Islamabad，Pakistan，2015：1-4.

[9] YAN F，LIU M，BAI W，et al. Receiving device for X-band high-power microwave measurement based on OMT[C]//2019 IEEE 2nd International Conference on Electronics Technology (ICET)，Chengdu，China，2019：154-157.

[10] SINGH A K，THAKUR J，SAMMINGA R K. Design and analysis of OMTs for Ku-band[C]//2021 6th International Conference for Convergence in Technology (I2CT). April 2-4，2021. Maharashtra，India. IEEE，2021：1-6.

[11] MOHARRAM MOHAMED A，ABDELHADY M，KISHK A A. A simple coaxial to circular waveguide OMT for low-power dual-polarized antenna applications[J]. IEEE Transactions on Microwave Theory and Techniques，2018，66(1)：109-115.

[12] ZHOU Z，FAN Y，ZHANG B，et al. The design of 180 ~ 260 GHz turnstile OMT for communicate application[C]//2019 12th UK-Europe-China Workshop on Millimeter Waves and Terahertz Technologies (UCMMT). University of Electronic Science and Technology of China Chengdu Sichuan China 611731；University of Electronic Science and Technology of China Chengdu，Sichuan China 6117，2019.

[13] TANG，ZHU K，XIAO Y，et al. Design of a waveguide orthomode transducer (OMT) at 340 GHz band[C]//2022 IEEE Conference on Antenna Measurements and Applications (CAMA)，Guangzhou，China，2022：1-4.

[14] NAVARRINI A，NESTI R. Symmetric reverse-coupling waveguide orthomode transducer for the 3-mm band[J]. IEEE Transactions on Microwave Theory and Techniques，2009，57(1)：80-88.

[15] TAN J，LI Y，GE L，et al. A 3D-printed lightweight miniaturized dual-band dual-polarized feed module for advanced millimeter-wave and microwave shared-aperture wireless backhaul system applications[J]. IEEE Transactions on Antennas and Propagation，2023，71(4)：3050-3060.

第 10 章

反射阵列天线应用

10.1　引　言

随着无线通信技术的快速发展,高增益天线在超远距离通信中的作用越来越明显。在常见的高增益天线中,抛物面天线虽然增益高、频带宽,但抛物面反射器比较笨重,体积庞大,难以满足移动通信"小型化"的要求,而且加工精度要求较高。除此之外,天线阵列也可以提高天线的增益,便于加工,具有低剖面的优点。但是随着大型阵列的出现,设计合理的馈电网络以达到较低的传输损耗成为设计过程的难题。反射阵列天线结合了抛物面天线和大型阵列天线的优点,而且体积较小、质量轻、易加工、成本低,避免了复杂馈电网络导致的损耗,提高了天线的增益和效率。随着通信、制导技术的发展,可以工作在两个相距较远频段的双频反射阵列天线解决了频率复用问题,广泛应用在卫星通信中。在无线通信应用中,反射阵列天线也发挥着巨大的作用,例如,它的高增益性满足了5G 通信中的高数据速率,通过改进阵列单元的形状以及排布,可以改善天线的带宽,弥补了相控阵天线传输损耗较高的缺点,可以满足 5G 通信系统的大吞吐量要求,而且随着通信技术的发展,许多学者开始研究反射阵列天线在 6G 通信应用系统的可行性。同时,反射阵列天线的波束特性也为它在雷达应用、电力传输、医学成像等领域提供了可能性。

10.2　反射阵列天线在实际工程中的应用

10.2.1　双频反射阵列天线在卫星通信中的应用

随着无线通信技术的飞速发展,高增益天线因其高方向性的优势,在高分辨率雷达系统和远程无线通信系统中得到了越来越多的应用。传统的高增益天线包括抛物反射面天线和微带阵列天线。一方面,抛物面反射器加工难度大,缺乏电子广角光束扫描能力;更重要的是,当微带阵列天线配备可控移相器时,可以实现电子广角波束扫描,但天线的制造成本大大增加。当系统需要能同时工作在两个频段的天线时,传统的单频宽带反射阵列天线已不能满足工程要求,双频反射阵列天线的出现解决了频率复用问题。双频反射阵列天线具有广泛的优点,是天线设计领域的热门课题。对于低轨道纳米卫星应用,需要在 S 波段和 Ka 波段工作的不对称双频天线。低频模式可用于低速上行通信,高速高频模式可用于下行通信,双频反射阵列天线在较小体积的条件下实现了高速上行、下行通信,更广泛地应用于卫星通信中。

文献[1]描述了一种可折叠的高增益天线(HGA)的发展,用于拟实行的火星立方体一号(MarCO)立方体卫星的火星任务。该天线是一种新的可折叠反射阵列天线,设计用于 6U(10 cm × 20 cm × 34 cm)立方体卫星总线,并支持在 8.425 GHz 的火星 — 地球通信。MarCO CubeSats 于 2018 年与 InSight 任务一起飞行,并在进入、下降和着陆阶段提供实时弯曲管道通信链路,如图 10.1 所示。

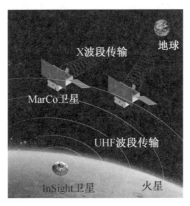

图 10.1　火星 — 地球通信中继概念

MarCO 的 X 波段可折叠反射阵列天线使用简单的弹簧加载铰链折叠成仅

1.25 cm 厚的包裹,如图 10.2 所示,这是立方体卫星有效载荷体积的 12%。该天线在 8.425 GHz 的测量增益为 29.2 dBic,效率约为 42%。考虑到低质量(< 1 kg)和装载体积,这种性能可以很好地满足立方体卫星的指标要求,完成探测任务。

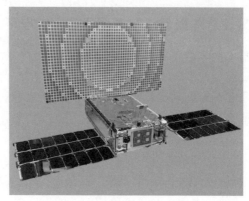

图 10.2 安装在飞行器上的天线[1]

关于立方体卫星技术,M. Veljovic 等人提出了一种基于变速旋转波束扫描技术的超低轮廓圆极化反射阵列天线。该团队设计了基于两个耦合微带环的反射阵列天线元件,如图 10.3 所示。大量的立方体卫星以有序的编队均匀分布在几个轨道平面上,如图 10.4 所示。作者提出的反射阵列天线非常适合这种场景。该阵列可以由几个面板组成,在发射时折叠在卫星本体周围,到达预定轨道时展开,并且在较宽的入射角和频率范围内表现出双谐振圆极化和稳定响应。该天线的增益带宽为 6.8%,轴向比小于 1 dB,阵列轮廓在 24.6 GHz 时仅为 $0.042\lambda_0$。测量到的最大天线增益为 31.5 dBi,对应的总孔径效率为 58%,可用于 24.6 GHz 的立方体卫星星间链路[2]。

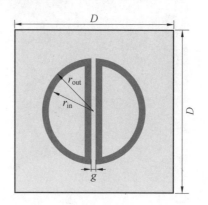

图 10.3 反射阵列天线单元

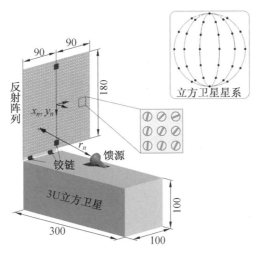

图 10.4　反射阵列天线[2]（单位：mm）

随着卫星通信技术的发展，单一频段难以满足卫星通信的上行、下行传输速率要求，广大学者开始研究双频反射阵列天线在卫星通信方面的应用。D. E. Serup 等人提出了一种双波段共享孔径天线，如图 10.5 所示。该天线通过在同一孔径区域内同时放置低频贴片天线阵列和高频反射天线实现双波段工作。该天线具有分层结构，允许低频天线阵列具有足够的阻抗带宽和增益。由于高频反射阵列单元在低频贴片天线阵列的区域内也有分布，因此天线具有共享孔径。这使得天线在高频波段获得良好的增益，共享孔径尺寸为 156 mm × 156 mm × 4.624 mm。测量结果表明，阻抗带宽为 200 MHz（6％）和 5.1 GHz（20％），在 3.5 GHz 和 25.8 GHz 实现的峰值增益分别为 13.70 dBi 和 27.65 dBi。该天线具有较高的频率比和足够的低频阻抗带宽和增益，同时能够保持良好的高频增益，这些都是纳米卫星用例场景所需要的[3]。

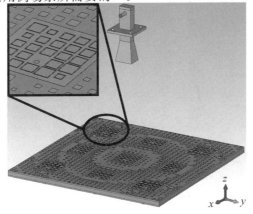

图 10.5　天线示意图[3]

清华大学杨帆团队针对 Ku 波段卫星通信的下行 / 上行频率（12.5/14.25 GHz），提出了一种双频发射阵列天线，如图 10.6 所示。该天线阵列由三偶极子单元构成。这两个元件分别在每个频段正交极化中交错，并且可以在四层配置的两个波段中实现 360° 相位范围，综合考虑相位范围和反射损失，设计了一种高增益三层双频正交极化发射阵列，在 12.5 GHz 和 14.25 GHz，孔径效率分别为 45.0% 和 41.3%，增益分别为 31.0 dBi 和 31.8 dBi，在下行和上行频段分别实现了 7.2% 和 7.0% 的 1 dB 增益带宽[4]。

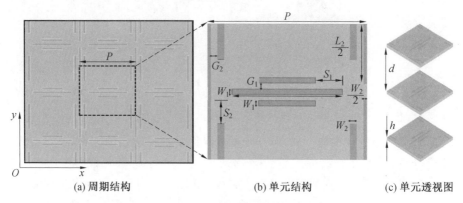

(a) 周期结构　　　　　　　(b) 单元结构　　　　(c) 单元透视图

图 10.6　三层双频发射阵列的几何结构[4]

　　2018 年 6 月，该团队提出了一种适用于该频段的新型双频双极化发射阵列。两个三层元件在一个圆形单元内交错，实现双波段工作，在两个波段内独立实现超过 300° 的相位范围，插入损耗均小于 2 dB。双波段发射阵列天线在下行和上行频段分别获得了 31.3 dBi 和 32.4 dBi 的高增益，孔径效率分别为 46.5% 和 47.3%[5]。

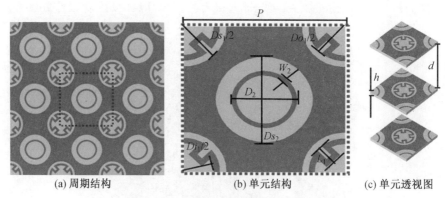

(a) 周期结构　　　　　　(b) 单元结构　　　　(c) 单元透视图

图 10.7　三层双频发射阵列的几何结构[5]

　　之后该团队又提出了一种共享口径四波段高增益反射阵列天线。它由 Ka 波段双频圆极化反射阵列天线、Ku 波段宽频线极化反射阵列天线和频率选择表面(FSS)组成,如图 10.8 所示。FSS 作为接地板,它的阵列单元由图 10.9(a) 中的外方环槽在 Ku 波段形成带通 FSS,双方环分别在 Ka、Rx 和 Tx 波段形成双带带阻 FSS。Ka 波段阵列单元将图 10.7(a) 中的圆环加以改动,使它能够同时发射和接收 Ku 和 Ka 波段的信号,最后设计的形状为图 10.9(b)[6],使用具有双线偏振的宽带 RA 来覆盖所需的 Ku 波段,如图 10.9(c) 所示[7]。在 12.5 GHz、14.25 GHz、20.4 GHz 和 30.2 GHz 时的增益分别为 31 dBi、32 dBi、36.1 dBic 和 39.4 dBic,孔径效率分别为 45.6%、44%、56% 和 54.8%,这些性能证明了该设计在 Ku 和 Ka 波段用于未来卫星通信的可行性[8]。

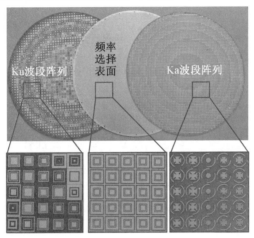

图 10.8　Ku/Ka 四波段反射阵列天线原型

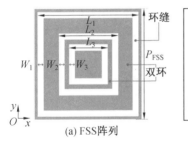
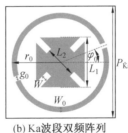
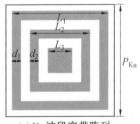

(a) FSS 阵列　　　　(b) Ka 波段双频阵列　　　　(c) Ku 波段宽带阵列

图 10.9　各层结构的阵列单元[7]

　　华中科技大学李青侠团队提出了一种从轴比、增益、孔径效率和辐射图等方面均能实现大带宽的单层圆极化反射阵列,利用一种新型的 S 形相位元件,它能在 2∶1 的带宽下实现小于 −15 dB 的交叉极化反射,如图 10.10 所示[9]。基于这种新型宽带单元,设计、制作并测量了采用角旋转单元的单层圆极化反射阵列天线。实测结果表明,该反射阵列实现了 68.5% 的 3 dB 轴比带宽(7～14.3 GHz)和 47.8% 的 3 dB 增益带宽(8.6～14 GHz)。在带宽的 33% 范围内,孔径效率大于 50％，在带宽的 64％ 范围内，孔径效率大于 30％，可以应用在需要宽带的高数据速率卫星通信中。

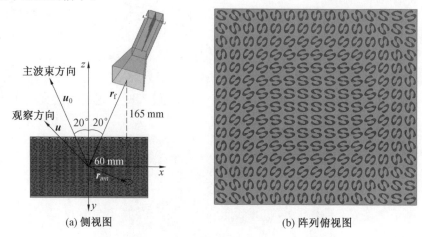

(a) 侧视图　　　　　　　(b) 阵列俯视图

图 10.10　反射阵列配置[9]

薛谦忠等人提出了一种单层双频反射天线，低剖面双频单元 Ⅰ 设计为 2 mm 厚度，没有空气层，仅包括一个电介质衬底和两层金属贴片。基于相延迟线理论的单元 Ⅱ 在两个波段实现 360° 相移，如图 10.11 所示[10]。测量结果表明，在 10.5 GHz 时的峰值增益为 20.7 dBi，1 dB 带宽为 17％(9.8 ～ 11.5 GHz)，在 15 GHz 频段可获得 23.6 dBi 的峰值增益，Ku 波段 1 dB 带宽为 13.3％(13.8 ～ 15.8 GHz)，可以满足卫星通信、遥感等各种通信系统对带宽的要求。

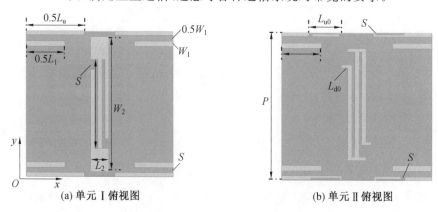

(a) 单元 Ⅰ 俯视图　　　　　　　(b) 单元 Ⅱ 俯视图

图 10.11　X/Ku 波段反射阵列配置[10]

西安电子科技大学栗曦设计了一种基于耦合分析方法的双频反射阵列天线。天线由两个结构相似、尺寸不同的单层反射阵列单元组成，在亚波长周期内交替排列，通过在反射单元贴片上刻蚀不同深度的 U 形槽并控制 U 形槽的深度实现相位补偿，如图 10.12 所示[11]。该天线在低频段有 17.5％(11.05 ～

13.15 GHz) 的 1.5 dB 增益带宽,最大增益为 25.2 dBi,孔径效率为 55%;在高频带宽中,1.5 dB 增益带宽为 8.4%(14.8 ~ 16.1 GHz),最大实测增益为 27 dBi,对应孔径效率为 51%,该天线在两个频段都具有极低的交叉极化水平和较高的孔径效率,可以满足卫星通信中频率复用的要求。

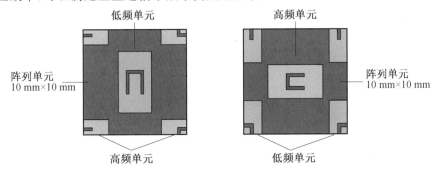

图 10.12　高低频单元物理结构模型图[11]

10.2.2　反射阵列天线在无线通信中的应用

目前的 5G 通信系统需要 Gbit/s 级的高数据速率精度,高数据速率需要通过快速切换机制来实现,并且对天线系统的带宽和效率特性要求较高。高数据速率精度的要求可以在毫米波段实现,但毫米波传播面临的巨大挑战是其通信距离短且路径损耗高。5G 通信系统的主要选择是大规模 MIMO 天线系统,由于设计复杂性和较短波长的适应性,Massive MIMO 难以达到阵列天线水平,因此具有电大孔径和窄波束宽度的反射阵列天线是 5G 通信的良好选择[12]。反射阵列天线可以很容易地设计在微波到太赫兹的频率范围内,适合高增益和高带宽的工作。反射阵列天线弥补了相控阵天线传输损耗较高的缺点,可以在更大的覆盖范围内获得更高的数据速率和大吞吐量。除此之外,反射阵列天线可以像相控阵天线一样进行波束扫描,但不需要任何功率分配器或额外的移相器,更具有成本效益,可以广泛应用到无线通信中。

O.M. Haraz 等人设计了一种新型极化不敏感多谐振单元的宽带毫米波反射天线结构。RA 的设计频率为 30 GHz,由 20×20 个极化无关的不敏感谐振单元组成,该单元包含两个同心环,内部结合一个交叉环和交叉带,以增强带宽,如图 10.13 所示[13],所获得的最大增益为 25.1 dB,在工作频率范围内变化较小,具有良好的交叉极化水平,可以在 5G 通信中应用。

O. Kiris 等人设计了一种六角形拓扑分布的反射阵列天线,如图 10.14(a) 所示,该结构改变了单元格分布主轴之间的夹角,尽管方形和六边形晶格反射射线的增益性能相似,但由于六边形阵列拓扑结构在反射射线表面提供了更多单元的密集阵列,如图 10.14(b) 所示[14],因此相比于正方形拓扑结构,可以获得较低

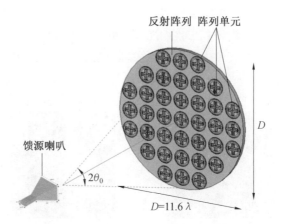

图 10.13　圆形反射阵列天线示意图[13]

的相位误差,同时可在 0.6λ 的单元间距下提高 50% 的波束转向能力。该天线简单修改了阵列单元的配置,增强了反射阵列波束转向能力,可作为 5G 通信应用的可行解决方案。

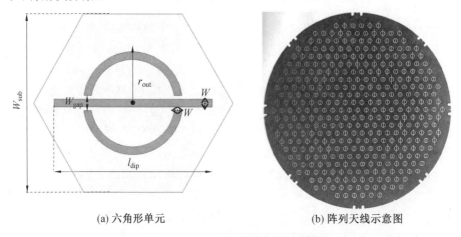

(a) 六角形单元　　　　　　　　　(b) 阵列天线示意图

图 10.14　六边形反射阵列天线[14]

M. I. Abbasi 等人利用环形元件的对称性和低相位灵敏度,设计了在 26 GHz 采用机械旋转阵列的波束转向反射阵列天线,如图 10.15 所示,使用单个电机调整阵列的倾斜角度,以不同的角度倾斜反射光束来控制主光束[15]。设计的 20×20 元素阵列在 0° 提供了 26.47 dB 的最大增益,反射天线的最大带宽为 13.1%,最小旁瓣电平为 −25.9 dB,降低了可重构天线的复杂性以及所需功耗,可以满足 5G 通信中宽波束扫描的应用。

S. Costanzo 等人设计了一种工作在 27 GHz 和 32 GHz 的双频/双极化反射阵列天线。所提出的天线由四个打印在接地介质衬底上的微型化分形元件组

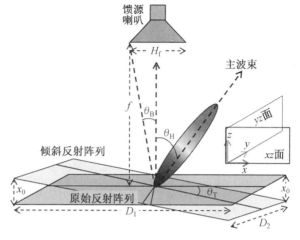

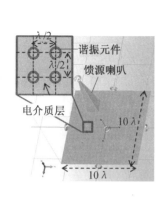

图 10.15　完成模拟反射阵列的组装及其原理图[15]

成,如图 10.16 所示[16]。每个元件工作在 Ka 波段内的两个不同频率(即 27 GHz 和 32 GHz),单对元件由两个线偏振片组成,它们相互旋转 90°,可以实现两个频率上的双极化操作,由于其多功能性,因此在 5G 应用中具有强烈的吸引力。

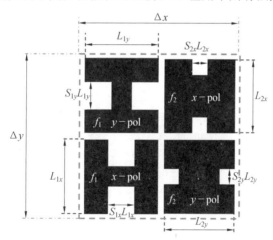

图 10.16　双频 / 双极化反射单元[16]

E. Martinez-de-Rioja 等人设计了在 27.7 GHz 的双线极化条件下产生更宽光束的反射阵列,该单元提供了超过 360° 的相位变化范围,并在大入射角(约 50°)下具有稳健的性能,同时应用纯相位合成技术获得所需的反射波束相位分布,以满足波束指向场景要求,如图 10.17 所示[17]。该反射阵列在 27.2 ～ 28.2 GHz 频段内表现出稳定的性能,在提高 5G 蜂窝网络覆盖范围领域具有很大的潜力。

R. Elsharkawy 提出了一种工作频率为 28 GHz、具有极化独立特性的反射

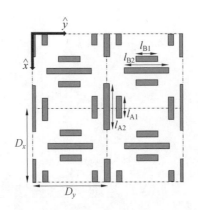

图 10.17　反射阵列周期结构的视图[17]

天线。该单元由三个环组成,优化后随着单元尺寸的变化实现线性相位特性,如图 10.18 所示[18]。该阵列由 400 个大小可变的单元组成,单元布置在方形孔径中,以便将反射波引导到与反射波表面正常的方向,结果表明,该阵列在 28 GHz 频段可获得低旁瓣水平的定向波束,增益约为 25 dB,效率为 58%,适用于工作在 28 GHz 频段的 5G 应用。

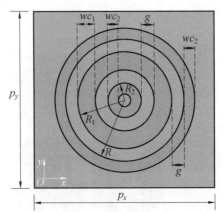

图 10.18　反射阵列单元结构[18]

　　深圳大学何业军团队设计了一种波导式反射阵列天线单元,用于设计 16 × 16 的反射阵列天线,如图 10.19 所示[19],该天线可产生指向舷侧的笔形波束。该元件由充满电介质的波导和反射入射波的铜线组成,该反射天线能在低副瓣水平下获得 25 ~ 35 GHz 稳定的高增益波束,具有高增益、低轮廓和宽带等优点,在毫米波应用和 5G 中具有广阔的应用前景。

　　梅鹏等人设计了一种具有长方体缺口的金属圆柱作为反射阵列天线的单元,如图 10.20 所示[20-21],以实现横向电(TE)和横向磁(TM)正入射波的 1 bit 反射相位(0 和 π)。该反射阵列天线在 26 GHz 峰值增益实现了 18.9 dBi,所提出

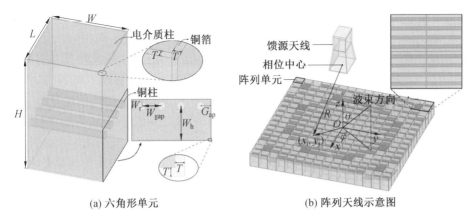

(a) 六角形单元　　　　　　　　(b) 阵列天线示意图

图 10.19　反射阵列天线配置[19]

的阵列单元具有全金属结构,不使用任何有源射频组件和介电衬底,从而提高了反射阵列天线的总效率。由于低成本、高效率和高功率处理特性,所提出的反射阵列天线可以提供固定或扫描波束,可以作为 5G 毫米波通信应用的候选。

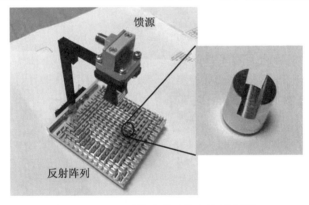

图 10.20　反射阵列天线实物照片[20]

随着通信技术的发展,许多研究人员开始向 6G 技术发展。相比于以前的移动通信,6G 的一个重要特点是可以随时对地球进行无处不在的覆盖,这需要数十万颗小型卫星组成星载卫星网络来完成。6G 的引入将促进当前的技术社会、产业和人与人之间的互动。6G 网络有许多相关的应用,包括超级智能社会、扩展现实(XR)、连接机器人和自主系统、无线脑机交互、触觉通信、智能医疗、生物医学通信、自动化制造及万物互联。下一次工业革命,工业 5.0 将涉及机器人与人类的联合工作[21]。未来的 6G 系统必须支持超过 1 Tbit/s 的峰值数据速率,这是 5G 系统的 10 倍,最小通信延迟必须为 25 ns。6G 天线应具有可重构的辐射模式和优越的增益带宽性能。此外,在波束扫描过程中,还可以采用零点转向控制来抑制干扰,保持良好的阻抗匹配。最后,通过在不同极化的情况下以相同频率发送信号，极大地提高整个系统的吞吐量，这对天线的性能提出了更高的要求[22]。

杨雪霞等人提出了一种低尺寸、轻质量、低成本的 Ka 波段波束扫描反射阵列天线。采用漏波馈电对反射波进行照射，显著减小了反射阵列的厚度，如图 10.21 所示[23]。提出的反射阵列天线，厚度小于相同孔径下传统前馈反射天线厚度的 3%，采用具有 2 bit 分辨率的印刷单元实现了对反射阵列的波束扫描。与使用大量 Ka 波段移相器和射频前端的传统相控阵相比，天线成本大幅降低，Ka 波段波束扫描反射光束的孔径效率为 35.1%，在 Ka 波段卫星移动通信和 6G 通信中具有良好的应用前景。

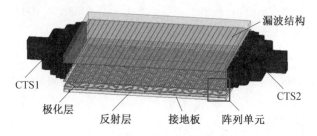

图 10.21　所提出的低剖面反射天线[23]

为了提高反射阵列天线的增益，陈志豪团队提出了一种工作在 1 THz 的结构紧凑的高增益硅基折叠反射阵列天线。该天线采用各向异性介质谐振器天线（DRA）作为主反射光单元，将馈源的球面相前转化为平面相前，实现同步相位补偿和极化转换。天线由 DRA 反射阵列和极化器组成，如图 10.22 所示。经过测试，所制备的样机具有较高的指向性，实测 3 dB 波束宽度为 2.1°，旁瓣电平（SLLs）分别为 −16.5 dB，其高增益性能使该折叠反射阵列天线在未来 6G 通信中具有广阔的应用前景[24-25]。

图 10.22　太赫兹主反射阵列的照片[24]

10.2.3　反射阵列天线的其他应用

除了上述比较常见的应用外,反射阵列天线也经常被应用在除通信外的其他领域,包括雷达应用、电力传输、医学成像等。这些领域往往要求天线具有高增益、分辨能力强、测量精度高的优势,许多学者在这些领域开发出了性能比较优异的反射阵列天线。

在传统合成孔径雷达(SAR)中,高分辨率和宽带是相互矛盾的,宽频带对应低脉冲重复频率,从而导致低方位分辨率。另外,宽频带需要较宽天线波束,这意味着天线增益会降低。为了达到适当的信噪比,需要较高的发射功率,这超出了目前 Ka 波段的技术限制,而可用于高分辨率和宽频带合成孔径雷达仪器的 Ka 波段反射阵列天线可以很好地满足这些条件。文献[26]介绍了一种可用于高分辨率宽频带 SAR 仪器 Ka 波段天线系统的反射阵列天线的设计方法。该天线在线极化(高分辨率模式)下提供一个定向光束,在正交极化(低分辨率模式)下提供一个宽光束。阵列单元的设计方案一种是基于开环十字的单层设计方案,如图 10.23(a)所示,另一种是基于三并联偶极子的双层设计方案,如图 10.23(b)所示。两种设计都为高分辨率模式提供了大于 46.7 dBi 的增益,为低分辨率模式提供了大于 45.2 dBi 的增益。

文献[27]提出了一种适用于单脉冲雷达的折叠可重构反射天线。该天线结合了可重构反射阵列天线和折叠反射阵列天线的特性,如图 10.24 所示,设计了一个具有 15×15 的可重构反射阵列。该天线能应用于单脉冲雷达应用的波束扫描,仿真结果表明,该系统在 14.0 GHz 频率下具有良好的柔性波束扫描性能,可作为低成本、低质量相控阵天线的备选方案。

为了满足连接设备对可靠可用功率的需求,提出了远程射频无线功率传输系统,该系统在微波频段下运行,并且不超过最大安全功率密度的系统的设计空间受到严重限制。J. G. Buckmaster 等人采用无源 CMOS 移相器实现的可重构反射天线[27],如图 10.25 所示,该天线孔径增益为 24.1 dBi,对应于天线单元面积(直径约 8.5 cm 的圆形区域)的孔径效率约为 8.7%,在 E 面和 H 面,主波束扫描角度为 ±50°,E 面 3 dB 波束宽度为 3.3°,H 面为 3.6°,结合每个元件的低功耗和射频电路板的低复杂性,这种反射阵列对新兴的大容量消费和工业应用特别有吸引力。

K. Hasan 等人设计了一种用于生物医学成像和乳腺癌检测的定向反射阵列天线。该天线由一个喇叭天线作为馈线,和一个基于双环单元的反射面组成[28],如图 10.26 所示。在 2.2 GHz 的谐振频率下实现了 350° 相位范围,方向性增益为 19.6 dBi,半功率波束宽度较小,旁瓣电平(SLL)为 −15.9 dB。与喇叭天线相比,所设计的反射阵列天线具有更大的穿透深度和更小的功率损失密度。

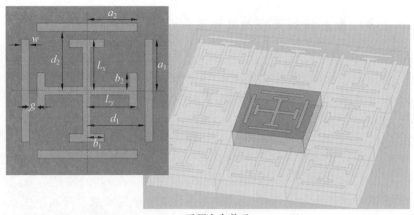

(a) 开环十字单元

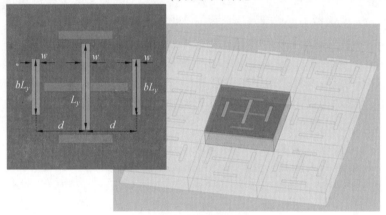

(b) 三并联偶极子单元

图 10.23　两种阵列单元设计方案[25]

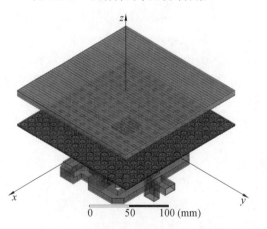

图 10.24　折叠可重构反射阵列天线[26]

(a) 反射移相单元照片

(b) 反射器

图 10.25　　反射阵列结构[27]

此外,它提供了更高的分辨率和更小的角度扫描能力。

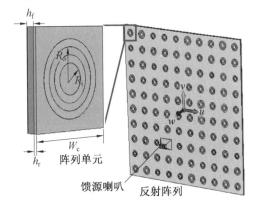

图 10.26　　阵列单元和反射天线[29]

10.3　本章小结

　　本章主要介绍了双频反射阵列天线在卫星通信中的应用,以及反射阵列天线在无线通信中的广泛使用,通过该天线在电力传输、医学成像方面的实例,简单介绍了这种天线在其他应用领域的可行性。通过这些典型应用实例,可以看出反射阵列天线所具有的高增益、结构紧凑等优点,将在未来的卫星通信、6G 时代等应用领域发挥不可替代的作用。

本章参考文献

[1] HODGES R E, NACER C, HOPPE D J, et al. A deployable high-gain antenna bound for Mars: developing a new folded-panel reflectarray for the first CubeSat mission to Mars [J]. IEEE Antennas and Propagation Magazine, 2017, 59(2): 39-49.

[2] MIROSLAV V, SKRIVERVIK A. K. Ultralow-profile circularly polarized reflectarray Antenna for CubeSat intersatellite links in K-band[J]. IEEE Transactions on Antennas and Propagation, 2021, 69(8): 4588-4597.

[3] SERUP D E, PEDERSEN G F, ZHANG S. Dual-band shared aperture reflectarray and patch antenna array for S- and Ka-bands[J]. IEEE Transactions on Antennas and Propagation, 2022, 70(3): 2340-2345.

[4] AZIZ A, YANG F, XU S H, et al. An efficient dual-band orthogonally polarized transmitarray design using three-dipole elements[J]. IEEE Antennas and Wireless Propagation Letters, 2018, 17(2): 319-322.

[5] AZIZ A, YANG F, XU S H, et al. Dual-band dual-polarized transmitarray for satellite communications[C]//2018 IEEE MTT-S International Wireless Symposium (IWS). Chengdu, China: IEEE, 2018: 1-2.

[6] DENG R Y, MAO Y L, XU S H, et al. A single-layer dual-band circularly polarized reflectarray with high aperture efficiency[J]. IEEE Transactions on Antennas and Propagation, 2015, 63(7): 3317-3320.

[7] DENG R Y, XU S H, YANG F, et al. A single-layer high-efficiency wideband reflectarray using hybrid design approach[J]. IEEE Antennas Wireless Propag. Lett., 2017, 16: 884 - 887.

[8] DENG R, XU S, YANG F, et al. An FSS-backed Ku/Ka quad-band Reflectarray antenna for satellite communications[J]. IEEE Transactions on Antennas and Propagation, 2018, 66(8): 4353-4358.

[9] ZHANG L, GAO S, LUO Q, et al. Single-layer wideband circularly polarized high-efficiency reflectarray for satellite communications[J]. IEEE Transactions on Antennas and Propagation, 2017, 65(9): 4529-4538.

[10] SONG W K, CAI Y, XUE Q Z, et al. X/Ku dual-band single-layer reflectarray antenna[J]. Microw Opt Technol Lett. 2022,

64：1621-1626.

[11] YANG Y, ZHANG B W, LI X. Design of a dual frequency planar reflective array antenna[C]//2021 In International Conference on Frontiers of Electronics, Information and Computation Technologies (ICFEICT 2021). Association for Computing Machinery, New York, USA：IEEE, 19：1-5.

[12] DAHRI M, ABBASI M I, JAMALUDDIN M H, et al. A review of high gain and high efficiency reflectarrays for 5G Communications[J]. IEEE Access, 2017, 6：5973-5985.

[13] HARAZ O M, ALI M M M. A millimeter-wave circular reflectarray antenna for future 5G cellular networks[C]//2015 IEEE International Symposium on Antennas and Propagation & USNC/URSI National Radio Science Meeting, Vancouver, BC, Canada：IEEE, 2015：1534-1535.

[14] KIRIS O, TOPALLI K, UNLU M. A reflectarray antenna using hexagonal lattice with enhanced beam steering capability[j]. IEEE Access, 2019, 7：45526-45532.

[15] ABBASI M I, DAHRI M H, JAMALUDDIN M H, et al. Millimeter wave beam steering reflectarray antenna based on mechanical rotation of array[J]. IEEE Access, 2019, 7：145685 145691.

[16] COSTANZO S, VENNERI F, BORGIA A, et al. Dual-band dual-linear polarization reflectarray for mmWaves/5G applications[J]. IEEE Access, 2020, 8：78183-78192.

[17] MARTINEZ-DE-RIOJA E, VAQUEROÁ F, ARREBOLA M, et al. Passive dual-polarized shaped-beam reflectarrays to improve coverage in millimeter-wave 5G networks[C]//2021 15th European Conference on Antennas and Propagation (EuCAP), Dusseldorf, Germany：IEEE, 2021：1-5.

[18] ELSHARKAWY R, SEBAK A R, HINDY M, et al. Single layer polarization independent reflectarray antenna for future 5G cellular applications[C]//2015 International Conference on Information and Communication Technology Research (ICTRC), Abu Dhabi, United Arab Emirates：IEEE, 2015：9-12.

[19] ZHENG Z, ZHANG L, LUO Q, et al. A wideband reflectarray antenna for millimeter-wave applications[C]//2022 IEEE 10th Asia-Pacific Conference on Antennas and Propagation (APCAP), Xiamen, China：

IEEE，2022：1-2.

[20] MEI P, ZHANG S, PEDERSEN G F. A low-cost, high-efficiency and full-metal reflectarray antenna with mechanically 2-D beam-steerable capabilities for 5G applications[J]. IEEE Transactions on Antennas and Propagation, 2020, 68(10)：6997-7006.

[21] SANDEEPA C, SINIARSKI B, KOURTELLIS N, et al. A survey on privacy for B5G/6G：new privacy challenges, and research directions[J]. Journal of Industrial Information Integration, 2022, 30：100405.

[22] THEOHARIS P I, RAAD R, TUBBAL F, et al. Wideband reflectarrays for 5G/6G：a survey[J]. IEEE Open Journal of Antennas and Propagation, 2022, 3：871-901.

[23] ZHANG Q S, GAO S, WEN L H, et al. Ultra-thin low-cost electronically-beam-scanning reflectarray for Ka-band satellite communications on the move and 6G[C]. 2022 International Workshop on Antenna Technology (iWAT), Dublin, Ireland：IEEE, 2022：9-12.

[24] ZHU S Y, WU G B, PANG S W, et al. High - gain folded reflectarray antenna operating at 1 THz[C].2021 13th Global Symposium on Millimeter-Waves & Terahertz (GSMM), Nanjing, China：IEEE, 2021：1-3.

[25] ZHOU M, PALVIG M F. Design of Ka-band reflectarray antennas for high resolution SAR instrument[C]. 2020 14th European Conference on Antennas and Propagation (EuCAP), Copenhagen, Denmark：IEEE, 2020：1-5.

[26] WANG J X, LI D, SHANG S, et al. Design of a folded reconfigurable reflectarray antenna for mono-pulse radar application[C]. 2018 12th International Symposium on Antennas, Propagation and EM Theory (ISAPE), Hangzhou, China：IEEE , 2018：1-4.

[27] BUCKMASTER J, LEE T. A electronically teerable millimeter-wave reflectarray for wireless power delivery[C]. 2020 50th European Microwave Conference (EuMC), Utrecht, Netherlands：IEEE, 2021：514-517.

[28] HASAN K, EL HADIDY M , MORSI H. Reflectarray antenna for breast cancer detection and biomedical applications[C]. 2016 IEEE Middle East Conference on Antennas and Propagation (MECAP), Beirut, Lebanon：IEEE, 2016：1-3.

反射阵列计算及建模程序(Python)

```python
import numpy as np
import matplotlib.pyplot as plt
import matplotlib.cm as cm

# 读取数据文件
data_cross = np.loadtxt('data_cross.csv', dtype=np.float64,
delimiter=',')
data_ring  = np.loadtxt('data_ring.csv', dtype=np.float64,
delimiter=',')

# 调整相位补偿范围为(0°, 360°)
for i in np.arange(0, data_ring.shape[0], 1):
    if data_ring[i, 0] < 0:
        data_ring[i, 0] += 360
for i in np.arange(0, data_cross.shape[0], 1):
    if data_cross[i, 0] < 0:
        data_cross[i, 0] += 360

# 基本信息:频率、波长
freq   = np.array([20, 30])
Lambda = 300 / freq
```

```python
#圆阵列半径
R = 50

#焦径比
f_D = 0.618
f = f_D * R * 2
inc = 65 #入射角

#单元参数
l = 5
h1 = 0.508
h0 = 0.035
r0 = 2.3
w0 = 0.2
l2 = 0.7
w = 0.4
N = int(np.floor(R/l) - 1)
cross_l1 = np.zeros((2*N+1, 2*N+1), dtype = np.float64)
ring_g0 = np.zeros((2*N+1, 2*N+1), dtype = np.float64)
ring_phi0 = np.zeros((2*N+1, 2*N+1), dtype = np.float64)

#馈源坐标
feed_x   = f * np.cos(np.deg2rad(inc))
feed_y   = 0
feed_z   = f * np.sin(np.deg2rad(inc))
print("馈源坐标(0, {:.2f}, {:.2f})".format(feed_y, feed_z))

#定义矩阵
X = np.zeros((2*N+1, 2*N+1), dtype = np.float64) #存储阵列单
                                                  元的 x 坐标
Y = np.zeros((2*N+1, 2*N+1), dtype = np.float64) #存储阵列单
                                                  元的 y 坐标

for i in np.arange(0, 2*N+1, 1):
    for j in np.arange(0, 2*N+1, 1):
        X[i, j] = (i-N) * l
```

```
            Y[i, j] = (j- N) * l
            if ((X[i, j] * * 2 + Y[i, j] * * 2) * * 0.5 + (l/2) * (2 * *
0.5)) >= R：
                X[i, j] = np. pi      #标记单元在圆外
                Y[i, j] = np. pi      #标记单元在圆外


    #定义相位矩阵并计算
    phase_cross = np. zeros((2 * N+1, 2 * N+1), dtype = np. float64)
    phase_ring  = np. zeros((2 * N+1, 2 * N+1), dtype = np. float64)
    for i in np. arange(0, 2 * N+1, 1)：
        for j in np. arange(0, 2 * N+1, 1)：


            #计算每个单元需要的相位补偿值
            if X[i, j] == np. pi and Y[i, j] == np. pi：
                pass
            else：
                #阵中心指向位于 i 行 j 列阵元的向量
                element_vector_rij= np. array([X[i, j], Y[i, j], 0])
                #反射波方向单位向量
                reflect_vector_r0 = np. array([-np. cos(np. deg2rad(inc)),
0，0, np. sin(np. deg2rad(inc))])
                #馈源到阵中心的空间距离
                feed_center_distance= (feed_x * * 2 + feed_y * * 2 + feed
_z * * 2) * * 0.5
                #馈源到阵元的空间距离
                feed_element_distance = ((X[i, j]-feed_x) * * 2 + (Y[i,
j]-feed_y) * * 2 + feed_z * * 2) * * 0.5
                #波程差
                 wave_path_distance = -(feed_center_distance - feed_
element_distance + np. dot(element_vector_rij, reflect_vector_r0))
                #相位补偿原理
                # i、j 单元相对于阵中心单元的相位差
                phase_ring[i, j] = np. mod(360 * wave_path_distance /
Lambda[0] + 180, 360)
                phase_cross[i, j] = np. mod(360 * wave_path_distance /
```

Lambda[1] + 180, 360)

```
#匹配十字数据库
match = 1
s0 = np.abs(phase_cross[i, j] — data_cross[0, 0])
for q in np.arange(1, data_cross.shape[0], 1):
    s = np.abs(phase_cross[i, j] — data_cross[q, 0])
    if s < s0:
        s0 = s
        match = q
cross_l1[i, j] = data_cross[match, 1]

#匹配外环数据库
match = 1
s0 = np.abs(phase_ring[i, j] — data_ring[0, 0])
for q in np.arange(1, data_ring.shape[0], 1):
    s = np.abs(phase_ring[i, j] — data_ring[q, 0])
    if s < s0:
        s0 = s
        match = q
ring_phi0[i, j] = data_ring[match, 1]
ring_g0[i, j]   = data_ring[match, 2]
```

```
#绘制 20 GHz 的相位图
plt.subplot(121)
plt.pcolor(phase_ring, cmap=cm.jet)
plt.title('20 GHz 相位图', fontproperties='simhei')
plt.xlim(-N, N)
plt.ylim(-N, N)
plt.axis('equal')
plt.colorbar()
```

```
#绘制 30 GHz 的相位图
plt.subplot(122)
plt.pcolor(phase_cross, cmap=cm.jet)
```

plt. title('30 GHz 相位图'，fontproperties＝'simhei')

plt. xlim(－N，N)

plt. ylim(－N，N)

plt. axis('equal')

plt. colorbar()

plt. show()

\# CST 建阵

with open('Array_Circle. mcs'，'w') as f：

    \#文件头

    f. write('\' 1\r\n')

    f. write('Sub Main () \r\n')

    f. write('Plot. DrawWorkplane "false"\r\n')

    f. write('Plot. DrawBox "False"\r\n')

    \#定义介质板材料 Di880

    f. write('With Material\r\n')

    f. write('   . Reset\r\n')

    f. write('   . Name "Arlon Di 880 (loss free)"\r\n')

    f. write('   . Folder ""\r\n')

    f. write('. FrqType "all" \r\n')

    f. write('. Type "Normal" \r\n')

    f. write('. SetMaterialUnit " GHz"，"mm"\r\n')

    f. write('. Epsilon "2. 2" \r\n')

    f. write('. Mue "1. 0" \r\n')

    f. write('. Kappa "0. 0" \r\n')

    f. write('. TanD "0. 0" \r\n')

    f. write('. TanDFreq "0. 0" \r\n')

    f. write('. TanDGiven "False" \r\n')

    f. write('. TanDModel "ConstTanD" \r\n')

    f. write('. KappaM "0. 0" \r\n')

    f. write('. TanDM "0. 0" \r\n')

    f. write('. TanDMFreq "0. 0" \r\n')

    f. write('. TanDMGiven "False" \r\n')

    f. write('. TanDMModel "ConstKappa" \r\n')

```
f. write('. DispModelEps "None" \r\n')
f. write('. DispModelMue "None" \r\n')
f. write('. DispersiveFittingSchemeEps "General 1st" \r\n')
f. write('. DispersiveFittingSchemeMue "General 1st" \r\n')
f. write('. UseGeneralDispersionEps "False" \r\n')
f. write('. UseGeneralDispersionMue "False" \r\n')
f. write('. Rho "0.0" \r\n')
f. write('. ThermalType "Normal" \r\n')
f. write('. ThermalConductivity "0.261" \r\n')
f. write('. SetActiveMaterial "all" \r\n')
f. write('. Colour "0.75", "0.95", "0.85" \r\n')
f. write('. Wireframe "False" \r\n')
f. write('. Transparency "0" \r\n')
f. write('. Create\r\n')
f. write('End With\r\n')


#定义介质板和底板单元
f. write('Component. New "Component_mid_down"\r\n')


#定义介质板 mid
f. write('With Cylinder \r\n')
f. write('      . Reset \r\n')
f. write('      . Name "Mid" \r\n')
f. write('      . Component "Component_mid_down" \r\n')
f. write('      . Material "Arlon Di 880 (loss free)" \r\n')
f. write('      . OuterRadius "{}" \r\n'. format(R))
f. write('      . InnerRadius "{}" \r\n'. format(0))
f. write('      . Axis "z" \r\n')
f. write('      . Zrange "{}", "{}" \r\n'. format(-h0-h1, -h0))
f. write('      . Xcenter "{}" \r\n'. format(0))
f. write('      . Ycenter "{}" \r\n'. format(0))
f. write('      . Segments "0" \r\n')
f. write('      . Create \r\n')
f. write('End With \n\r')
```

♯定义地板 down

```
f. write('With Cylinder \r\n')
f. write('       . Reset \r\n')
f. write('       . Name "Down" \r\n')
f. write('       . Component "Component_mid_down" \r\n')
f. write('       . Material "PEC" \r\n')
f. write('       . OuterRadius "{}" \r\n'. format(R))
f. write('       . InnerRadius "{}" \r\n'. format(0))
f. write('       . Axis "z" \r\n')
f. write('       . Zrange "{}", "{}" \r\n'. format(-h0-h1-h0, -h1-h0))
f. write('       . Xcenter "{}" \r\n'. format(0))
f. write('       . Ycenter "{}" \r\n'. format(0))
f. write('       . Segments "0" \r\n')
f. write('       . Create \r\n')
f. write('End With \n\r')


for m in np. arange(0, 2 * N+1, 1):
    for n in np. arange(0, 2 * N+1, 1):
        i = m - N
        j = n - N


        if X[m, n] == np. pi and Y[m, n] == np. pi:
            pass
        else:
            ♯定义新的 component
            f. write('Component. New "component_{}_{}"\r\n'.
format(i, j))


            ♯定义 ring
            f. write('With Cylinder\r\n')
            f. write('        . Reset\r\n')
            f. write('        . Name "up_{}_{}"\r\n'. format(i, j))
            f. write('        . Component "component_{}_{}"\r\n'.
format(i, j))
            f. write('        . Material "PEC"\r\n')
```

```python
        f. write('          . OuterRadius "{}"\r\n'. format(r0))
         f. write('          . InnerRadius "{}"\r\n'. format(r0 -
w0))
        f. write('     . Axis "z"\r\n')
        f. write('          . Zrange "{}", "{}"\r\n'. format(-h0,
0))
        f. write('          . Xcenter "{}"\r\n'. format(X[m, n]))
        f. write('          . Ycenter "{}"\r\n'. format(Y[m, n]))
        f. write('          . Segments "0"\r\n')
        f. write('          . Create\r\n')
        f. write('End With\r\n')
        f. write('With Brick\r\n')
        f. write('          . Reset\r\n')
        f. write('      . Name "solid1"\r\n')
         f. write('          . Component "component_{}_{}"\r\n'.
format(i, j))
        f. write('          . Material "PEC"\r\n')
        f. write('          . Xrange "{}", "{}"\r\n'. format(X[m,
n]-ring_g0[m, n]/2, X[m, n]+ring_g0[m, n]/2))
        f. write('          . Yrange "{}", "{}"\r\n'. format(Y[m,
n]-1, Y[m, n]+1))
        f. write('          . Zrange "{}", "{}"\r\n'. format(-h0,
0))
        f. write('          . Create\r\n')
        f. write('End With\r\n')
        f. write('With Transform\r\n')
        f. write('          . Reset\r\n')
        f. write('          . Name "component_{}_{}:solid1"\r\n'.
format(i, j))
        f. write('     . Origin "CommonCenter"\r\n')
        f. write('     . Center "0", "0", "0"\r\n')
        f. write('     . Angle "0", "0", "{}"\r\n'. format(-
ring_phi0[m, n]-90))
        f. write('          . MultipleObjects "False"\r\n')
        f. write('          . GroupObjects "False"\r\n')
```

```
f. write('          . Repetitions "1"\r\n')
f. write('          . MultipleSelection "False"\r\n')
f. write('          . Transform "Shape", "Rotate"\r\n')
f. write('End With\r\n')
 f. write('Solid. Subtract "component_{}_{}:up_{}_
{}", \
          "component_{}_{}:solid1"\r\n'. format(i, j, i, j, i,
j))


#定义 cross
f. write('With Brick\r\n')
f. write('          . Reset\r\n')
f. write('          . Name "solid1"\r\n')
 f. write('          . Component "component_{}_{}"\r\n'.
format(i, j))
f. write('          . Material "PEC"\r\n')
f. write('          . Xrange "{}", "{}"\r\n'. format(X[m,
n]-cross_l1[m, n], X[m, n]+cross_l1[m, n]))
f. write('          . Yrange "{}", "{}"\r\n'. format(Y[m,
n]-cross_l1[m, n], Y[m, n]+cross_l1[m, n]))
f. write('          . Zrange "{}", "{}"\r\n'. format(-h0,
0))
f. write('          . Create\r\n')
f. write('End With\r\n')
f. write('With Brick\r\n')
f. write('          . Reset\r\n')
f. write('          . Name "solid2"\r\n')
 f. write('          . Component "component_{}_{}"\r\n'.
format(i, j))
f. write('          . Material "PEC"\r\n')
f. write('          . Xrange "{}", "{}"\r\n'. format(X[m,
n]+l2, X[m, n]+l2+1))
f. write('          . Yrange "{}", "{}"\r\n'. format(Y[m,
n]-w/2, Y[m, n]+w/2))
f. write('          . Zrange "{}", "{}"\r\n'. format(-h0,
```

```
0))
                    f.write('        .Create\r\n')
                    f.write('End With\r\n')
                    f.write('With Transform\r\n')
                    f.write('        .Reset\r\n')
                    f.write('        .Name "component_{}_{}:solid2"\r\n'.
format(i, j))
                    f.write('        .Origin "Free"\r\n')
                    f.write('        .Center "{}", "{}", "{}"\r\n'.format(X
[m, n], Y[m, n], h1))
                    f.write('        .Angle "0", "0", "45"\r\n')
                    f.write('        .MultipleObjects "False"\r\n')
                    f.write('        .GroupObjects "False"\r\n')
                    f.write('        .Repetitions "1"\r\n')
                    f.write('        .MultipleSelection "False"\r\n')
                    f.write('        .Transform "Shape", "Rotate"\r\n')
                    f.write('End With\r\n')
                    f.write('With Transform\r\n')
                    f.write('        .Reset\r\n')
                    f.write('        .Name "component_{}_{}:solid2"\r\n'.
format(i, j))
                    f.write('        .Origin "Free"\r\n')
                    f.write('        .Center "{}", "{}", "{}"\r\n'.format
(X[m, n], Y[m, n], h1))
                    f.write('        .Angle "0", "0", "90"\r\n')
                    f.write('        .MultipleObjects "True"\r\n')
                    f.write('        .GroupObjects "False"\r\n')
                    f.write('        .Repetitions "3"\r\n')
                    f.write('        .MultipleSelection "False"\r\n')
                    f.write('        .Destination ""\r\n')
                    f.write('        .Material ""\r\n')
                    f.write('        .Transform "Shape", "Rotate"\r\n')
                    f.write('End With\r\n')
                    f.write('Solid.Subtract "component_{}_{}:solid1", \
                        "component_{}_{}:solid2"\r\n'.format(i, j, i, j))
```

```python
    f. write('Solid. Subtract "component_{}_{}:solid1", \
        "component_{}_{}:solid2_1"\r\n'. format(i, j, i, j))
    f. write('Solid. Subtract "component_{}_{}:solid1", \
        "component_{}_{}:solid2_2"\r\n'. format(i, j, i, j))
    f. write('Solid. Subtract "component_{}_{}:solid1", \
        "component_{}_{}:solid2_3"\r\n'. format(i, j, i, j))

# 文件尾
f. write('End Sub\r\n')
f. write('\r\n')
```

名词索引